AF537810

In den Höhlen der Schweiz

Vom Abenteuer
zur Wissenschaft

Rémy Wenger
Amandine Perret
Jean-Claude Lalou

In den Höhlen der Schweiz

Vom Abenteuer zur Wissenschaft

Mit Beiträgen von
Michel Blant und Marc Lütscher

Haupt Verlag

Schweizerisches Institut für Speläologie
und Karstforschung

"Es gibt mehr Ding' im Himmel und auf Erden, als Eure Schulweisheit sich träumt"

William Shakespeare (Hamlet)

Vorwort

Zu Beginn des letzten Jahrhunderts waren in unserem Land knapp 200 Höhlen bekannt; heute sind nahezu 12000 Naturhöhlen erfasst. Seit jeher hat die unterirdische Welt den *Homo sapiens* neugierig gemacht, angelockt oder auch abgeschreckt. Die Zahlen offenbaren, dass im Verborgenen ein ungeahnt riesiger Lebensraum existiert, der zu ausserordentlichen Abenteuern einlädt.

Was treibt einige von uns «Zweibeinern» dazu, die Spalten und Risse im Untergrund zu erkunden? Wie lässt sich diese Begeisterung für Finsternis, Feuchtigkeit und zuweilen auch Dreck erklären? Unter allen Aktivitäten in den Bergen ist die Höhlenforschung bei Weitem nicht die beliebteste ... Interessant ist es auf jeden Fall, die Motivation der Höhlenfans zu analysieren. Ihre Beweggründe sind vielfältig: Suche nach Abenteuern oder einer persönlichen Herausforderung, Freude an der Erkundung von *Terra incognita*, Spass an Kameradschaft in einer unwirtlichen Umgebung, wissenschaftliche Neugier usw.

Als George Mallory, Besteiger (und möglicherweise Erstbezwinger) des Mount Everest, 1924 gefragt wurde, warum er sich in grosse Gefahr begeben wolle, lautete seine Antwort: «Weil er [der Berg] da ist.» Gleiches gilt für die Höhlen: Sie sind da. Der Mensch kann nicht anders, als sich an ihnen zu messen und sich mit Leib und Seele ihrer Erforschung zu widmen – um zu verstehen, wie die Welt, in der wir leben, beschaffen ist. Dieses Unterfangen ist alles andere als leicht; es birgt Risiken und Unwägbarkeiten und hat schon vielen (zu vielen) unserer Freundinnen und Freunde das Leben gekostet. Hätten sie vernünftigerweise auf ihre Forschungstouren verzichten sollen? Die Witwe des Polarforschers Robert Scott hat seinerzeit die Ehefrau von George Mallory ermutigt, ihren Mann zum Mount Everest aufbrechen zu lassen – weil sein Projekt seinem Leben einen Sinn verleihe. Die auf *Bigwalls* spezialisierte Kletterin Stéphanie Bovet schreibt: «Klettern ist der Luxus, selbst gesuchte Hindernisse zu überwinden, um die eigene Freiheit zu spüren.» Hier gibt es offensichtlich Parallelen zur Höhlenforschung. Wer sich unter die Erde begibt, geht auch auf eine Entdeckungsreise zu sich selbst. Man folgt dem Ruf, eine faszinierende Welt zu erkunden, und geniesst das Privileg, an Orte vorzudringen, die niemand zuvor je gesehen hat.

Bisweilen wird die Meinung geäussert, alle grossen Entdeckungen seien heute gemacht, die entlegensten Orte bereits erforscht und kartografiert. Falsch! Neuentdeckungen sind immer noch möglich, und zwar direkt unter unseren Füssen. Im Waadtländer Jura werden derzeit – im 21. Jahrhundert – die Windungen eines bis dato unbekannten Höhlenkomplexes erkundet. Die bisher gefundenen Gänge erstrecken sich über eine Gesamtlänge von knapp 40 km. Oberhalb von Interlaken haben Forschende aus dem Jura einen riesigen, 170 m tiefen Schacht entdeckt. Saison für Saison werden weitere kostbare Funde und Beobachtungen von wissenschaftlichem Interesse zusammengetragen. Höhlen sind ein einzigartiges Terrain, das Erkenntnisse auf zahlreichen Forschungsgebieten ermöglicht: in der Geologie ebenso wie in der Hydrogeologie (weil Wasser unter der Erde allgegenwärtig ist), in der Biologie (dank der bemerkenswerten Höhlenfauna), in der Klimatologie, der Archäologie und der Paläontologie. Höhlen helfen uns auch, mehr über die Vergangenheit unseres Planeten zu erfahren.

Die Höhlenforschung führt letztlich zu wissenschaftlichen Erkenntnissen, auch wenn sie oft als sportliche Herausforderung beginnt. Denn das Abenteuer in der Natur ist erst dann wirklich abgeschlossen, wenn es erzählt und geteilt wird – so wie Carl Gustav Jung es sich wünschte, als er in *Über die Psychologie des Unbewussten* schrieb: «Ich halte es für die Pflicht eines jeden, der, sich absondernd, eigene Wege geht, der Sozietät mitzuteilen, was er auf seiner Entdeckungsfahrt gefunden.»

Genau das ist die Absicht dieses Buches. •RW

Inhaltsverzeichnis

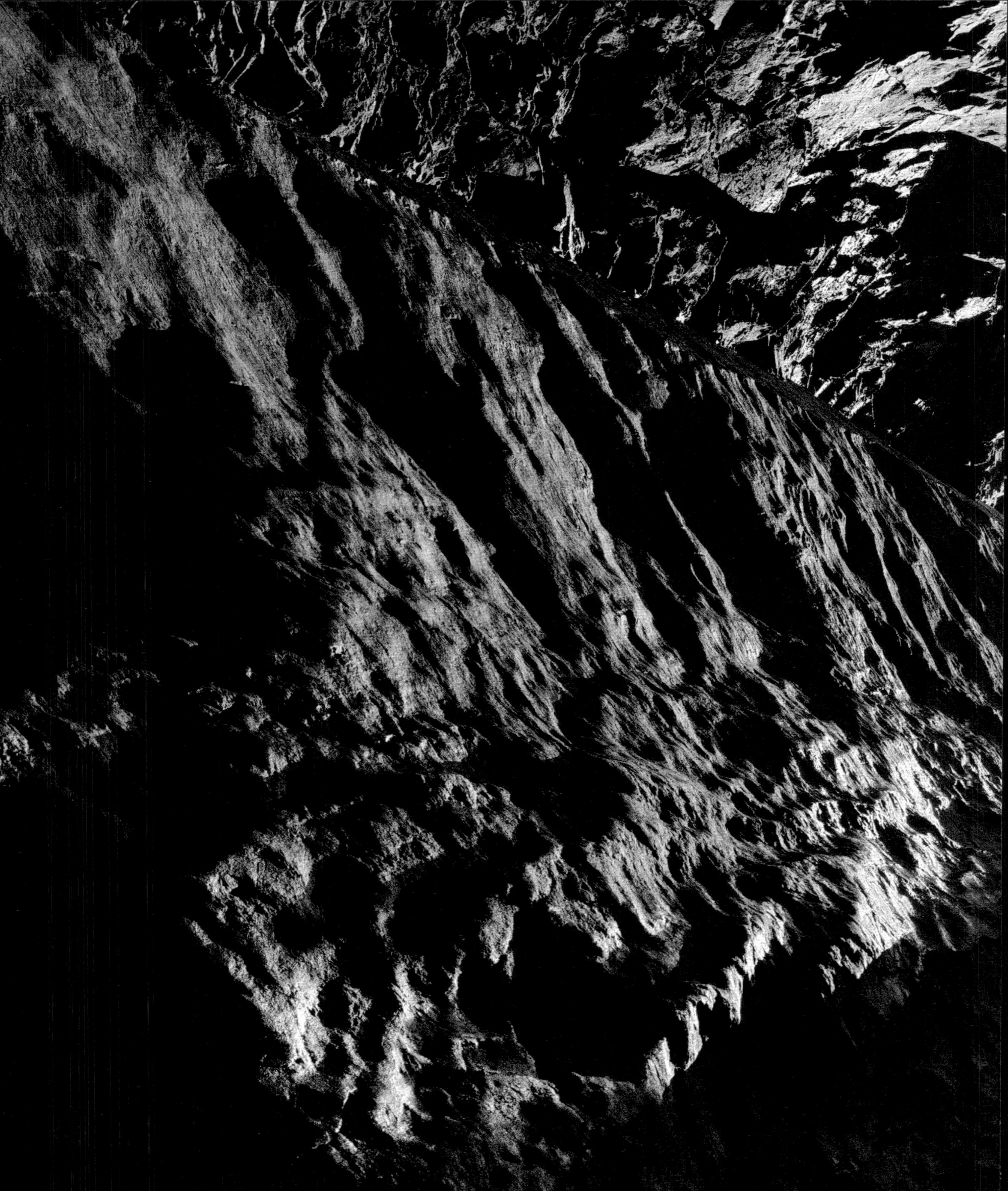

Einleitung

Innerhalb weniger Jahrhunderte sind wir in der Schweiz vom Stadium der Entdeckung zu eingehender Kenntnis der unterirdischen Welt gelangt. Die Abenteurer des 18. Jahrhunderts haben uns mit ihren Vorstössen eine unbekannte, geheimnisvolle und oft Furcht einflössende Welt eröffnet. Sie haben der Forschung den Weg geebnet – und manchmal mehr als das –, indem sie beispielsweise die ersten Höhlengrundrisse veröffentlichten. Zwei Meilensteine sind die Ersterkundung des Nidlenlochs (SO) durch Franz-Joseph Hugi 1827 sowie der erste bekannte Grundriss einer Schweizer Höhle, der Seefeldhöhle (BE), von August Müller aus dem Jahr 1877. Damit begann die Geschichte der Höhlenforschung: Nach und nach wurden in der Schweiz und in aller Welt Entdeckungen dokumentiert, mit dem Ziel, neue Erkenntnisse zu gewinnen, sie zu veröffentlichen und daraus einen gemeinsamen Bestand zu bilden. Nun fragen Sie sich vielleicht: Ist die Höhlenforschung eine Wissenschaft oder doch eher ein Sport? Ein wenig von beidem, oder besser ausgedrückt: Sport im Dienst der Wissenschaft. Wissen ist das Ziel und der Sport das Mittel zum Zweck.

Zu Beginn des 20. Jahrhunderts waren im *Geographischen Lexikon der Schweiz* 234 Höhlen verzeichnet; Mitte des 20. Jahrhunderts lag die Zahl bei 600 und heute sind fast 12000 Höhlen bekannt. Diese wahre Explosion der Erkenntnisse über ein Terrain, das vor weniger als zwei Jahrhunderten noch gefürchtet war, verdanken wir dem unbedingten Willen einzelner Personen, Wissen zusammenzutragen und es zu teilen. Die Schweizerische Gesellschaft für Höhlenforschung wurde 1930 ins Leben gerufen. In der Folge entstanden lokale Höhlenvereine an verschiedensten Orten, selbst dort, wo die Bedingungen für diese neue Forschungstätigkeit nicht optimal waren. Der – typisch schweizerische – Zusammenschluss unter einem Dachverband erleichterte den Austausch über Entdeckungen in Fachzeitschriften und bei regelmässigen Treffen. Ausserdem richtete die Gesellschaft für Höhlenforschung ein Archiv ein, über das heutige Interessierte Zugriff auf einen reichen Wissensschatz haben. Dank dem Archiv, das auf Vorarbeiten unzähliger Menschen basiert, ist es möglich geworden, das vorliegende Buch über die unterirdische Welt der Schweiz zu schreiben. Dafür sind wir den Forschenden zu Dank verpflichtet.

Die Mitglieder der Schweizerischen Gesellschaft für Höhlenforschung (SGH) haben ihre Entdeckungen beschrieben, gezeichnet, fotografiert und zu erklären versucht. Ohne ihre Publikationen gäbe es dieses Buch nicht – oder es wäre ein Sammelsurium von Gerüchten und haltlosen Mutmassungen. Mit der Veröffentlichung unseres Werkes möchten wir die gesamte Schweizer Höhlenforschung würdigen, unbekannte Forschende ebenso wie Leitfiguren. Alle haben auf ihre Weise einen Beitrag zu einer kollektiven Aufgabe geleistet. Als roter Faden diente uns die Absicht, den Forschungsstand allgemein verständlich zusammenzufassen und möglichst viele erstaunliche, überraschende und bisweilen auf Anhieb auch unverständliche Beobachtungen zu erklären.

Um unser Wissen effektiv mit einem naturbegeisterten Publikum teilen zu können, haben wir das Buch in vier Kapitel unterteilt:

• Unsere **Geschichten aus der Unterwelt** erzählen von den Anfängen der schweizerischen Höhlenforschung und den davor weitverbreiteten Mythen von einer finsteren unterirdischen Welt. Wir blicken auf Pioniere, die Anfänge der SGH, die rasend schnelle Entwicklung der Höhlenforschung und darauf, dass Menschen manchmal mehr aus Profit- denn aus Neugier in die Tiefe vordringen.

• Den **natürlichen Lebensraum** von Höhlen präsentieren wir Ihnen zunächst anhand einer «Tour de Suisse» der Karstregionen. Diese Gebiete, die überwiegend aus Kalkstein bestehen, sind der Entstehungsort der meisten Höhlen. Ausserdem befassen wir uns mit den Landschaften, unter denen sich Höhlen und Schachthöhlen verbergen, und begeben uns auf einen Streifzug durch einige aussergewöhnliche Hohlräume.

• **Im Dienst der Wissenschaft** treten wir dafür ein, dass wir durch unterirdische Entdeckungen unser Land besser verstehen können. Tatsächlich sind Höhlen bemerkenswerte Lebensräume, in denen zahlreiche Überreste aus der Vergangenheit konserviert sind. Wir sprechen über Luftströme, sedimentäre und kristalline Ablagerungen, geheimnisvolle Wasserläufe, den Boden, der zuweilen unter den Füssen nachgibt, ein empfindliches und faszinierendes Ökosystem, Paläontologie und Archäologie. Dass das wissenschaftliche Kapitel ausführlicher ist als die anderen, verdanken wir der Arbeit eines herausragenden Kompetenzzentrums: des *Schweizerischen Instituts für Speläologie und Karstforschung (SISKA).*

• Die **Abenteuer unter der Erde**, von denen wir anschliessend berichten, sollen einen Eindruck davon vermitteln, wie der Alltag heutiger Höhlenforscher und -forscherinnen aussieht. Wir gehen auf Wasserläufe ein, die unsere Höhlen geschaffen haben und die mitunter die grösste Gefahr unter der Erde darstellen. Ausserdem sprechen wir über die Entdeckungen von Höhlentauchenden, die unter anderem in der Lage sind, den Ursprung einer Quelle zu lokalisieren. Wir schildern den Nervenkitzel beim Befahren von vertikalen Strecken in Schachthöhlen und beschreiben die technischen Entwicklungen, die dies ermöglicht haben. Wir stellen Frauen und Männer vor, die nichts lieber tun, als sich durch winzige Engstellen zu zwängen. Und wir lassen Sie die Solidarität unter Forschenden miterleben, wenn es zu einem Unfall gekommen ist und ein verletztes Teammitglied gerettet werden muss.

Dieses Buch ist keine Gebrauchsanleitung, sondern möchte etwas (mit)teilen. Machen Sie umsichtig Gebrauch davon! Bitte nutzen Sie Ihre Erkenntnisse stets mit der Priorität, die empfindliche Welt, in die wir Sie mitnehmen, zu respektieren. Erwarten Sie bitte auch kein enzyklopädisches Wissen. Wir haben uns auf einige Themen beschränkt und uns bemüht, sie so repräsentativ wie möglich zu gestalten: für die Höhlenwelt und die Personen, die sie erforschen und lieben. •JCL

GESCHICHTEN AUS DER UNTERWELT

Hölle oder Paradies?

Anziehend und furchteinflössend zugleich – Höhlen lassen uns im Allgemeinen nicht kalt. Einige Höhlen, deren Eingänge im Landschaftsbild gut sichtbar sind, sind schon seit Urzeiten bekannt und von Menschen genutzt worden: als Schutzraum, als Kultstätte oder auch als Kulisse für Volksmärchen. Im Laufe der Jahrhunderte hat sich unsere Beziehung zur Umwelt stark verändert. Die wilde Natur, die wir heute so schön finden, wurde früher ganz anders wahrgenommen. Dazu schreibt Regina Bendix in einem Artikel aus dem Jahr 1988: «In Zeitaltern, wo selbst Wald und Berge als unheimliche, ungezähmte Natur galten, mussten Dunkel, Kälte und Feuchtigkeit der Höhle noch weit mysteriöser erscheinen als die im Licht der Sonne zu sehende Natur.»[1]

Dennoch wurden Höhlen bereits in der Urgeschichte erkundet, und das bisweilen in grosser Tiefe, wie die atemberaubenden Höhlenmalereien in der Höhle von Niaux (Ariège, Frankreich) belegen, die mehrere Hundert Meter vom Eingang entfernt entdeckt wurden – oder die seltsamen Artefakte in der Höhle von Bruniquel (Tarn-et-Garonne, Frankreich), die nur über mehrere Dutzend Meter kriechend und mit allerlei Verrenkungen erreicht werden konnte. Trotz Hunderttausender Fundstätten weltweit und über 140 Jahren wissenschaftlicher Forschung, trotz Datierungen und trotz unzähliger Reproduktionen von Höhlen, die mit Malereien verziert sind, sind uns die Beweggründe unserer Vorfahren und die Bedeutung ihrer Kunst noch immer weitgehend unbekannt.

In der Antike und im Mittelalter ging man in Europa kaum über einen Höhleneingang hinaus und belegte die unwirtliche Naturstätte mit einer überwiegend düsteren Symbolik. Die alten Sagen, Märchen und Legenden sagen nur wenig über die Höhlen selbst aus, aber viel über die Bräuche und die Vorstellungswelt der Menschen in diesen Epochen. Gleichwohl gab es zur Römerzeit neben schauerlichen Erzählungen über Höhlen bereits Bauwerke darin, z. B. zwecks Bewässerung oder Nutzung von Wasserkraft wie in der Ajoie (JU), worüber wir in diesem Kapitel noch berichten werden. Die Erforschung von Höhlen und ihre Untersuchung als Lebensraum beginnt erst Ende des 19. Jahrhunderts. Diese wissenschaftlichen Messungen und Beobachtungen liessen jedoch die mythischen, mystischen und magischen Eigenschaften, die der unterirdischen Welt zugeschrieben wurden, nicht in Vergessenheit geraten.

Vorherige Doppelseite:
Der **Abri de Vautenaivre** (JU) ist ein spektakulärer Ort am rechten Ufer des Doubs. Der Bief überwindet dort einen überhängenden, im Winter mit Eis bedeckten Felsriegel, unter dem man sich vor der Gischt schützen kann.

Der **Creugenat** (JU) ist je nach Jahreszeit ein Überlauf oder ein Ponor der Ajoulote. Sein zweiter Name *Creux aux Sorcières* verweist auf die geheimnisvolle Aura, die ihn umgibt.

Hat man seine Ängste überwunden, lässt man sich von der Finsternis unter die Erde locken.

Feen, Hexen und Kinder

Einige der Legenden, die den Höhlen anhaften, sind aus heutiger Sicht erstaunlich unterhaltsam. Die Warnfunktion und die moralisierende Bedeutung der Erzählungen werden schnell deutlich. Unter den vielen Höhlen, die nach Feen – Fabelwesen mit menschlicher Gestalt und Zauberkräften – benannt sind, fallen die Grottes de Vallorbe (VD), auch Grotte aux Fées (Feengrotte) genannt, als Schauplatz einer spannenden Sage auf.[2] Die Geschichte handelt von einem jungen Schmied, der unerschrocken, neugierig und zu seinem Pech viel zu redselig ist.

Donat ist 18 Jahre alt, als er sich aufmacht, die grosse Höhle zu erforschen, in der es laut den Dorfbewohnern Feen geben soll. Auf den ersten Blick wirkt die Höhle dunkel und verlassen. Doch als er sich auf den Rückweg machen will, entdeckt er einen Spalt im Felsen. Er schlüpft hinein, entdeckt ein Bett aus Moos und Farnen, legt sich hin und schläft ein. Als er aufwacht, ist die Höhle hell erleuchtet und eine Fee steht neben ihm. Sie hat langes blondes Haar und trägt ein weisses Kleid, das ihre Füsse bedeckt. Die Fee hatte viel Zeit, den schlafenden jungen Mann zu betrachten. Sie sagt: «Donat, du gefällst mir, willst du bei mir bleiben?», und bietet ihm Wissen und Reichtum zum Ausgleich für das, was er auf der Oberfläche zurücklässt. Donat stimmt zu, wobei die Fee ihm eine Bedingung stellt: «Du sollst mich nur sehen, wenn mir danach ist, vor deinen Augen zu erscheinen; wenn ich mich in meine Gemächer zurückziehe, sollst du nicht versuchen, mich zu finden.» Donat verspricht es, und der Pakt ist besiegelt. Jeden Abend erhält er von der Fee eine Goldmünze und eine Perle. Nach zwei Wochen glücklicher Zweisamkeit fängt Donat an, sich zu langweilen. Aus Neugierde dringt er tiefer in das

Die **Burgruine Balmfluh** im Solothurner Jura wurde im 11. Jahrhundert in einen Felsvorsprung hineingebaut.

Das **Drachenloch** in der Nähe von Stans (NW), gemalt von Caspar Wolf im Jahr 1795.

Feengemach vor. Er findet die Fee schlafend und erblickt unter ihrem leicht hochgezogenen Kleid ihre hässlichen Krähenfüsse. Die Fee, von ihrer Hündin geweckt, ertappt Donat auf frischer Tat und befiehlt ihm, die Höhle für immer zu verlassen. Seine Entdeckung solle er verschweigen, sonst werde sie ihn bestrafen. Tastend gelingt es dem jungen Mann, den Weg aus der Höhle herauszufinden. Zurück in der Schmiede, erzählt er allen seine Geschichte, aber niemand glaubt ihm; er wird verspottet. Zum Beweis will er den Dorfbewohnern die Perlen und Goldstücke zeigen, muss nun aber erbittert feststellen, dass er nichts als Herbstblätter und Wacholderbeeren bei sich trägt. Gedemütigt und verzweifelt verlässt Donat das Land – und die Fee wird in der Höhle nicht mehr gesehen. Diese Volkssage wurde erstmals 1829 vom Dekan Bridel publik gemacht. Mehrere Jahre lang war sie eine gängige Lektüre an den Grundschulen des Kantons Waadt.

Es gibt sagenumwobene Orte, deren Besonderheiten ebenso beeindruckend wie nützlich sind. Ein Beispiel ist der Creugenat (JU, siehe Abb. S. 16), eine in vielerlei Hinsicht einzigartige Höhle. Zunächst einmal handelt es sich um ein *Wasserspeiloch (Estavelle)*, das in mässig feuchten Perioden wie ein Schluckloch funktioniert und sich bei Hochwasser in eine Karstquelle verwandelt. Letzteres wirkt besonders erstaunlich: Der grosse Eingangstrichter, ein Kegel mit einem Durchmesser von etwa 20 m und einer Tiefe von 15 m, füllt sich zunächst langsam und dann immer schneller mit Wasser aus der Tiefe. Etwa fünf- bis sechsmal im Jahr erreicht das Wasser den höchsten Punkt des Trichters und läuft über. Dadurch entsteht ein Bach, der unter den stoischen Blicken der Kühe quer durch die Weide abfliesst, während Enten auf dem neuen Gewässer schwimmen. Dieses hydrogeologische Phänomen gab den Menschen Rätsel auf – man vermutete, das Wasser könnte aus dem Doubs oder sogar vom Mont Blanc kommen, was den Einheimischen gewisse Sorgen machte. Noch mysteriöser wurde die Angelegenheit dadurch, dass

der Wasseraustritt durch die Öffnung des Creugenat manchmal von Tönen begleitet wird – vor allem, wenn das Wasser schnell steigt. Die Luft aus den unterirdischen Gängen entweicht dann abrupt, was ein lautes, dumpfes Geräusch verursacht, das sich wie Brüllen anhört. Viel mehr brauchte es nicht, um diesem geheimnisvollen Ort eine furchteinflössende Aura zu geben.

Der Name dieser Schachthöhle ähnelt dem Mundartbegriff *dgenât*, der «Hexe» bedeutet. Der Creugenat wurde deshalb auch als *Creux aux Sorcières* (Hexenloch) bezeichnet und galt somit als ein Ort, an dem sich bösartige Frauen gern versammeln. Der Name der Höhle taucht in Berichten über Hexenprozesse aus dem 16. und 17. Jahrhundert auf: Viele unglückliche Frauen und Männer, die gestanden hatten, dort satanische Riten gefeiert zu haben, wurden auf dem Scheiterhaufen verbrannt.[3] In älteren mittelalterlichen Quellen wird die Höhle allerdings einfach «kleine Vertiefung» genannt, auf Französisch: *Creusenat*. Die beiden Namen verdeutlichen die Bandbreite an Assoziationen, die ein so geschichtsträchtiger Ort wie der Creugenat auslösen kann. Trotz seines schlechten Rufes hat es immer wieder furchtlose Bemühungen gegeben, an das Wasser im Trichter heranzukommen. Überreste von Mauerwerk im Inneren zeugen von einer Nutzung oder zumindest dem Versuch einer Nutzung des Wasserlochs.

Heute weiss man, dass der Creugenat eine Karstquelle der Ajoulote ist, eines unterirdischen Flusses, der in Porrentruy in der Beuchire-Quelle zutage tritt. Dank aufwendiger Ausrüstung, vom Helmtauchgerät bei den ersten Erkundungen bis zu individuellen Tauchflaschen bei den jüngsten, konnten Höhlenforscher das Gangsystem auf einer Länge von 2 km erkunden. Bei sehr starkem Hochwasser entsteht etwa 1,5 km vom Creugenat entfernt in Richtung Chevenez sogar noch eine weitere Karstquelle: der Creux des Prés.

Der **Fontanet de Covatannaz** (VD), bei Hochwasser ein spektakulärer Überlauf des gleichnamigen Höhlensystems, war in der spätrömischen Zeit Teil einer Kultstätte.

Gruppe von Honoratioren an den **St. Beatus-Höhlen** (BE) oberhalb von Thun. Aquatinta-Gravur von Balthasar Anton Dunker und Matthias-Gottfried Eichler nach einem Gemälde von Caspar Wolf.

Drachen, Zwerge und Einsiedler

Manchmal sind Legenden derart mit der Geschichte verwoben, dass nicht abschliessend zu klären ist, ob ihre Protagonisten wirklich existiert haben. Ein schönes Beispiel dafür ist die Legende der St. Beatus-Höhlen (BE). Die Höhlen mit ihrem grossen Eingangsportal, das sich in die Kalksteinwand am Nordufer des Thunersees schmiegt, bieten einen malerischen und zugleich majestätischen Anblick; Wasserfälle am Höhleneingang lassen den Ort lebendig wirken. Die Höhlen sind wahrscheinlich schon seit langer Zeit bekannt, obwohl archäologische Ausgrabungen keine bedeutenden Funde zutage gefördert haben. Jedenfalls sind sie die Heimat einer Heiligenfigur, die Legendenstatus erreicht hat. So berichtet es zumindest G. Dummermuth in seinem 1889 in Basel erschienenen Buch *Der Schweizerapostel St. Beatus, Sage und Geschichte*. Im Mittelpunkt steht der heilige Beatus, ein Pilgermönch, der sich auf der Durchreise in der Region aufhält. Die damalige heidnische Bevölkerung bringt noch Menschenopfer dar. Mit Güte und überzeugenden Worten erobert der heilige Beatus die Herzen der Einheimischen und beschliesst, sich in der Gegend niederzulassen. Um niemandem zur Last zu fallen, möchte er in der Höhle wohnen. Doch darin haust ein Drache! Entgegen dem Rat der Einheimischen macht sich Beatus auf den Weg und fordert den Drachen heraus. Das Ungeheuer ist schnell besiegt; es verlässt die Höhle mit einem hilflosen, wutentbrannten Schrei und stürzt in den See, der daraufhin zu brodeln beginnt. Der heilige Beatus errichtet seine Klause in der Höhle und steht sogar in freundschaftlicher Beziehung zu den Zwergen, die weiterhin den Berg bewohnen und den Einsiedler mit Holz und Nahrung versorgen ... Heute fällt es schwer, die mythische Figur des heiligen Beatus mit einer historischen Person in Verbindung zu bringen. Es gibt jedoch Hinweise auf eine lokale Persönlichkeit, die zu Lebzeiten mit der Höhle eng verbunden war und hier auch begraben ist. Die Beatus-Höhlen waren zudem einmal ein Wallfahrtsort, der zahlreiche Pilger anlockte. Eine bereits 1230 erwähnte Kapelle, die ursprünglich im Höhleninneren errichtet war, wurde 1528 von der Berner Regierung abgerissen, um die Gläubigen abzuschrecken, allerdings ohne grossen Erfolg. Heute ist die Höhle öffentlich zugänglich. Auf dem Besucherrundgang kann man eine wunderbare Höhlenlandschaft mit unterirdischen Bächen und Wasserfällen, Stalaktiten und Stalagmiten erleben, die gekonnt durch Licht in Szene gesetzt sind. Spasseshalber (oder um der Legende auf den Grund zu gehen) kann man das Brodeln des Sees beim Tod des Drachen ja einmal mit dem realen Brodeln des Quelltrichters unter der Seeoberfläche vergleichen, auf den wir später noch eingehen ...

Einsiedler gab es in der Schweiz früher einige und Höhlen waren ein beliebter Unterschlupf für diese mitunter schillernden Persönlichkeiten. Häufig zog es sie an Orte, wo zuvor heidnische Riten stattgefunden hatten und die nun von der katholischen Kirche weitergenutzt und zu christlichen Stätten umgebaut wurden. Die Niederlassung eines Eremiten begrüsste der Klerus meist, weil sie oft mit einem wirtschaftlichen Nutzen verbunden war. Dies unterstreicht zumindest Catherine Santschi in

Das **Wildkirchli** (AI) besteht aus drei Höhlen, von denen eine früher einen Einsiedler beherbergte. In einer anderen Höhle wurden auch Gottesdienste abgehalten, wie dieser Holzschnitt aus dem Jahr 1877 belegt.

Anbetung in der **Grotte de Sainte-Colombe** (JU).

dem Werk *La grotte dans l'art suisse du XVIIe au XXe siècle*: «Grundsätzlich sind sie ledig und müssen keine Familie unterstützen, ihr Unterhalt ist für die Allgemeinheit besonders günstig, weil sie ein Armutsgelübde abgelegt haben. Die tatkräftigsten unter ihnen widmen sich ganz ihrer Aufgabe, zu beten und die Wallfahrt zu leiten, und können die Stätte so weiterentwickeln, sie einrichten, Ablässe entgegennehmen, kurz gesagt diesen heiligen Räumen neues Leben einhauchen [...].»

Historische Gemälde und Drucke ermöglichen es uns, Orte so vorzustellen, wie sie früher einmal aussahen – mitunter nicht viel anders als heute. Die Höhlen des Wildkirchli (AI) wurden bereits in der Altsteinzeit besiedelt. Später dienten sie Kapuzinermönchen als Gebetsstätte. Diese errichteten 1621 dort einen Altar, bevor der Pfarrer von Appenzell die Höhlenkapelle zu einer Einsiedelei ausbauen liess und die Höhle das ganze Jahr über besetzt war. Bis 1853 lebten ständig Eremiten darin. Da die Wildkirchli-Höhlen so lange durchgehend genutzt wurden, könnten der Fels, die Vegetation und die Altarhöhle ähnliche Züge bewahrt haben wie von damaligen Künstlern dargestellt. Die Ermitage de Longeborgne (siehe Abb. S. 24) oberhalb von Sion im Wallis hat den Zeiten ebenfalls getrotzt. Schriften belegen, dass sie seit über 500 Jahren dauerhaft besiedelt ist – eine der letzten Einsiedeleien in der Schweiz, die noch immer bewohnt ist. Die Ermitage bei Arlesheim (BL), ein eher untypisches Beispiel, wurde an einem Ort ohne religiöse Bedeutung errichtet. Bei archäologischen Ausgrabungen fand man heraus, dass Menschen über einen Zeitraum von 10000 Jahren hinweg in den Höhlen präsent waren, Spuren eines alten Kultes wurden jedoch nicht entdeckt.[4] Heute ist die Stätte ein beliebtes Ausflugsziel, das jedes Jahr Tausende von Gästen aus ganz Europa anzieht. Der Ausbau der in einem malerischen Tal gelegenen Anlage begann Ende des 18. Jahrhunderts auf Initiative des Basler Domherrn und seiner Cousine, Balbina von Andlau, die sich von den Ideen Jean-Jacques Rousseaus inspirieren liessen. Das Gelände ist einem englischen Landschaftsgarten nachempfunden: Besucher können auf gewundenen Wegen, an Teichen oder in

Oberhalb von Bramois (VS) überblickt die Ermitage de **Longeborgne** die Schluchten der Borgne. 1522 liessen sich franziskanische Einsiedler hier nieder. Sie hielten es aber aufgrund der Feuchtigkeit nicht lange aus. Sie ist seither ein viel besuchter Pilgerort.

verschiedenen Holz- und Steinbauten Kraft tanken. Die schönste Höhle der Ermitage ist die Proserpinagrotte. In ihr kann man eine Inszenierung des Aufstiegs der Göttin Proserpina – oder Persephone, wie ihr griechischer Name lautet – vom Dunkeln zum Licht bewundern, der die Auferstehung repräsentiert. Ein antiker Mythos wird so christlich umgedeutet.

Schlossleben und Käsekeller

Höhlen haben in der Vergangenheit nicht nur Einsiedler angezogen, sondern waren auch Bestandteil von Prachtbauten wie Schlössern und Festungen. Diese architektonisch ausgefeilten Gebäude waren keine einfachen Refugien. Sie wurden mit allerlei hochwertigen Anlagen ausgestattet: gepflegten Zugangswegen, Nebengebäuden zur Vorratslagerung, Ställen, Kapellen und anderen Annehmlichkeiten der jeweiligen Zeit. In der Schweiz gibt es mehr als zwanzig solcher Bauten, die sich abhängig von der Nutzung der natürlichen Höhlen beschreiben lassen: Man spricht von einer *Höhlenburg*, wenn eine einfache Mauer als Abschluss am Höhleneingang dient und das Bauwerk abgrenzt – wie im Fall der Burg Rappenstein in Graubünden oder der Höhlenburg Wichenstein im Kanton St. Gallen.[5] Bei einer *Grottenburg* bildet der Fels ein Schutzdach, aber Seitenmauern sind erforderlich – wie bei der Ruine Riedfluh nahe Eptingen im Kanton Basel-Landschaft oder der Burg Fracstein in Graubünden. Diese Gebäude sind heute oft verfallen. Anders verhält es sich mit den Tessiner *Grotti*: Dies sind natürliche Hohlräume, die traditionell dazu dienen, Lebensmittel zu kühlen. Die Grotti sind zum regionalen Kulturerbe erklärt worden, teilweise öffentlich zugänglich und werden als Treffpunkte zur Verkostung von einheimischen Produkten genutzt.

Zeitlose Orte

Wir haben einige Legenden erwähnt, in denen Höhlen als heidnische Kultstätten, Tor zur Unterwelt oder Wohnort von Feen und anderen fantastischen Wesen vorkommen. Volkstümlich wurde die unterirdische Umgebung oft mit Dingen assoziiert, von denen die Gesellschaft sich distanzieren wollte. Man hat die Natur instrumentalisiert, um Verhaltensregeln durchzusetzen, auch wenn diese scheinbar gar keine Verbindung zu Höhlen haben. Doch es gibt auch Geschichten, in denen das Imaginäre mit der Realität zusammenfällt. Die Sage *Die drei Telle*, ein Gründungsmythos der Schweiz, ist Ihnen vielleicht bekannt: Die Geschichte, wie sie von den Brüdern Grimm niedergeschrieben wurde, platziert die drei Helden in einer Höhle, wo sie tief und fest schlafen – bereit, wiederaufzutauchen, wenn das Land in Gefahr ist. Eines Tages findet ein Hirte auf der Suche nach einer verirrten Ziege den Eingang zu ihrer Höhle. Da hebt der alte Tell den Kopf und fragt: «Welche Zeit ist's auf der Welt?» Der Hirte antwortet erschrocken: «Es ist hoch am Mittag.» Tell erwidert: «Es ist noch nicht an der Zeit, dass wir kommen.» Und schläft wieder ein.

Grotto di Luzzòia bei Cevio im Maggiatal. Ein Beispiel für die zahlreichen Höhlen im Tessin.

In der Ermitage Arlesheim (BL) beherbergt die **Proserpinagrotte** einen Tempel, welcher der Göttin der Unterwelt geweiht ist.

Das Thema einer Figur, die mehrere Jahrhunderte lang in einer Höhle schläft und auf den Moment der Rückkehr wartet, erinnert an die Tätigkeit der Höhlenforschung, bei der man oft mehrere Tage am Stück unter der Erde verbringt. Der Verlust der zeitlichen Orientierung und das Fehlen des Sonnenlichts haben Einfluss auf die Wach- und Ruhezeiten des menschlichen Organismus. In den 1970er-Jahren wurde dies insbesondere von Michel Siffre untersucht, in letzter Zeit z. B. von Christian Clot (Forschungsprojekt *Deep Time*). Die wissenschaftlichen Auswertungen dieser Experimente sind für die Medizin und insbesondere für die Weltraumforschung von grossem Interesse. Manchmal scheint der Mythos der Realität sehr nahe zu sein. •AP

Höhlengold

Das Tageslicht hinter sich lassen und sich in völlige Finsternis begeben, fantastischen Dämonen trotzen, Kälte, Feuchtigkeit und bisweilen auch Einsamkeit ertragen, die unter der Erde herrschen: Wer hat all das früher gewagt, und aus welchen Gründen? Heutige Forschende können nur beeindruckt sein von dem Mut und den Leistungen ihrer Vorgänger. Wer so eklatant von der normalen Lebensweise abwich und sich weitab der Sonne aufhielt, brauchte eine starke Motivation! Die Geschichte unserer Berge und der in ihnen verborgenen Höhlen liefert einen Schlüssel zu den Beweggründen der Höhlenpioniere: den Ruf des Goldes, das im Felsgestein vermutet wurde und folglich in ihm zu finden sein musste.

Das Naye-Fieber

«Die von zahlreichen Höhlen durchlöcherten Rochers de Naye bergen einen unglaublichen Schatz, der von einem furchterregenden Gamsbock und einer Horde von Gnomen bewacht wird. Wer dort schon seine Nase hineingesteckt hat, weiss, dass dies die reine Wahrheit ist; der beste Beweis sind die Sternschnuppen, die nachts aus dem Felsen hervorkommen und nichts anderes sind als die besagten Gnome.» [Auszug aus einer Erzählung in: *La Montagne*, Librairie Larousse, 1956]

Der erste Gedanke von Goldsuchenden ist oft ein unterirdischer Erzgang. Die Vorstellung, dass Gold in der Tiefe verborgen liegt, hat höchstwahrscheinlich auch mit alten Theorien über die Entstehung von Metallen zu tun, denen zufolge die Gestirne die Erde mit Edelmetallen übersät haben: Blei sollte vom Saturn stammen (daher heisst eine Bleivergiftung auch Saturnismus), Eisen vom Mars (auch Gott des Krieges), Quecksilber (als einziges von Natur aus flüssiges Metall) vom Merkur, Silber vom Mond und Gold von der Sonne. Doch egal, worum es ging – die Suche gestaltete sich schwierig: Drachen und Zwerge waren gefürchtete Wächter, und finstere Abgründe erwarteten die Eindringlinge. Doch die Hoffnung auf plötzlichen Reichtum und die Überzeugung, dass Höhlen mehr oder weniger gut gefüllte Goldgruben waren, besiegten oft die Angst und den Aberglauben, der die gewöhnlichen Sterblichen von der unterirdischen Welt fernhielt.

Bereits im 18. Jahrhundert ... «setzte Jean Grand de Semsales sich in den Kopf, sich nach Naye zu begeben, wo es laut Bergarbeitern Gold gab [...]. Er stieg auf den Goldberg, schnitt an der erstbesten Stelle einen *sapelot* (eine kleine Tanne) ab, trug ihn dorthin, wo er glaubte, ihn brauchen zu können, und legte ihn auf eine der Höhlen, die er ausfindig gemacht hatte. Dann ordnete er die Seile und band sich an ihnen fest, um in den Untergrund hinabzusteigen. Zunächst rutschte er auf einem Eiskegel aus und musste, als er unten angekommen war, feststellen, dass sein Seil durch die Reibung auf dem Eis gerissen war; so wurde es ihm unmöglich, wieder hinaufzusteigen [...]. Von Dunkelheit umgeben und im Glauben, für immer in den Höhlen des Berges eingeschlossen zu sein, suchte er nach Gängen, wagte sich weiter vor [...] und lief so lange durch das Innere dieser weiten Alp, dass er glaubte, bis zum Grund unter dem Schloss Chillon hinabgestiegen zu sein.» [aus einem Manuskript des Notars Comba de Montbovon von 1742, zitiert nach Jean-Jacques Pittard in der Zeitschrift der Genfer Höhlenforscher: *Hypogées – Les Boueux*, 1982].

Das Abenteuer des Jean Grand endete glücklicherweise so, dass er am Fuss des Felsmassivs Rochers de Naye wieder ins Freie gelangte: «800 Fuss unterhalb der Öffnung, durch die er eingedrungen war».

Diese packende und fantasievolle Schilderung bezieht sich womöglich auf einen der ersten Vorstösse in die Grotte du Glacier. Die Höhle hat mehrere Eingänge und lässt sich in einfacher Wanderbekleidung durchqueren.

Es ist nicht alles Gold, was glänzt *(non omne quod nitet aurum est)*. Die Goldgräber hätten häufiger auf dieses Sprichwort hören sollen, das zur Vorsicht mahnt. Hier eine Decke der Gipshöhle **Grotte de la Crête de Vaas** (VS).

Der Waadtländer Heimatforscher Dekan Bridel fand 1808 dort Werkzeuge von Goldsuchern, die sich an den Höhlenwänden zu schaffen gemacht hatten. Wahrscheinlich hatten sie sich vom trügerischen Glanz einiger Pyritadern blenden lassen, aber schon bald den Mut verloren, weil das erhoffte Gold nicht auftauchte.

In der Mitte des 19. Jahrhunderts wanderte der junge Ziegenhirt David Talon auf den Höhen von Naye umher. Unternehmungslustiger als andere, hatte er keine Scheu, sich in die Tiefe zu begeben. «Ein Stein, den man in einen dieser Abgründe wirft, braucht mehrere Sekunden, bis er am Boden auftrifft», berichtete er. Hiermit könnte er den Schlund des *Trou aux Vents* oder Tanna l'Oura gemeint haben – in dem wiederum ein Jahrhundert später, im Herbst 1947, ein Forschungsteam zu seiner grossen Überraschung auf die Spuren eines Vorgängers stiess.

Die **Rochers de Naye** (VD): Das Voralpenmassiv mit gezacktem Relief am östlichen Ende des Genfersees war der Schauplatz der ersten grossen Erkundungen vertikaler Höhlen, die die Schweizerische Gesellschaft für Höhlenforschung durchführte.

Der schmale Eingangsschacht zu dieser Kluft gewährte den Forschern Zugang zu einer ganzen Reihe von Schächten, die erst 90 m vertikal und anschliessend stufenförmig verliefen, bis zu einer Tiefe von fast 220 m. Auf –147 m Tiefe zeugten Pickel und Spitzhacke vom Wagemut des Greyerzers Auguste Bussard: Er hatte das Werkzeug 1920 hier verwendet und für einen nächsten Besuch, der letztlich nie stattfand, zurückgelassen. Die Forschenden, die sich für die Ersten vor Ort gehalten hatten, konnten Bussard später in Freiburg ausfindig machen. Bussard berichtete ihnen von seinen riskanten Abenteuern unter der Erde und schilderte seine Vorgehensweise: An einem Seil von 2 cm Durchmesser von einem Kameraden gesichert, der draussen wartete, hatte der Pionier stundenlang im schummrigen Licht einer Karbidlampe nach einer Goldader gestochert, jedoch ohne Erfolg. Der Grundriss, den die Forscher der Schweizerischen Gesellschaft für Höhlenforschung 1947 erstellten, verzeichnet eine *Chambre Bussard* in –147 m Tiefe, der maximalen Reichweite des Goldsuchers Bussard. Dieser war freilich allein und spärlich ausgerüstet, während das Forschungsteam über Drahtseilleitern und mehrere Hundert Meter lange Sicherheitsseile verfügte. Unterzeichnet ist der Grundriss mit vier Namen, wobei das Team insgesamt aus rund zwanzig Personen bestand, von denen einige an Zwischenstationen positioniert waren, um die Kollegen zu sichern. Andere Zeiten, andere Beweggründe, andere Methoden – doch immer die gleiche Verlockung des Unbekannten.

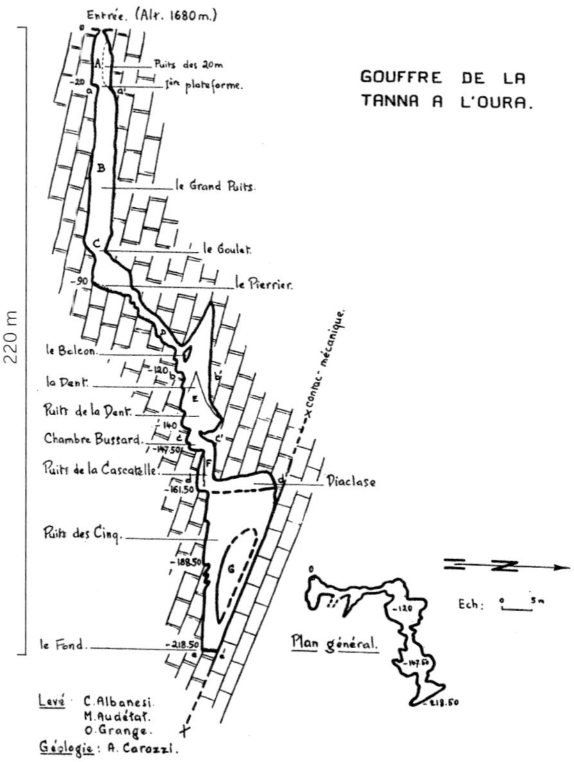

GOUFFRE DE LA TANNA A L'OURA.

Topografie des **Gouffre de la Tanna l'Oura** in den Rochers de Naye (VD), 1947 erstellt von einem Forschungsteam. Darauf verzeichnet: die Chambre Bussard, die der gleichnamige Goldgräber bereits 1920 mit sehr beschränkten Mitteln erreichte.

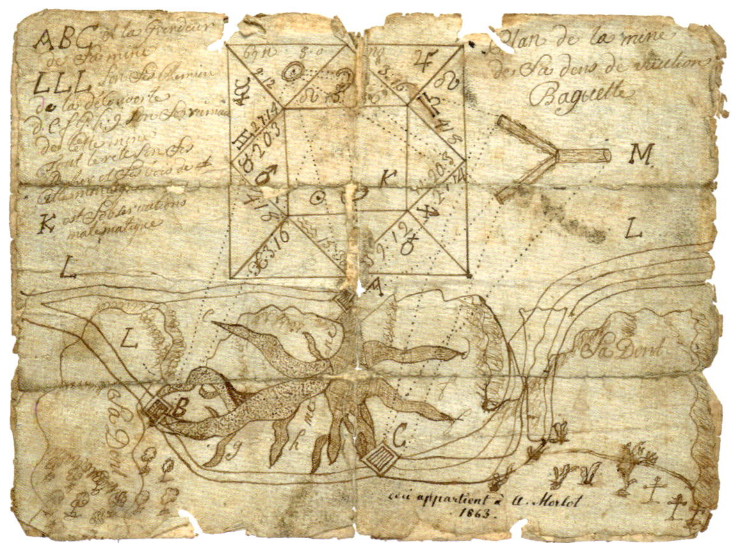

Minen in der **Dent de Vaulion** (VD). Solche Schriftstücke, die den Besitzer reich machen sollten, wurden zu einem goldigen Preis verkauft und kosteten mehr, als sie einbrachten. Dieses stammt aus dem Jahr 1760.

Schatzkarten

Der Goldrausch trieb auch anderswo in der Schweiz Wagemutige dazu, nach Edelmetallen zu suchen, die sie reich machen konnten. Vom Mont Salève über Graubünden und den Dent de Vaulion (VD) bis zum Val d'Anniviers (VS) wurde nach Gold gesucht, davon zeugen Schriften in den Bibliotheken und Spuren vor Ort. Schatzkarten wurden zu Höchstpreisen gehandelt, brachten aber oft nichts als Enttäuschungen. Ein gutes Beispiel dafür ist eine Karte von 1760, die unfehlbar zu Goldminen im Dent de Vaulion führen sollte: Wer hätte diese kryptische Zeichnung entschlüsseln sollen? Ferner zitiert P.-A. Gonet eine Wegbeschreibung zur Mine von Quaza: «Man braucht nur zu einem Chalet zu gehen, an dem sich ein Brunnen befindet [...], einen dunklen Wald zu durchqueren [...], unter drei Felsen hindurchzugehen [...], ein mit Steinen zugeschüttetes und unter Dornen verstecktes Loch zu finden [...] und in die Mine einzudringen, die dreizehn Pfund pro Zentner abwerfen kann.» [Histoire et actualité des chercheurs d'or en Suisse; Lausanne, Favre, 1979] Die Leichtgläubigkeit der Forscher war ebenso gross wie ihr Mut.

Westlich des Val d'Anniviers, in der Nähe von Vercorin, sollen Goldsucher mehrfach auf Konkurrenz in Gestalt einer *Vouivre* gestossen sein: ein Fabelwesen, halb Frau, halb geflügelte Schlange, das unter der Erde lebt und sich von Gold ernährt, indem es die Höhlenwände ableckt. Als die Männer die ersehnte Grube nach harter Arbeit endlich erreichten, fanden sie nur grosse rostfarbene Flecke vor: Die Vouivre hatte alles Gold gefressen und nichts als Eisen übrig gelassen ...

In den Rätischen Alpen (GR) war die Hoffnung auf wertvolle Erze begründeter, da der Kegel des knapp 3000 m hohen Aroser Rothorns aus Gneis, Amphibol- und Glimmerschiefer besteht – Gestein aus tiefliegenden Schichten mit grösseren Mineralbestandteilen. Südöstlich des Dorfes Parpan hat das

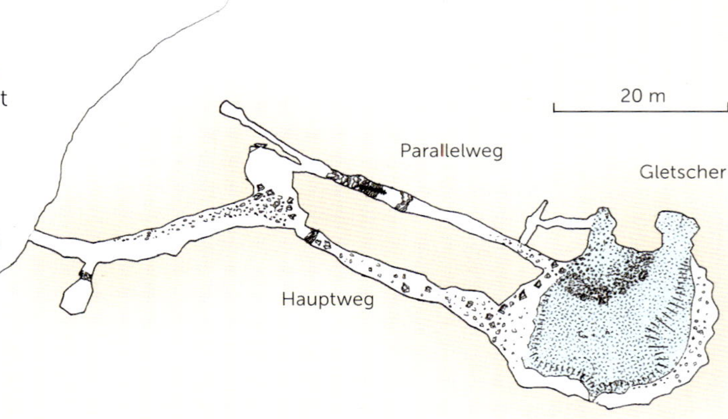

Die Höhle **Tanna des Mineurs** in den Rochers de Naye (VD): Dieses Schema stammt aus dem Jahr 1976, als noch Reste eines unterirdischen Gletschers am Boden der Höhle vorhanden waren. Heute ist er vollständig geschmolzen.

WISSENSCHAFTSECKE DER

Gold aus geologischer Sicht

Gold ist ein seltenes Mineral mit hoher Dichte, das nicht überall vorkommt. Es kann aus dem Magma im Erdinneren stammen und durch Krustenbildung an die Erdoberfläche gelangt sein; dort findet es sich meist in Adern oder Flözen. Es kann aber auch durch einen Wasserlauf an die Oberfläche gelangen, sich an bestimmten Stellen in Form von leichter abbaubarem *Seifengold* ablagern oder weiter flussabwärts als Flitter vorkommen, den man früher mit viel Geduld ausgewaschen hat. Goldvorkommen in Karsthöhlen, d. h. in kalkhaltigem Gestein sedimentären Ursprungs, sind sehr unwahrscheinlich. In alpinen Höhlen, in denen sowohl magmatisches als auch metamorphes Gestein vorkommt, sind Goldlagerstätten jedoch nicht auszuschliessen. Was Höhlen und Schachthöhlen in Kalksteinregionen betrifft, so war der Irrtum der ersten Goldsucher, dass sie einen natürlichen unterirdischen Gang mit einer Mineralader verwechselten. Prozesse, die zur Entstehung von Höhlen führen, sind allerdings auch erst im 20. Jahrhundert eingehend erforscht worden. •JCL

Wasser einiger Bäche schon Goldflitter enthalten, woraus im Volksmund schnell fliessendes Gold wurde. Die Bergbauversuche in der Gegend förderten neben Eisen und Zink auch Kupfer und Silber und auch Spuren von Gold zutage – jedoch nicht in ausreichenden Mengen, um die Familie Vertemati reich zu machen. Zu allem Unglück stürzten die mühsam gegrabenen Gänge bei einem grossen Bergrutsch im Jahre 1618 ein, was mehrere Menschen das Leben kostete. [J.-J. Pittard: Chercheurs d'or au fond des grottes, Genève, Hypogées – Les Boueux, 1982]

Heute, im dritten Jahrtausend, ist es ein Leichtes, die Entdecker und Entdeckerinnen früherer Zeiten verrückt zu nennen, obwohl sie anerkannt und respektiert werden müssten. Sie haben der Höhlenforschung den Weg bereitet, die vorherrschende Angst vor der unterirdischen Welt überwunden, sind Risiken eingegangen und bisweilen in unglaubliche Tiefen vorgedrungen. Abschliessend lässt sich im Hinblick auf diese Pioniere, die letztlich reicher an Erfahrungen als an Gold wurden, noch der Historiker Alfred Cérésole zitieren, der 1885 in *Légendes des Alpes vaudoises* schrieb: «Welche Anstrengungen und wie viel Schweiss haben diese schönen Felswände diejenigen gekostet, die sich auf der Suche nach Gold damit abgequält haben, sie bis in ihre geheimsten Tiefen zu erforschen!»

Starrköpfige Bergleute

Zurück zu den Rochers de Naye: Die Tanna des Mineurs ist aufgrund ihres Eingangs an einer steilen Felsflanke nicht leicht zugänglich und birgt ein hohes Absturzrisiko. Dennoch hat diese Höhle im Laufe der Zeit viel Aufmerksamkeit auf sich gezogen. Die Ruinen eines Hochofens aus dem 17. Jahrhundert am Ufer des Hongrin erinnern heute noch daran, dass einst Eisen in der Gegend abgebaut wurde. Auf einer Karte von 1752 ist die Tanna des Mineurs als Bergwerk vermerkt.[6] Die Höhle wird auch in einem Zauberbuch *(Grimoire)* aus dem Jahr 1853 erwähnt. Etwas später, im Jahr 1880, beauftragten Goldgräber – Bergleute, wenn man so will – eine Wahrsagerin, ihnen den Weg zum Gold zu zeigen. Diese liess an den Wänden der hinteren Kammer Buchstaben anbringen, die zum Schatz führen sollten. Es handelte sich um eine Kammer mit einem unterirdischen Gletscher, sodass man sich an der gekennzeichneten Stelle zwischen Eis und Felsen

Nach einem steilen Einstieg führt der Weg in die **Tanna des Mineurs** durch vertikale Schächte. Um hinab- und hinaufzuklettern, nutzten die Goldgräber des 19. Jahrhunderts Baumstämme, die zu Leitern umfunktioniert wurden.

hindurchzwängen musste, um in den entsprechenden Gang zu gelangen. Heute ist das Eis geschmolzen, doch man kann sich leicht vorstellen, wie hoch es damals gewesen sein muss. Es ist erstaunlich, in welch unerreichbarer Höhe sich die damals auf Anweisung der Wahrsagerin geschriebenen Buchstaben befinden. Ein Vergleich der Topografien bringt mehr Klarheit, ohne das Rätsel ganz zu lösen. 1952 füllte der Gletscher noch die gesamte Kammer aus und man konnte sich unter dem Gletscher hindurch in eine schmale Schachthöhle zwängen. 1976 konnte man den Gletscher auf Schotter umrunden. Heute ist das Eis geschmolzen und die Schachthöhle mit Geröll gefüllt.

Gleichzeitig hat mit einem LiDAR-Gerät moderne Vermessungstechnik Einzug in die Höhle gehalten. So ist die Tanna des Mineurs ein Beispiel dafür, dass Hohlräume schon lange und aus den unterschiedlichsten Gründen aufgesucht werden.

Auf den Spuren der «Alten»

Persönlich verbinde ich mit den Rochers de Naye ein schönes Erlebnis, das ich vor einem knappen halben Jahrhundert hatte. In den 1970er-Jahren erlebte die Schachtbefahrung mit der Einführung neuer Techniken – ein einfaches Seil ersetzte plötzlich schwere Leitern und zahlreiche Sicherheitsseile – einen gewaltigen Aufschwung. Im Zuge des Trends, möglichst viele grosse vertikale Höhlen zu «sammeln», taten wir uns mit einem der besten Höhlenforscher zusammen, den die Schweiz je gehabt hat: Philippe Rouiller. Wir sahen uns im

Der Zugang zur **Tanna des Mineurs** erfolgt über eine stark abfallende Galerie, die von einigen vertikalen Vorsprüngen unterbrochen wird.

Dank Laserscanning oder LiDAR *(Light Detection and Ranging)* ist es heute möglich, präzise und realistische Bilder von jedem beliebigen Volumen, auch von Vertiefungen, zu erstellen. Hier die neueste (2023) Topografie der **Tanna des Mineurs**.

Online-Visualisierungstool für die 3-D-Vermessung der Tanna des Mineurs

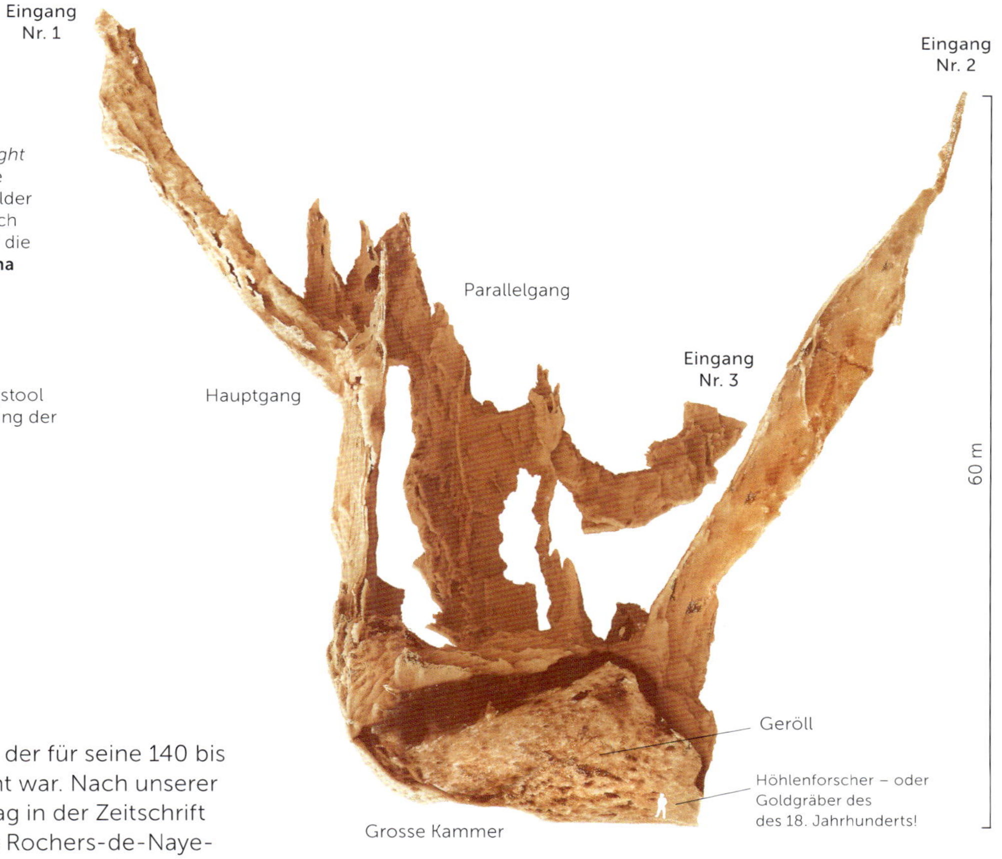

Gouffre du Jardin Alpin um, der für seine 140 bis 160 m tiefe Vertikale bekannt war. Nach unserer Rückkehr erschien ein Beitrag in der Zeitschrift *Stalactite*, auch über andere Rochers-de-Naye-Erkundungen in der Generation nach Auguste Bussard und David Talon. Mittlerweile ging es nicht mehr um Gold, sondern um Tiefe.

«Um das Ende des Jahres 1977 gebührend zu feiern, beschlossen wir, in die Fussstapfen unserer couragierten Vorgänger zu treten, denen seit 30 Jahren niemand mehr gefolgt war. […] Aus wissenschaftlicher Sicht lässt sich die Höhle in zwei aufeinanderfolgende Schächte einteilen […]. Diese beiden Schächte sind ausserordentlich schön, und wir verspürten letztlich keine Enttäuschung, dass wir die erwartete grosse Vertikale nicht fanden. Die erste Expedition hierhin hatte am 26. Oktober 1943 unter der Leitung des *Service de reconnaissances souterraines* der Gebirgsdivision 10 stattgefunden. Der Boden des ersten Schachts wurde erreicht.

Am 15., 16. und 17. Mai 1948 organisierten die Sektionen Genf, Neuenburg und Wallis der SGH [Schweizerischen Gesellschaft für Höhlenforschung] gemeinsam eine umfangreiche Expedition mit insgesamt 15 Männern, von denen drei das Vergnügen hatten, den Boden der Schachthöhle zu erreichen: Charles-Henri Roth, Präsident der Genfer Sektion, Maurice Audétat, der sich *jeune as de la spéléologie neuchâteloise* nennen durfte, und R. Dubois, ein Journalist von der *Tribune de Genève*.

30 Jahre später hat es uns sehr berührt, in der Höhle eine Karbidlampe in einwandfreiem Zustand vorzufinden, die sorgfältig auf dem hintersten Geröllhaufen vergessen worden war: höchstwahrscheinlich von demjenigen, der als Letzter wieder aufstieg! Eine Anekdote noch aus jener Zeit: Gewisse Federfuchser, die sich für gut informiert hielten, schrieben damals, für diese Expedition seien 200 m Leitern und 7000 bis 8000 m (sic!) Seil gebraucht worden. Vielleicht erklärt das, warum diese bezaubernde Höhle lange in Vergessenheit geraten ist.»

Die letzten Goldgräber liessen in der Tanna ihre Werkzeuge zurück – Schaufeln, Hacken und (links) eine Wünschelrute – voraussichtlich für einen nächsten Besuch.

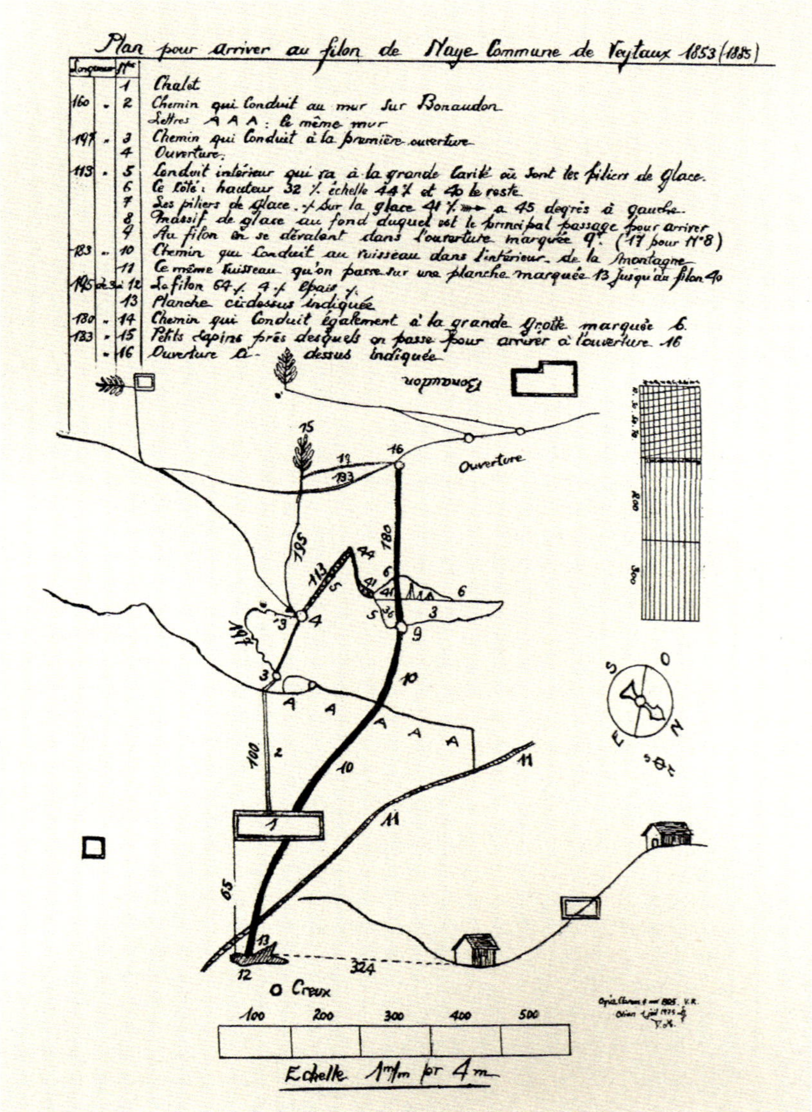

Plan pour arriver au filon de Naye Commune de Veytaux 1853 (1885)

Longueur		N°	
		1	Chalet
160	.	2	Chemin qui Conduit au mur sur Bonaudon Lettres A A A : le même mur
197	.	3	Chemin qui Conduit à la première ouverture
		4	Ouverture.
113	.	5	Conduit intérieur qui va à la grande Cavité où sont les piliers de glace.
		6	Ce Côté : hauteur 32 %. échelle 44 % et 40 le reste
		7	Les piliers de glace. % sur la glace 41 % a 45 degrés à gauche.
		8	Massif de glace au fond duquel est le principal passage pour arriver
		9	Au filon en se dévalant dans l'ouverture marquée 9. (17 pour N°8)
183	..	10	Chemin qui Conduit au ruisseau dans l'intérieur de la Montagne
		11	Ce même ruisseau qu'on passe sur une planche marquée 13 jusqu'au filon 40
195	de 3 à	12	Le filon 64 %. 4 % épais %.
		13	Planche ci-dessus indiquée
180	..	14	Chemin qui Conduit également à la grande Grotte marquée 6.
183	.	15	Petits sapins près desquels on passe pour arriver à l'ouverture 16
	.	16	Ouverture ci-dessus indiquée

Bonaudon

Ouverture

Creux

100 200 300 400 500

Echelle 1m/m pr 4 m

Plan, um zur Goldader von Naye zu gelangen: Leider ist es nicht leicht, dem Plan zu folgen. Sie scheint jedoch gut zur **Tanna des Mineurs** zu führen die nie Gold, aber vielleicht Eisen im 18. Jahrhundert lieferte.

Die Psychologie unter der Erde

Was hat Männer und später auch Frauen dazu getrieben, sich unter die Erde zu wagen, nachdem der Traum vom Gold geplatzt war? Es blieben die menschliche Neugier, die Freude an der Entdeckung, der Ehrgeiz, einen Ort als Erster oder Erste zu erreichen, und die Abenteuerlust. Manche Menschen müssen sich selbst im Freien verwirklichen. Es zieht sie auf die Berge, zu Vulkanen, aufs Meer, an die Pole, in ferne Gefilde, auf Fotosafari usw. Andere suchen ihren persönlichen Gral sozusagen vor der Haustür: im Inneren der umliegenden Berge. Während viele Forschende ihre Ziele unter freiem Himmel verfolgen, geht die Höhlenforschung in die Dunkelheit und Abgeschiedenheit der Grotten – mit dem Bonus, aus dem Erdinnern wieder auftauchen zu können, die Sonne wiederzusehen und sich am Duft des Grases zu freuen.

In den 1960er-Jahren hat ein junger Arzt aus Lyon seine Doktorarbeit zum Thema *Höhlenforschung und Medizin* geschrieben.[7] Seine Arbeit ist so aktuell wie eh und je; daher scheint es naheliegend, hier ein paar Aussagen von Höhlenforschern anzuführen, die zu diversen Themen befragt wurden. Etwa zu dem Bedürfnis, sich in der Natur von gesellschaftlichen Zwängen frei zu machen: «Ich habe abseits der Pfade in den bewaldeten Regionen des Vercors eine erfrischende Quelle gefunden, eine alte, vom Blitz erschlagene Tanne, eine Lichtung mit Pfifferlingen und einen Fuchsbau; was ich gesehen habe, steht in keinem Katalog.» Über das Vergnügen, ans Tageslicht zurückzukehren, sagte jemand: «Das kühle, dunkle Erdinnere zieht mich an, weil ich die Sonne liebe.» Über Risikobereitschaft: «Sie mussten ihr Leben aufs Spiel setzen, um es wertschätzen zu können.» Über Zurückhaltung: «Ein Rekord in der Höhlenforschung beweist nur eines: dass die Höhle selbst ein Rekord ist.» Über Erfolg und Renommee: «Was einen Höhlenforscher mit wahrer Genugtuung erfüllt, hat nichts mit den Grosstaten zu tun, die den Massen präsentiert werden.» Zu Dunkelheit und Stille: «Werte, die in einer lauten und aufdringlichen Welt verloren gegangen sind» (was viele Speläologen allerdings nicht davon abhält, mit dem Echo in Höhlen zu spielen!). Die Zitate zeigen, dass die Vorzüge der unterirdischen Welt unterschiedlich definiert werden. Die einen lieben die ästhetischen Kristallisationen, die anderen die geometrische Vollkommenheit eines Gangprofils, wieder andere den Gegensatz zwischen der Stille einer fossilen Höhle und dem Getöse eines Wasserfalls oder die körperliche Erfahrung beim Klettern im Schacht oder den Kontakt zwischen Erde und innerem Ich bei der Überwindung einer Engstelle. Im folgenden Kapitel werden wir uns mit dieser Vielfalt befassen und näher auf einige grossartige Höhlenerkundungen eingehen. • JCL

Lange nach unseren prähistorischen Vorfahren hinterliessen die «ersten» Höhlenbesucher 1900 ihre Spuren im Neuenburger Jura.

Vorstösse unter die Erde

Die Kulisse im Hintergrund steht: eine sagenhafte Welt mit guten Feen und furchterregenden Dämonen, erste Begegnungen mit der Unterwelt, Goldgräber, die sich Reichtum erhoffen, oder Hirten auf der Suche nach verlorenen Schafen und nicht zu vergessen unsere Vorfahren, die schon früh Schutz in Höhlen suchten und sie auch bewohnten. Nun betreten Forschende die Bühne. Die Wissenschaft der Speläologie entwickelte sich im Verlauf des 19. Jahrhunderts gleichzeitig in verschiedenen Ländern. Ohne ihre «Gründerväter» – mehrheitlich Franzosen, Italiener, Slowenen, Österreicher und Amerikaner – zu bemühen, möchten wir Sie nun einladen, einige grosse Höhlenforscher unseres Landes auf ihren Exkursionen zu begleiten.

Von den «Club des Boueux» zum Dachverband

Zu den ersten systematischen Schweizer Höhlenerkundungen zählt die des Nidlenlochs (SO) durch Franz-Josef Hugi im Jahr 1827. Eine erste, noch unvollständige Karte dieser Höhle stammt aus dem Jahr 1868, während diejenige von 1943 von F. Kormann und W. Kulli Gänge von 2100 m Länge ausweist. Heute ist das Nidlenloch auf einer Länge von 7,5 km und einer Tiefe von 418 m erforscht.
Im Laufe des 19. Jahrhunderts interessierten sich immer mehr Gelehrte für die Schweizer Höhlen, zunächst zum Zweck archäologischer Untersuchungen. Der **Höhlentourismus** nahm 1863 in der Grotte aux Fées bei Saint-Maurice (VS), 1875 im Hölloch (SZ), 1889 in der Grotte de Milandre (JU), 1890 in den Grottes de Réclère (JU) und 1903 in den St. Beatus-Höhlen (BE) seinen Anfang. Ein konkretes Anfangsdatum der **unterirdischen Erkundungen** in der Schweiz scheint unmöglich, doch um den Namen einer Neuenburger Höhle, in der sich schon einiges zugetragen hat, kommt man nicht herum: die Schachthöhle Gouffre de Pertuis oder *Grotte à Noé*. 1846 rutscht ein – wahrscheinlich betrunkener – Hausierer aus und stürzt in den 310 Fuss (rund 100 m) *tiefen, senkrechten Schacht*, der auf den Höhleneingang folgt. Einige Tage später lässt sich ein Feuerwehrmann aus Le Locle in die Schachthöhle abseilen und mit der Leiche wieder heraufholen. Erneute Befahrungen der Höhle fanden 1878 statt. Die ersten wahren Erkundungen des Höhlenkomplexes wurden von 1922 bis 1928 von ortsansässigen Höhlenforschern durchgeführt, die sich damals noch nicht so nannten, von denen einige jedoch später die erste Neuenburger Höhlenforschungsgesellschaft innerhalb des *Club Jurassien* gründeten.

Die Schweizer Höhlenforschung, wie man sie heute kennt, hat wahrscheinlich mit der Freundschaft zwischen dem Franzosen Édouard-Alfred Martel («Vater der Höhlenforschung») und einigen Genfer Gelehrten wie dem Physiker Alexandre Le Royer, dem Geografen Émile Chaix und dem Anthropologen Eugène Pittard begonnen. Martel besuchte bereits 1897 die Rochers de Naye und 1905 auch das Hölloch, dessen Bedeutung er bereits erkannt hatte. Erste Untersuchungen betrafen die Savoyer Höhlen, doch der Beginn der Höhlenforschung in der Schweiz stand kurz bevor. Zu Beginn des 20. Jahrhunderts verzeichnete das *Geographische Lexikon der Schweiz* (Neuenburg, 1902–1910) noch 234 Höhlen im Land. Kurz nach dem Ersten Weltkrieg versammelte der Ethnologe Georges Amoudruz dann ein Forschungsteam um sich, aus dem 1930 der *Club des Boueux* («Club der Schlammigen») und wenig später die *Schweizerische Gesellschaft für*

Kreuzloch, Hoch Ybrig (SZ). Nur mit der richtigen Ausstattung kommt man hier in luftiger Höhe und ohne Bad in eisigem Wasser weiter!

Aufbruch unter die Erde: grosse Leitern am **Gouffre de Pertuis** (1928). Mit Nagelschuhen und Karbidlampen im **Hölloch** (1954). Überraschende Öffnung des **Trou du Pelu** im Berner Jura (1930) und erste Erkundung – mit Fliege!

Höhlenforschung hervorging. Erste Erkundungen fanden eher auf savoyischem als auf helvetischem Boden statt, was an sich nicht verwunderlich ist, weil die Karstmassive jenseits der Grenze für den Club näher waren als die der Schweiz. Das Gründungstrio der SGH bestand aus Georges Amoudruz als Schirmherr, Jean-Jacques Pittard und Emile Buri. Erste Vorstösse in die unterirdische Schweiz fanden in der Region Rochers de Naye (VD/FR), in der Grotte du Poteux von Saillon (VS) sowie im Waadtländer und Neuenburger Jura statt.

Der Genfer Kern der SGH weitete seinen Einfluss allmählich nach Nyon, ins Wallis und nach Neuenburg aus. Die SGH entwickelte sich zum Dachverband der nach und nach entstehenden Regionalsektionen. Parallel dazu wurde innerhalb der Schweizer Armee eine neue Einheit eingerichtet: der *Service de reconnaissances souterraines* der Gebirgsdivision 10, der unter der Leitung von Jean-Jacques Pittard (inzwischen zum Leutnant befördert, um der Forschung mehr Gewicht zu verleihen) eine Blütezeit erlebte. Während der Mobilisierung 1939 bis 1945 wurden nicht weniger als 600 Höhlen mit einer Gesamtlänge von mehr als 60 km vermessen und beschrieben. Alles, was unter der Erde lag, war von Interesse. In die Zeit dieser Inventarisierung fallen grossartige Entdeckungen: die Schachthöhlen der Rochers de Naye, die unterirdischen Seen von Saint-Maurice und Saint-Léonard sowie die Grotte de la Crête de Vaas, die drei Letztgenannten im Wallis.

Die Schweiz und die Welt

1951 war die SGH zwar noch klein, aber bereits gut organisiert: Als Zentralpräsident fungierte der Walliser André Grobet, Maurice Audétat vom Club Jurassien leitete das Archiv. Die Zeitschrift *Stalactite* wurde ins Leben gerufen (und erscheint seither mindestens zweimal im Jahr). Im Laufe der Zeit schlossen sich weitere Vereine dem Verband an, der Kommissionen für Wissenschaft, Ausbildung, Höhlenrettung, Höhlenschutz, die Bibliothek usw. bildete. Im Jahr 1965, als die SGH ihr 25-jähriges Bestehen feierte, waren 1400 Höhlen erforscht und im Zentralarchiv beschrieben. In der kontinuierlichen Veröffentlichung von kantonalen oder regionalen Inventaren zeigt sich das Bestreben der SGH, die Höhlen unseres Landes möglichst vollständig zu erfassen und zu dokumentieren. Der erste Band erschien 1976, befasste sich mit dem Kanton Neuenburg und war von Raymond Gigon, der mehr als 30 Jahre lang unermüdlich die Bibliothek der SGH betreute. Darauf folgten, weiterhin im Rahmen eines speläologischen Inventars der Schweiz: *Canton du Jura* 1986, *Höhlen der Region Basel – Laufen* 1996, *Jura vaudois, partie ouest* 2002, *Nord vaudois* 2007 und *Jura bernois* 2022. Diese Publikationen stammen von verschiedenen Autoren bzw. Autorengruppen und wurden mit grossem Aufwand erarbeitet. Das Ziel war und ist kohärente, vollständige und aktuelle Inventare zu erstellen. Die Veröffentlichungen der SGH sind auf internationaler Ebene renommiert. Sie werden von einer Reihe lokaler Inventare, häufig Beschreibungen von Karstmassiven, ergänzt, die auf Einzelinitiativen beruhen.

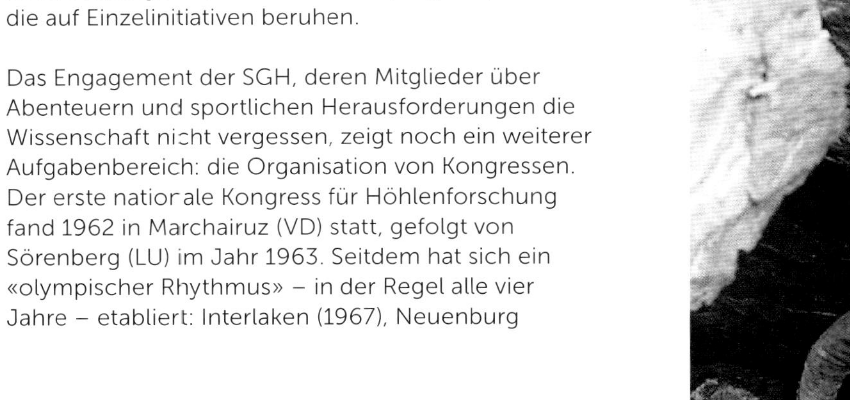

Das Engagement der SGH, deren Mitglieder über Abenteuern und sportlichen Herausforderungen die Wissenschaft nicht vergessen, zeigt noch ein weiterer Aufgabenbereich: die Organisation von Kongressen. Der erste nationale Kongress für Höhlenforschung fand 1962 in Marchairuz (VD) statt, gefolgt von Sörenberg (LU) im Jahr 1963. Seitdem hat sich ein «olympischer Rhythmus» – in der Regel alle vier Jahre – etabliert: Interlaken (1967), Neuenburg (1970), Interlaken (1974), Porrentruy (1978), Schwyz (1982), Vallée de Joux (1987), Charmey (1991), Breitenbach (1995), Genf (2001), Le Sentier (2007), Muotathal (2012) und Interlaken (2019). Solche Kongresse widmen sich sowohl der Exploration als auch der wissenschaftlichen Arbeit, also den beiden zentralen Aufgaben der Höhlenforschung. Sie werden sowohl von ausländischen als auch von schweizerischen Teilnehmenden besucht und tragen so regelmässig dazu bei, ein internationales Forschungsnetzwerk aufzubauen. Intern kommen die Mitglieder der SGH jährlich zweimal zusammen: zur satzungsgemässen Generalversammlung und zu einem eher informellen Treffen, das anfangs im Winter stattfand, in letzter Zeit aber im Herbst. Hier halten sich die Teilnehmenden über aktuelle Entdeckungen und wissenschaftlichen Erkenntnisse auf dem Laufenden und tauschen sich untereinander aus.

Die Erforscher des **Höllochs** der 1950er-Jahre befestigten den Brenner ihrer Karbidlampe am Hut.

In den 1990er-Jahren forderte ein Kongress von enormer Tragweite den Einsatz der gesamten Schweizer Höhlenforschung. Nachdem die SGH heftige Kritik an internationalen Kongressen geübt hatte, weil dabei aus ihrer Sicht nur noch wirtschaftlich subventionierte Wissenschaftler und Wissenschaftlerinnen anstelle der aktiv Forschenden zusammenkamen, wurde die SGH 1993 dazu auserkoren, den 12. Internationalen Kongress der Union Internationale de Spéléologie (UIS) zu veranstalten. Als Austragungsort wählten die Organisatoren des Dachverbandes die Stadt La Chaux-de-Fonds, die auf 1000 m Höhe inmitten einer Karstregion liegt. Nach einem Jahr intensiver Arbeit konnten mehr als 1600 Teilnehmende aus mehr als 50 Ländern in der Neuenburger Stadt begrüsst werden – eine Vervierfachung der Besucherzahlen gegenüber dem vorherigen internationalen Kongress. Der Erfolg spiegelte das beachtliche Engagement mehrerer Hundert Freiwilliger: Drei Wochen lang wurde La Chaux-de-Fonds von einem bunten Völkchen in Beschlag genommen, das zuvor an unterschiedlichen, zum Teil weit entfernten Aktivitäten vor Ort teilgenommen hatte. Ausserdem standen zwei weitere Lager- und Ausflugswochen in der Schweiz und in benachbarten Ländern auf dem Programm. Eine indirekte Auswirkung des Kongresses war kurz darauf die Gründung des *Schweizerischen Institutes für Speläologie und Karstforschung (SISKA)* in La Chaux-de-Fonds: ein einzigartiges Kompetenzzentrum, das weltweit nur wenige Pendants hat.

So viel zu den Forschenden und ihrer Art, sich zu organisieren. Doch was ist mit ihren Erkundungsmethoden, den technischen Schwierigkeiten, auf die sie unter der Erde stossen, und Lösungen, die gefunden werden müssen, um Hindernisse zu bewältigen und immer tiefer vorzudringen?

Fiat lux

In horizontalen Höhlen kommt man bei der Erkundung ohne grossen technischen Aufwand voran. Die einzigen Probleme, die es zu lösen gibt, sind die Dunkelheit, die Kälte in weitläufigen Höhlen und die mangelnde Verpflegung. Als Lichtquelle kamen anfangs einfache Kerzen zum Einsatz, die bisweilen auf dem Hut des Forschers befestigt wurden, damit dieser die Hände frei hatte. Später benutzte man Karbidlampen mit dem Brennstoff Acetylen. Die Karbidlampe war lange beliebt: Ihr Licht war relativ stark, der Brennstoff günstig, und die Flamme stellte bei Bedarf eine Wärmequelle dar. Da es jedoch vorkam, dass das Licht durch heftigen Luftzug oder Wasserzutritt ausfiel, kombinierte man Karbidlampen ab Mitte des 20. Jahrhunderts mit elektrischen Leuchten. Letztere setzten sich schliesslich durch, weil sie in puncto Gewicht, Platzbedarf und Umweltfreundlichkeit – besonders in Form von LEDs – klare Vorteile boten.

Als das Thema Beleuchtung vom Tisch war, riefen die vertikalen Höhlenabschnitte die Ingenieure auf den Plan. Die schweren Strickleitern mit Holzsprossen wurden in den Nachkriegsjahren durch flexible Metallleitern ersetzt, die weitaus leichter und weniger

Das **Seichbergloch** ist eine der tiefen Schachthöhlen, die in den 1960er-Jahren im Churfirsten-Massiv (SG) entdeckt wurden.

Karren sind Kalksteinwüsten, deren Risse zu spannenden Entdeckungen führen können: hier im Karst am **Wildhorn** (VS) auf 2800 m Höhe.

Die **Seefeldhöhle** (BE) im Herzen des Massivs der Sieben Hengste ist eine kleine Höhle im Vergleich zu den Riesenhöhlen in ihrer Umgebung. Dieser schöne Plan, einer der ältesten bekannten Pläne einer Schweizer Höhle, stammt aus dem Jahr 1867.

Das Beispiel einer modernen topografischen Vermessung auf der gegenüberliegenden Seite zeigt die **Grotte des Rutelins** (NE), die unterirdischen Zugang zur Areuse gewährt.

sperrig waren. Ein bekannter Höhlenforscher erfand schliesslich die tragbare Stahlseilleiter mit Aluminiumsprossen: der Franzose Robert de Joly. Sein Einfluss erwies sich als entscheidend – er löste wahre Begeisterungsstürme im *Club des Boueux* aus, wenn er zu Besuch kam. Jeder Höhlenforschungsverein hatte bald seine eigene Werkstatt, und das charakteristische Geräusch, das die Leitern machten, wenn sie in den Schächten ausgerollt wurden, begleitete eine Zeit der glorreichen vertikalen Entdeckungen, deren Devise «Noch tiefer!» war. Der Versuch, Tiefenrekorde aufzustellen, trieb ab jetzt mehrere Generationen von Höhlenforschern um. Die grossen und aufwendigen Sondierungen erforderten vielköpfige Teams, vom Koch an der Oberfläche bis hin zum *Champion*, der im Namen des Teams ganz allein zum Grund eines Schachtes vordrang; die anderen sahen von der Höhle meist nur eine enge Zwischenstation und warteten aufopferungsvoll lang in der Kälte. Das änderte sich jedoch in den 1970er- und 1980er-Jahren, als neue Techniken das Befahren von Schächten einfacher und sicherer machten.

Ein Netz knüpfen

Einige Höhlenforscher konzentrieren sich auf eine einzige Höhle und versuchen Jahr für Jahr, alle ihre Geheimnisse zu lüften und sie bis in den letzten Winkel zu erkunden: durch Vermessen, Fotografieren, mit technischer Ausrüstung, Untersuchung von Strömungen, der unterirdischen Fauna, Auftreten von Hochwasser usw. Andere widmen sich der Erforschung eines ganzen Karstmassivs, indem sie versuchen, sämtliche unterirdischen Gänge zu erfassen und sie zu einem Gesamtsystem zu verbinden. Der Fokus der Forschung verlagert sich mittlerweile zunehmend von der Einzelhöhle auf ein bestimmtes *System* oder *Netz* von Hohlräumen – Begriffe aus der digitalen Welt, die in der Höhlenforschung aber sehr reale Strukturen aus Gestein und Wasser bezeichnen.

Vermessen und Kartieren

Pläne sind in der Höhlenforschung von entscheidender Bedeutung. Ohne Plan bleibt eine Höhle – oder die Eindrücke, die man in ihr gesammelt hat – nur eine bestimmte Zeit im Gedächtnis der Person, die sie entdeckt hat. Später geht das Wissen dann vergessen und man muss von vorn beginnen ...

Ein Plan besteht aus Grundriss, Profilen, oft auch einem Längsschnitt und ist das zentrale Dokument, das zeigt, wie eine Höhle aussieht.

Die Forschenden bemühen sich also, die Gänge, die sie erkunden, immer zu vermessen. Insbesondere bei einem grossen Höhlensystem ist dies eine mühsame Kleinarbeit. Die Gänge zu erkunden und ihre Details und Besonderheiten aufzuzeichnen kostet Zeit, ist aber unerlässlich, um zu verstehen, wie eine Höhle sich verzweigt, in welche Richtung ihre Gänge verlaufen und auf welcher Höhe man sich befindet.

Ebenso wie die Erkundungsmethoden haben sich auch die Vermessungsmethoden geändert: Der traditionelle Hängekompass und das Neigungsmesser wurden durch empfindlichere, aber präzisere elektronische Instrumente ersetzt; statt Notizheft und Bleistift (den man früher unter keinen Umständen in eine Kluft fallen lassen durfte!) sind Tablets und Smartphones im Einsatz.

Wenn die unterirdische Erfassung der Daten abgeschlossen ist, folgt die digitale Auswertung, die noch mehr Zeit in Anspruch nimmt, aber glücklicherweise in einem warmen Büro und nicht im Schlamm und bei eisiger Zugluft stattfindet ...

In Karstsystemen ist die Vermessung besonders wichtig. Für die Darstellung der unterirdischen Gänge auf Papier oder auf dem Bildschirm sind (über Generationen hinweg) etliche Erkundungen nötig. Digitale Höhlenpläne sind bei der Orientierung in den kilometerlang verzweigten Labyrinthen unverzichtbar, unterstützt von modernen 3-D-Ansichten der unterirdischen Hohlräume. •RW

Die Schweiz verfügt über einige Höhlensysteme, die rasch über die regionalen und nationalen Grenzen hinaus bekannt geworden sind und international Massstäbe gesetzt haben. Ein Paradebeispiel sind die Höhlen im Gebirgsstock der Sieben Hengste, der den Thunersee im Norden überragt. Das Spannende bei solchen Explorationen ist, dass man ein übergeordnetes Ziel verfolgt: mehr Kenntnisse über einen Höhlenkomplex, dessen Elemente man nach und nach wie ein Puzzle zusammensetzt. Dabei lassen sich die Forscher von den Erkenntnissen leiten, die ein Vorstoss mit sich bringt, um mit Bedacht das nächste Ziel auszuwählen, welches dann wiederum zu einer neuen Entdeckung führen kann. Einige Höhlen im Massiv der Sieben Hengste sind schon lange bekannt: Die St. Beatus-Höhlen – zumindest deren Eingang – sollen im ersten Jahrhundert nach Christus dem Heiligen, der ihnen den Namen gab, als Klause gedient haben; weiterhin zählen die Pläne der Seefeldhöhle (Abb. siehe S. 42) und des Mundenlochs aus dem Jahr 1877 zu den ältesten bekannten Höhlenplänen der Schweiz. Der Höhlenplan des Nidlenlochs (SO) ist noch ein bisschen älter: Er stammt aus dem Jahr 1868.

Der Fortschritt der Entdeckungen im Karst nördlich vom Thunersee ist enorm. Mehrere Forschungsteams haben hier nach und nach das **Höhlensystem Siebenhengste-Hohgant** (BE) kartiert.

Das Massiv der **Sieben Hengste (BE)** ist ein Bollwerk aus Kalkstein mit sieben Felsvorsprüngen, die das Justistal überragen. Es birgt eines der grössten Höhlensysteme der Schweiz.

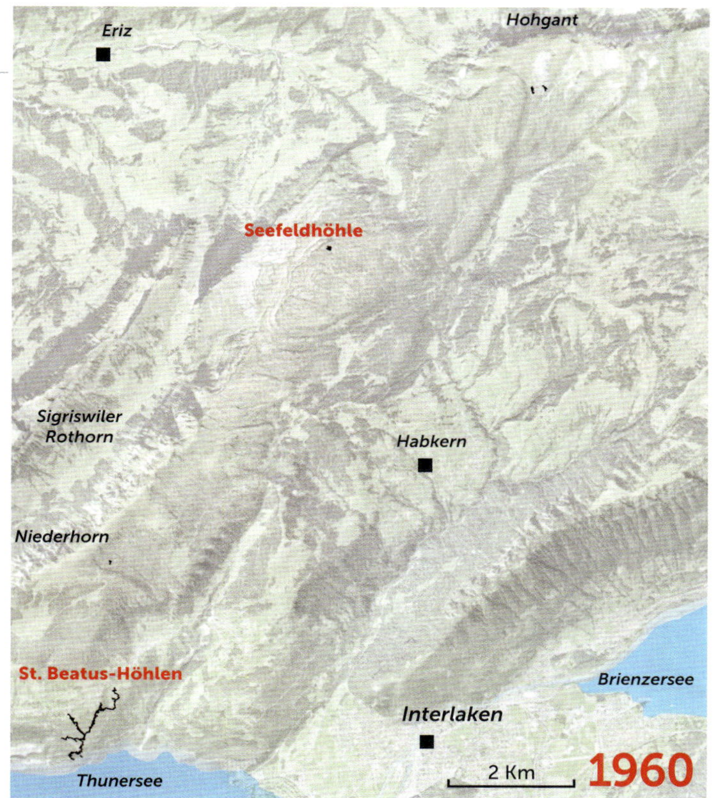
Eriz
Hohgant
Seefeldhöhle
Sigriswiler Rothorn
Habkern
Niederhorn
St. Beatus-Höhlen
Brienzersee
Interlaken
Thunersee
2 Km
1960

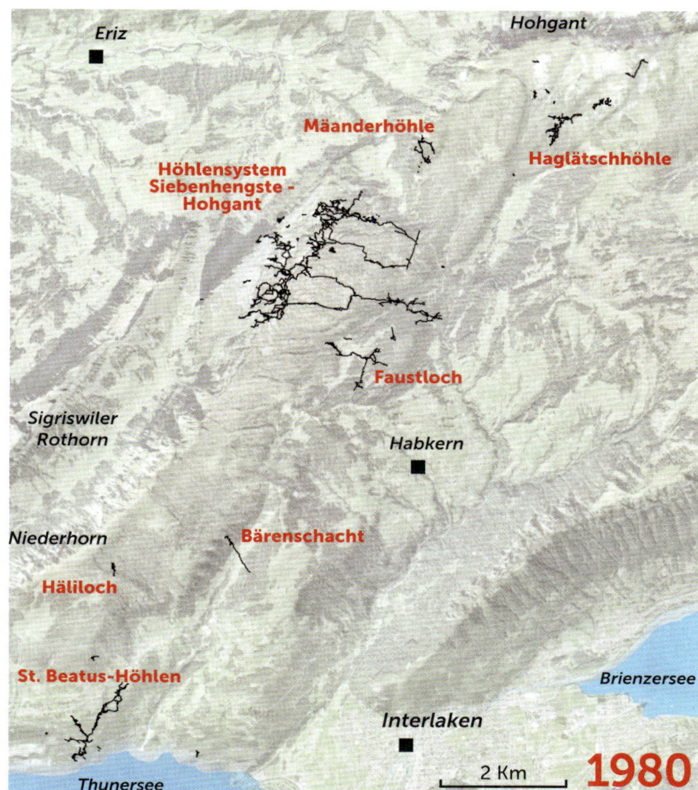
Eriz
Hohgant
Mäanderhöhle
Haglätschhöhle
Höhlensystem Siebenhengste - Hohgant
Faustloch
Sigriswiler Rothorn
Habkern
Niederhorn
Bärenschacht
Häliloch
St. Beatus-Höhlen
Brienzersee
Interlaken
Thunersee
2 Km
1980

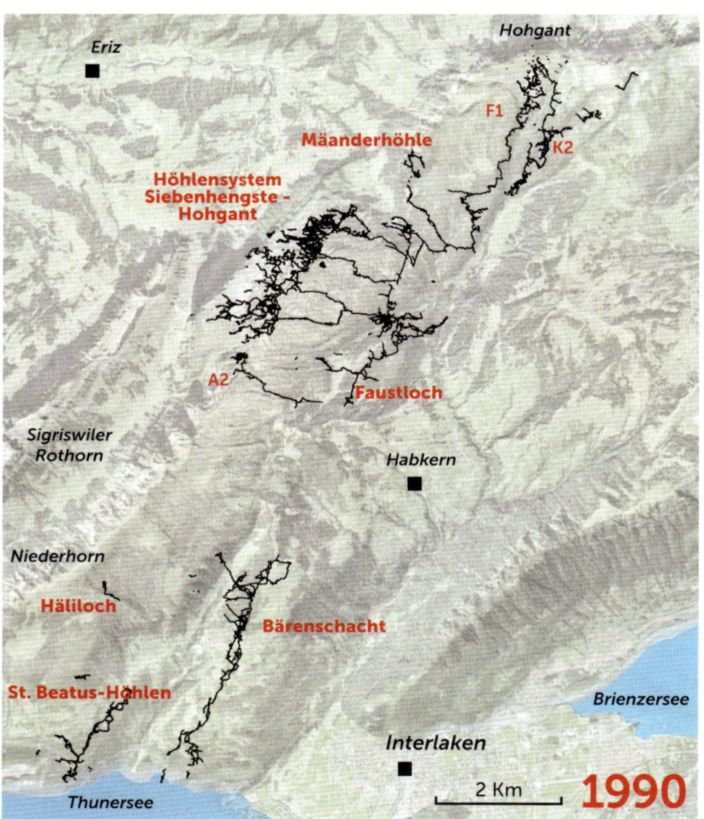
Eriz
Hohgant
F1
K2
Mäanderhöhle
Höhlensystem Siebenhengste - Hohgant
A2
Faustloch
Sigriswiler Rothorn
Habkern
Niederhorn
Häliloch
Bärenschacht
St. Beatus-Höhlen
Brienzersee
Interlaken
Thunersee
2 Km
1990

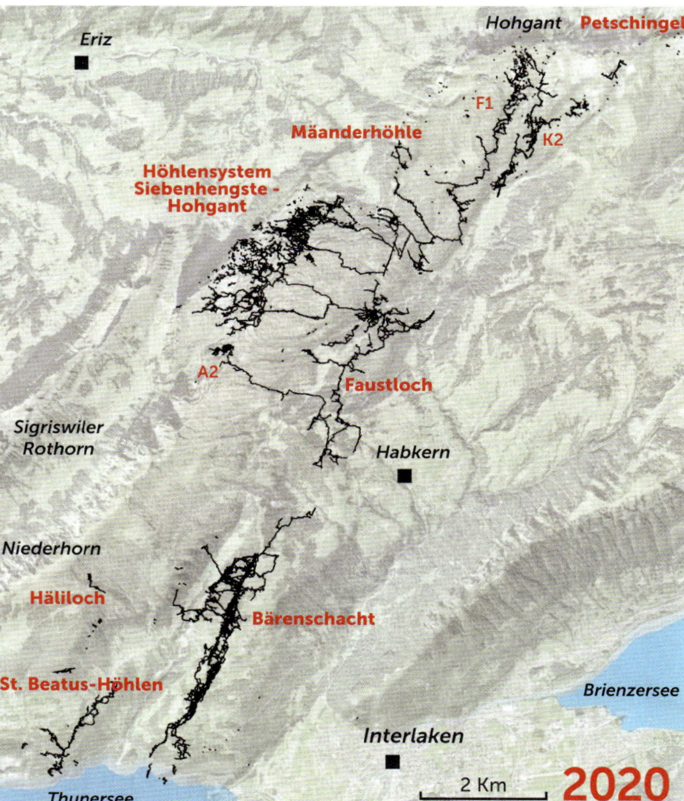
Eriz
Hohgant
Petschingel
F1
K2
Mäanderhöhle
Höhlensystem Siebenhengste - Hohgant
A2
Faustloch
Sigriswiler Rothorn
Habkern
Niederhorn
Häliloch
Bärenschacht
St. Beatus-Höhlen
Brienzersee
Interlaken
Thunersee
2 Km
2020

Obwohl die Seefeldhöhle nicht mit dem gewaltigen Höhlensystem verbunden ist, von dem wir gleich sprechen werden, hat sie allein über 2 km lange Gänge.

Die Erforschung der *Zone Profonde* im insgesamt 171 km langen **Höhlensystem Siebenhengste-Hohgant** ist alles andere als einfach.

Unten: **Bärenschacht**: eines der Biwaks zur Erforschung der Endbereiche der Höhle.

Die Erforschung des besagten Systems begann in den 1960er-Jahren: Forschende aus Bern erfassten systematisch alle Eingänge, woraufhin sich Höhlenforscher aus dem Jura diesem Eldorado der Speläologie widmeten. In den 1970er-Jahren kamen Engländer, angelockt durch die spektakulären Ergebnisse der unterirdischen Wasserfärbungen von Franz Knuchel, einem Höhlenforscher aus Interlaken. Teams aus Lausanne, Basel, Neuenburg und Belgien folgten. Angetan von einem grossen Karrenfeld im benachbarten Schrattenfluh-Massiv wechselten die Neuenburger kurz darauf das Forschungsgelände und machten Platz für die Belgier und die Lausanner. Die Konkurrenz zwischen diesen beiden Teams war so gross, dass es zu lebensgefährlichen Sabotageakten kam und die Exploration zu einem Wettstreit wurde, der bisweilen kriegsähnliche Züge annahm. Neue Eingänge bekamen jetzt vielsagende Namen: *Johnny, Victor, Dakoté*. Auf die Basler geht die Entdeckung des Faustlochs zurück (siehe Abb. S. 49), dessen enger Eingang im krassen Gegensatz zu den riesigen Schächten dahinter steht. Weiter nördlich fand man die ersten Verbindungen zwischen unterschiedlichen Eingängen: die Geburtsstunde des Höhlensystems Siebenhengste-Hohgant. Neue Klettertechniken mit Einfachseilen beschleunigten die Ereignisse. Das Jahrzehnt der Vorstösse in die Tiefe endete mit der Erkundung eines Flusses, der zur *Zone Profonde* des Höhlensystems führte, sowie mit Entdeckungen auf dem benachbarten Karrenfeld Innerbergli am Fuss des Hohgant. Computertechnik trat auf den Plan und erleichterte die Zusammenführung der von den verschiedenen Parteien erhobenen Daten.

Die *Beatenberghalle* im **Bärenschacht** (BE), eine 83 km lange Höhle, deren Verzweigungen sich in Richtung Norden offenbar dem Höhlensystem Siebenhengste-Hohgant nähern.

In den 1980er-Jahren lieferten die Teams aus Lausanne und Belgien, die noch immer miteinander wetteiferten, Belege für eine noch grössere Ausdehnung des Höhlensystems, während am Innerbergli die unterirdische Verbindung zwischen den Massiven des Hohgant und der Sieben Hengste nachgewiesen wurde. Auf diese Weise erfüllte sich die Vorhersage der Färbungen von 1970. Diese hatten gezeigt, dass das Wasser der drei durch Täler voneinander getrennten Massive an ein und derselben Stelle am Thunersee zutage tritt.

Die speläologische Forschung suchte weiter nach Höhlen, über die man unterirdisch von einem Massiv ins andere gelangen konnte. Selbst die Natur trug zum Fortschritt des Vorhabens bei: 1987 riss ein aussergewöhnliches Hochwasser Biwaks und jahrtausendealte Tropfsteine mit, befreite jedoch auch einen Siphon vom darin befindlichen Lehm und schuf so von unten eine Verbindung des Faustlochs mit dem Höhlensystem.

In den 1990er-Jahren erfuhr der Bärenschacht (siehe Abb. S. 46–47), der näher am Thunersee gelegen ist, eine Ausweitung, nicht zuletzt dank dem beeindruckenden Bau eines Umgehungsstollens über einem Siphon. Mit nunmehr ca. 50 km vermessenen Gängen rückte er dem weiter nördlich gelegenen Höhlensystem immer näher. Die Verzweigungen der Schächte und Gänge ähnelten auf dem Papier der Topografen einem Netz. In den 1990er-Jahren verdichtete sich auch die Form des Siebenhengste-Hohgant-Systems, dessen Länge sich verdoppelt hatte. Dreidimensionale Darstellungen ermöglichten es, das Gewirr aus Gängen zu entzerren und die Gesamtstruktur besser zu verstehen. Die Entdeckung höher gelegener Eingänge auf dem Hohgant vergrösserte die Gesamttiefe des Systems, dessen tiefster Punkt nun ein sehr weit vom Faustloch entfernter, unter Wasser stehender Siphon war.

Die Erweiterung des Höhlensystems Siebenhengste-Hohgant setzte sich mit dem Jahrtausendwechsel sowohl nach Süden wie auch nach Norden fort. Neue Öffnungen wurden gefunden und erweiterten die Zugangsmöglichkeiten. Wieder strömte ein verheerendes Hochwasser durch das Faustloch – doch diesmal wurde kein Durchgang geöffnet, sondern einer verstopft. Und an der Oberfläche wurde die mehrjährige Suche nach einem direkten Zugang zur *Zone Profonde* endlich belohnt: Die *Cheminée de la Frustration* («Frust-Schlot») verdiente ihren Namen zwar nicht mehr, nützte allerdings nur Personen mit schlanker Statur ... Und heute? Das Gefühl, nie fertig zu werden, bleibt, zumal sich das Tempo der Entdeckungen ein wenig verlangsamt hat. Im Dezember 2021 umfasste das Höhlensystem Siebenhengste-Hohgant 171 km lange Schächte und Gänge mit 1340 m Tiefe. 49 verschiedene Eingänge waren bekannt, und die Hoffnung, eines Tages eine Verbindung zwischen Bärenschacht und dem System finden zu können, bestand weiter. Nach Tauchgängen im nördlichen Siphon des Bärenschachts hiess es zuletzt, ein Durchbruch stehe unmittelbar bevor ....

Innerhalb von 120 Jahren ist die Zahl der bekannten Höhlen von 234 auf 11765 gestiegen!

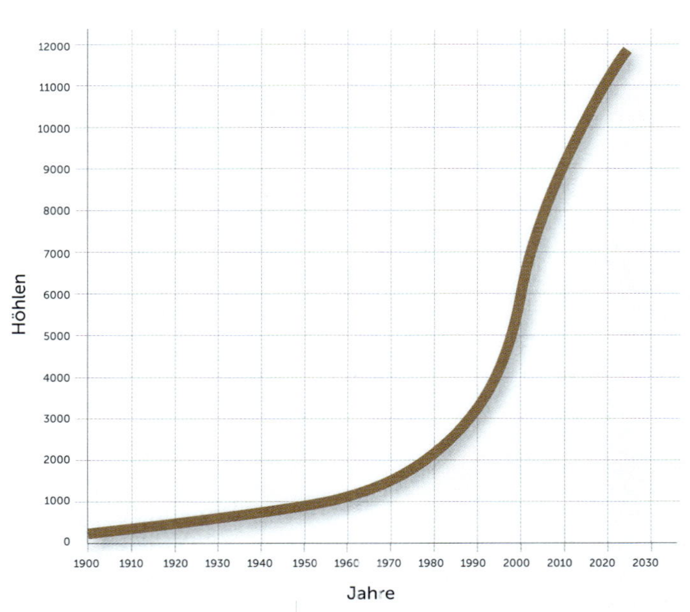

Die Erforschung der unterirdischen Schweiz begann langsam Anfang des 20. Jahrhunderts, erlebte jedoch vor der Jahrtausendwende einen starken Aufschwung. Heute sind knapp 12000 Höhlen erfasst und beschrieben.

Abstieg in den *Chicken Pot*, einen der Zugänge zum **Höhlensystem Siebenhengste-Hohgant**.

Das **Faustloch** (BE), dessen enger Eingang in Kontrast zu den nachfolgenden breiten, oft mit Wasser berieselten Schächten steht, ist Teil des grossen **Höhlensystems Siebenhengste-Hohgant**, seit 1987 ein gewaltiges Hochwasser den Verbindungsgang öffnete.

Eine Bilanz

Dieser kurze Blick auf die Erkundung des Untergrunds in der Schweiz zeigt: In weniger als einem Jahrhundert ist aus einem Genfer Dreigespann und einigen Einzelpersonen eine landesweite Vereinigung mit Regionalsektionen von internationalem Ruf geworden. Darüber hinaus muss man betonen, wie stark die Entdeckungen zugenommen haben und wie bedeutend sie sind. Das Kurvendiagramm spiegelt dies auf prägnante Weise und ist es wert, kurz kommentiert zu werden. Der ab 1960 beginnende und ab 1980 klar erkennbare Aufschwung erklärt sich durch neue Erkundungstechniken: leichter, schneller, weiter! Im Kapitel *Vertikale Abenteuer* werden wir dieses Thema ausführlicher behandeln. Die Tatsache, dass man mittlerweile allein oder in einer kleinen Gruppe ein vielversprechendes Massiv erforschen konnte und dabei nicht mehr als den Inhalt einer einzigen Tasche brauchte, ist sicher ein Grund für das exponentielle Wachstum. Berücksichtigt man ausserdem die neuen Transportmöglichkeiten sowie die allgemein zunehmenden Freizeitaktivitäten, hat man bereits mehrere Schlüssel für die rasante Entwicklung. Die Zahl der erforschten Höhlen hat zugenommen, aber auch das Ausmass ihrer Länge und ihrer Tiefe. So ist unser kleines Land heute weltweit das einzige, das zwei Höhlensysteme mit einer Gesamtlänge von mehr als 150 km und einer Tiefe von über 1000 m erforscht hat. Dabei ist es beruhigend festzustellen, dass Höhlenunfälle nicht im gleichen Tempo zugenommen haben. Der technische Fortschritt, wenn auch anfangs von einigen missbilligt, sorgt für mehr Sicherheit. Diese Entwicklung setzt sich aktuell immer weiter fort. •JCL

Die Nutzung von Höhlen

Das menschliche Revier ist nicht auf die Erdoberfläche beschränkt. Seit jeher versuchen wir, uns das zunutze zu machen, was über und unter uns liegt. Doch lassen wir die Erkundung des Luftraums ausser Acht und widmen wir uns dem Untergrund! In ihrem Entdeckerdrang haben Menschen sich noch nie gescheut, sich an Schätzen in der Erde zu bedienen, sofern sie erfinderisch genug waren, zu ihnen vorzudringen – und wieder hinauszukommen.

Baume de la Roguine im Waadtländer Jura 1893. Die damaligen Erforscher liessen sich von ein paar kräftigen Burschen in einem Fass abseilen. Das Höhleneis, das damals möglicherweise lokal abgebaut wurde, ist mittlerweile geschmolzen.

Laut Schweizer Recht, das dem unserer Nachbarländer stark ähnelt, gilt: Das Eigentum an Grund und Boden erstreckt sich nach oben und unten auf den Luftraum und das Erdreich, soweit für die Ausübung des Eigentums ein Interesse besteht. Interessant ist zudem, dass die Rechtsprechung in mehreren Ländern eine Tiefe von 7 bis 8 m als Grundstücksgrenze festgelegt hat. Darüber hinaus – und in Sonderfällen, die durch spezielle Gesetze geregelt sind – ist die Bodennutzung Sache des Staates bzw. in einer Konföderation wie der unseren Sache des jeweiligen Kantons.

Loquesse-Quelle (VS): Das Schmelzwasser des Plaine-Morte-Gletschers tritt hier durch ein Karstsystem wieder zutage.

Die **Eishöhle von St-Livres** (VD): Die Eishöhle wurde 1865 von dem Geistlichen G. F. Browne erkundet.

Es gibt unzählige Beispiele für die Nutzung des Untergrunds. Zum einen enthalten Höhlen Ressourcen wie Wasser, Eis oder verschiedene Mineralien – zum anderen dienen sie als Wasserabfluss und zur Energiegewinnung. Sondergesetze setzen der Nutzung bestimmte Grenzen: Der Schutz der unterirdischen Gewässer als einer öffentlichen und gemeinschaftlichen Ressource verbietet die Entsorgung von Müll sowie industriellen Abfällen. Der Schutz des Naturerbes gebietet, dass geomorphologische Formationen wie Höhlen intakt zu halten sind. Das Handelsrecht regelt die Bedingungen für organisierte und kostenpflichtige Besuche der Höhlenwelt und die Erschliessung von Bodenschätzen.

Eine enorm wichtige Ressource ist Wasser. Eine Quelle (frz.: *source*) zu nutzen, ob sie nun auf einem privaten Grundstück oder den Ländereien einer Gemeinde hervorsprudelt, ist ein uralter Brauch, auf den weder Menschen noch Tiere je verzichtet haben. Früher lehrte die Erfahrung zu erkennen, ob Wasser trinkbar war, während heute die Hydrogeologie Massnahmen zur Sicherung der Trinkwasserqualität entwickelt hat. Die ungeheure Vielfalt natürlicher Quellen soll hier nicht unser Thema sein: Wir haben ihr bereits ein Buch im selben Verlag gewidmet. Halten wir vorerst nur fest, dass jede Quelle eine Grenze zwischen Höhle und oberirdischer Welt markiert: Sie ist gleichsam das Zugangstor von einer dunklen, geheimnisvollen Welt zur hellen, bekannten Umgebung. Die Quelle ist eine Geburt oder eine Wiedergeburt, wenn man dem Wasserverlauf folgt. Sie wird zum Tor zur Hölle und zum Tod für den Höhlentaucher, der in ihr, manchmal unter Einsatz seines Lebens, stromaufwärts schwimmt.

On the rocks

Irgendwo zwischen Reiseführer und wissenschaftlicher Abhandlung liegt der Stil mehrerer Publikationen aus dem späten 19. Jahrhundert, die sich mit Eishöhlen befassen, denen es sowohl um *Eismulden* als auch um unterirdische Gletscher ging. Das Interesse an diesen besonderen Höhlen ist meist auf Höhleneis zurückzuführen, das in ihnen abgebaut wurde. Einige Eishöhlen im Jura spielten dabei eine wichtige Rolle, wie diejenigen von Saint-Livres oder Saint-George im Kanton Waadt sowie die Glacière de Monlési im Kanton Neuenburg. Im Zuge des oft manuellen, bisweilen aber auch industriellen Eisabbaus wurden Eisblöcke herausgeschnitten, in Gebäuden im Freien zwischengelagert und dann der Nachfrage entsprechend an Restaurants, Gasthäuser und Spitäler geliefert. In Saint-George vergab die Gemeinde das Recht auf den Abbau des kostbaren Kühlmittels an den Meistbietenden: 600 bis 700 Franken kostete die Nutzung von neun Jahren im Jahr 1864.[8] Pro Jahr wurden 70 Tonnen abgebaut. Im Vergleich zu dem im Freien produzierten Eis war das wenig, wenn man die 40000 Tonnen bedenkt, die jährlich mit dem Zug vom Lac Brenet ins Vallée de Joux transportiert wurden ...[9] Der Zugang zu den Eishöhlen und das Hochziehen der Eisblöcke erfolgte über feste Leitern und Plattformen aus Holz, die regelmässig erneuert werden mussten.

Ein weiteres Beispiel für den Abbau von unterirdischem Eis, noch in kleinerem Umfang, aber mit vielen Details, ist es wert, erzählt zu werden. 1865 erschien ein kleines Buch, wie nur die reisebegeisterten Engländer es zu schreiben wissen: *Ice-Caves of France and Switzerland, A Narrative of Subterranean Exploration* von G. F. Browne. Browne hat wunderbar beschrieben, wie er nach unterirdischen Eishöhlen in der Schweiz und in der Dauphiné suchte und welche Erlebnisse er mit den

Einheimischer hatte, die bereit waren, ihn unter die Erde zu führen. In Pré de Saint-Livres war Jules Mignot sein Begleiter nach unten – und ins Eis. Auf Brownes Fragen bezüglich der Nutzung der Höhle antwortete der Bauer ihm einige Zeit nach seinem Besuch schriftlich.

> 1863 haben wir den Abbau betrieben wie folgt:
> **Aufwendungen**
> 10 Tage im August für die Anfertigung und zum Abringen der Leitern
> 3 Tage, um das Eis zu schneiden
> 11 Tage, um das Eis herauszuholen
> 4 Kutschen mit je 2 Pferden, um die Ladung von Saint-Georges nach Gland zu bringen
> Mehrere weitere Tage für die Begleitung der Kutschen
> 70 Krüge Wein zum Trinken während des Beladens und 3 Seile zur Befestigung
> 3 Tage im September zum Schneiden
> 12 Tage zum Herausholen
> Ich habe nicht für jedes Produkt den Preis angegeben und auch nicht jeden Arbeitsgang. Damit Sie eine ungefähre Vorstellung bekommen, setze ich Sie in Kenntnis, dass die Kosten für zwei Ladungen sich auf rund 535 Franken belaufen.
>
> **Verkauf**
> Ferner setze ich Sie in Kenntnis über die verkaufte Eismenge: 235 Zentner à 3 Franken, was 705 Franken ergibt, wovon netto für diese beiden Ladungen 175 Franken übrig bleiben. Folglich nenne ich Ihnen, mein sehr verehrter Herr, keine Details zu folgenden Ladungen, denn es handelt sich um ungefähr die gleichen Kosten und auch die gleichen Mengen Eis.
> Eine am 15. September
> Eine zweite am 13. Oktober
> Eine dritte am 14. November
> Dies war der gesamte Abbau von 1863.
>
> JULES MIGNOT, den 24. Juli 1864

Browne fügte noch einen Kommentar hinzu: *Zuvor hatte Mignot mir gesagt, dass er anstelle von drei Franken pro Zentner vier Franken inklusive Lieferung bis Gland und fünf bis Genf erhielte. Seine Belegschaft bestand normalerweise aus zehn Männern für Transport und Beladung und aus zwei Männern, die Eis in der Höhle schnitten.*

Höhlenplan (Schnitt) der Eishöhle aus den 1980er-Jahren. Heute ist das Volumen des unterirdischen Gletschers stark zurückgegangen (vgl. Fotos auf S. 127).

Höhlenmühlen

Es ist allgemein üblich, aus dem Untergrund hervortretendes Wasser zum Trinken, zum Antrieb eines Mühlrads oder eines Kraftwerks zu nutzen. Aussergewöhnlich ist es hingegen, wenn Mühlen durch Wasser in Gang gesetzt werden, das durch eine Schachthöhle fliesst. Die rücksichtslose und illegale *Entsorgung* von Abwasser oder anderen, mitunter toxischen Abfällen in Schachthöhlen ist damit nicht gemeint! Ein gutes Beispiel für unterirdische Mühlen sind die Moulins souterrains du Col-des-Roches (NE). Der Col des Roches an der französisch-schweizerischen Grenze zwischen Villers-le-Lac und Le Locle wurde berechtigterweise lange *Cul des Roches* genannt, weil der Bach Le Bied am Ende des Tals von Le Locle auf eine felsige Sackgasse (frz. *cul-de-sac*) stösst, die ihn dazu zwingt, unterirdisch weiterzufliessen. So entstand eine tiefe Höhle, in der das Wasser verschwand, das den unteren Teil des Tales allzu häufig überschwemmte. Dies brachte die Anwohner im 17. Jahrhundert auf die Idee, zwei Wasserräder als Antrieb für eine Getreidemühle und eine Dreschmaschine zu installieren. Im Laufe der Zeit wuchsen die Ambitionen – die natürliche Höhle wurde erweitert. Vor allem für die Wartung der Maschinerie wurden von der natürlichen Höhle aus Tunnels gegraben, Treppen geschlagen und ein Kanal gebaut. Mühsam mit Hacken und Pickeln ausgeführt, ermöglichte die Höhlenerweiterung die Installation von fünf Wasserrädern, welche Getreidemühlen sowie eine Dresch-, eine Öl- und eine Sägemühle antrieben. Dies war die Blütezeit der unterirdischen Mühlen.

Im 18. und 19. Jahrhundert entwickelte sich die Anlage weiter: Die Zahl der Wasserräder wurde reduziert, die Mühlen und das Sägewerk wurden nach draussen verlagert, lediglich die Geräusche des fliessenden Wassers und der restlichen Räder blieben unter der Erde. Die Menschen arbeiteten nun im Freien vor dem Eingang zur Schachthöhle; Turbinen ersetzten die Räder. Zunächst glaubte man an die Chancen der Industrialisierung, doch ab den 1870er-Jahren verschlechterte sich die Lage zusehends, bis die Anlage im Jahre 1892 definitiv geschlossen werden musste. Anschliessend wurde sie über 70 Jahre lang als Schlachthaus und leider auch als

Besichtigungsplattform in den unterirdischen Mühlen von **Le Col-des-Roches** (NE). Das Schluckloch eines Baches wurde hier in ein Wasserkraftwerk verwandelt. Vom 17. bis zum 19. Jahrhundert lieferten die wasserbetriebenen Mühlen Energie für industrielle Zwecke.

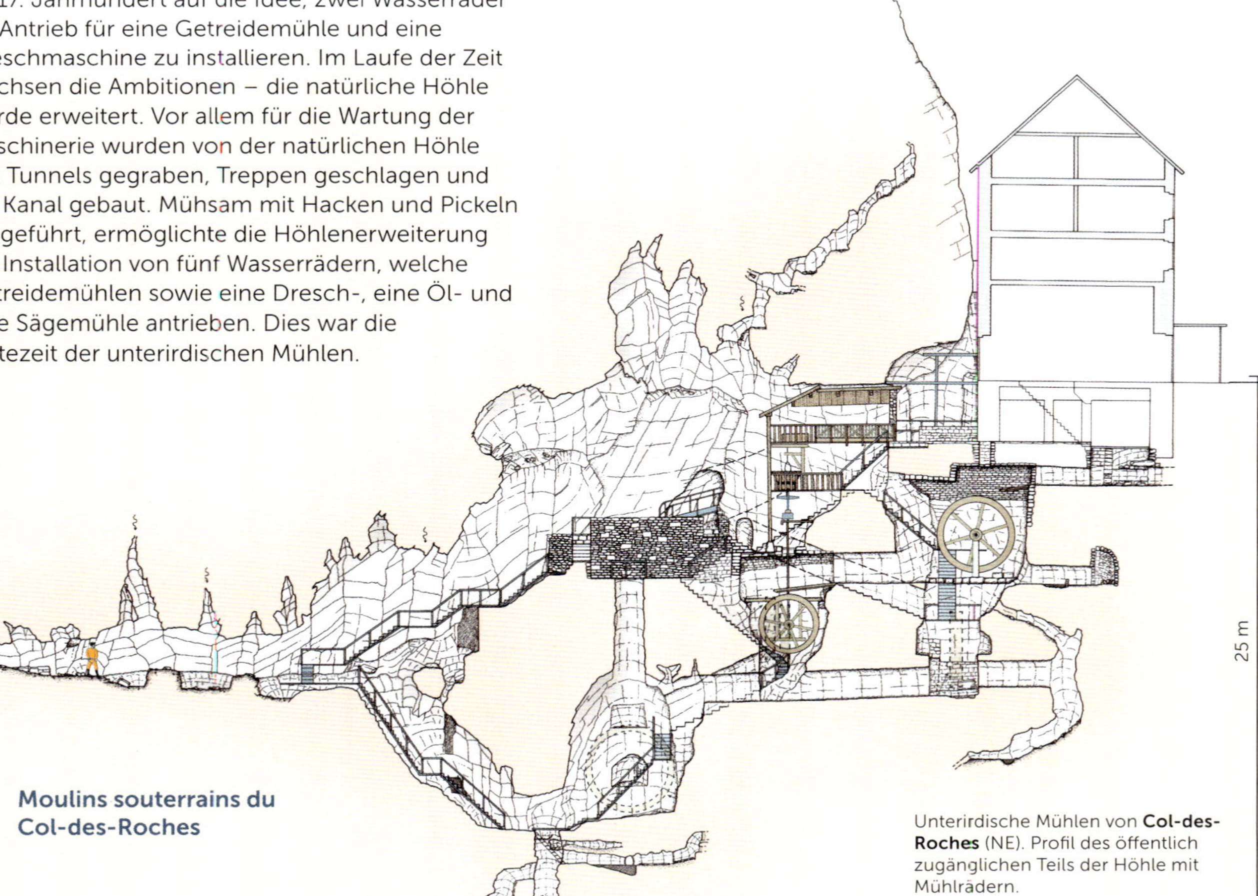

Unterirdische Mühlen von **Col-des-Roches** (NE). Profil des öffentlich zugänglichen Teils der Höhle mit Mühlrädern.

Abfallgrube genutzt, die sich nach und nach mit Fleischabfällen und Abwässern füllte. Dies war der Niedergang der unterirdischen Mühlen.

Ihre Wiederentdeckung begann 1973 mit der Initiative der *Confrérie des Meuniers*, einer Gruppe von Mühlenfans, die jahrelang mit bewundernswertem Eifer und ebensolcher Hartnäckigkeit die Höhle reinigten. Nach zwanzigjähriger Freiwilligenarbeit wurden 1982, nachdem die Abfälle weggeräumt und zwei Mühlen restauriert worden waren, die ersten Gäste in den unterirdischen Mühlen begrüsst. Die ehemalige Industriestätte wurde zu einer Sehenswürdigkeit. Parallel dazu führten Höhlenforschende, von denen einige der *Confrérie des Meuniers* angehörten, Ausgrabungen in den Tiefen der natürlichen Höhle durch – weit unterhalb der Wasserräder oder dem, was von ihnen übrig war. Sie erstellten einen präzisen und umfassenden Plan: 862 m Gänge mit einem Höhenunterschied von 72 m.

Ihre Renaissance begann 1973 unter dem Impuls der *Confrérie des Meuniers*, einer Gruppe von Mühlenliebhabern, die jahrelang mit beispielhaftem Eifer und ebensolcher Hartnäckigkeit gruben und räumten. Nach zwanzigjähriger Freiwilligenarbeit konnten 1982, nachdem die Abfälle weggeräumt und zwei funktionierende Mühlen wiederhergestellt worden waren, die ersten Besucher in den unterirdischen Höhlen begrüsst werden. Die Industriestätte war zu einer touristischen Sehenswürdigkeit geworden. Parallel dazu führten Höhlenforscher, von denen einige der *Confrérie des Meuniers* angehörten, Ausgrabungen in den Tiefen der natürlichen Höhle durch, weit unter den Mühlrädern oder dem, was von ihnen übrig war, und erstellten einen präzisen und umfassenden Plan: 862 Meter Gänge bei einem Höhenunterschied von 72 Metern.

Unter dem Mond des Pilatus

Im Bergmassiv des Pilatus (OW) liegt auf 1700 m Höhe der Eingang zu einem bescheidenen Hohlraum, der jedoch seit Jahrhunderten (auf jeden Fall seit dem 15. Jahrhundert) für ein seltenes Phänomen bekannt ist. Ein Bach tritt aus dem nur rund 100 m langen Hohlraum ins Freie und stürzt sich tosend in die Tiefe. Es gibt viele Geschichten über diese Höhle, unter anderem die, dass sie einmal quer durch den Berg geführt habe und man die Glocken der auf der anderen Seite des Berges weidenden Kühe hören konnte – eine Fantasievorstellung, die wahrscheinlich von dem kalten Luftzug aus dem Inneren herrührt. Der unterirdische Bach führt hier schönen Quarzsand aus der Sandsteinschicht über dem Urgonienkalk (Schrattenkalk) mit sich, in dem sich ein Bruch gebildet hat. Die Berühmtheit des Ortes geht jedoch auf eine andere Besonderheit zurück: die Auskleidung der Höhlenwände mit *Mondmilch*, der die Höhle auch ihren Namen verdankt: Mondmilchloch.

Die Mondmilch war in vergangenen Zeiten ein gefragtes Heilmittel. Man glaubte, dass sie unter dem Einfluss des Mondes entstanden sei. Ihre Bezeichnung geht auf eine kuriose Geschichte zurück: Zunächst wurden diese weisslichen Kalkablagerungen, die von der Konsistenz her einem mit Wasser getränkten Schwamm ähneln, recht nachvollziehbar «Bergmilch» genannt. Der lateinische Begriff *mons lac* wurde dann jedoch fälschlicherweise auf Deutsch mit «Mondmilch» und auf Englisch mit «moonmilk» übersetzt. Im Französischen verwendet man sogar auch den deutschen Namen, vermutlich, weil er einfach geheimnisvoller klingt. Forscht man weiter nach Bezeichnungen für die Ablagerungen, stösst man zwangsläufig auf den 1767 von M. A. Kappeler *(Pilati Montis Historia)* vorgeschlagenen Begriff *Galaktit*. Agricola nennt sie *Steinmarga* oder *Lithomarga*, was auf einer Verwechslung mit *Steinmark*

Das **Mondmilchloch** (OW) ist eine sehr bescheidene Höhle im Pilatus-Massiv, die seit Langem für ihre *Mondmilch* bekannt ist, eine kryptokristalline Varietät von Calcit, die ihr den Namen gegeben hat. Diese weiche, weissliche Masse war wegen ihrer - manchmal umstrittenen - Heilwirkung begehrt.

Das **Mondmilchloch** taucht auch unter anderen Namen auf: als *Mondhöhle* oder *Caverna Lunaris* wie auf dieser Radierung von Johann Melchior Füssli aus dem Jahr 1708.

Im Pharmaziemuseum der Universität Basel wird dieser Flakon mit *Lac Lunae* (eindeutig Mondmilch) aus einer ehemaligen Drogerie aufbewahrt.

beruht. Letzteres hat aber nichts mit Kalk zu tun, sondern ist eine Abart von Kaolin, das als Porzellanerde sehr geschätzt wird.

Die Theorie vom Einfluss unseres Erdtrabanten auf die Mondmilch war lange Zeit anerkannt, vielleicht aufgrund der wissenschaftlichen Autorität desjenigen, der sie aufgestellt hatte: Entsprechende Hinweise finden sich in dem berühmten Werk *De rerum fossilium, lapidum et gemmarum maximè, figuris & similitudinibus Liber : non solum Medicis, sed omnibus rerum Naturae ac Philologiae studiosis, utilis & iucundus futuris*, veröffentlicht 1565 von dem nicht minder berühmten Zürcher Universalgelehrten Conrad Gessner. Für rational Forschende von heute ist hingegen das Einzige, was milchig wirkt, das Wasser des Baches, wenn man ein Stück des weissen mineralischen Belages hineinfallen lässt.

Ein Paradies für Scharlatane?

Warum hat die Mondmilch also eine solche Berühmtheit erlangt? Sie galt als heilsam bei praktisch allen Gebrechen: Hautgeschwüre sollten durch Einreiben gelindert werden, Magenschmerzen und Durchfall durch Schlucken, bei Müttern mit Stillproblemen sollte Mondmilch milchbildend wirken (in diesem Fall wurde – ganz klassisch – empfohlen, Fenchel hinzuzugeben) und bei Kühen Eutergeschwüre heilen ... Erst im 18. Jahrhundert wagte der Luzerner Arzt Kappeler zu widersprechen und wetterte, die einzige wohltuende Wirkung der Mondmilch liege in der Poesie ihres Namens. Und doch wurde nach zwei Jahrhunderten des rationalen Zweifelns eine antibakterielle Wirkung dieser mineralischen Paste entdeckt – die uns mittlerweile schon zu einem ganzen Kapitel über die wunderbaren Kuriositäten der Unterwelt verholfen hat. Ewig grüsst die Opposition zwischen moderner und traditioneller Medizin ...

Aus dem **Mondmilchloch** tritt ein Bach aus – und mitunter auch ein heftiger kalter Luftzug, sodass man einst glaubte, die Höhle durchzöge den gesamten Berg.

Darüber hinaus steht Mondmilch im Zusammenhang mit einem weiteren geheimnisvollen und faszinierenden Aspekt von Höhlen: Oftmals, wenn auch leider nicht in unserem Land, wurde sie von unseren Vorfahren als Malmittel genutzt, um Tiere, die sie jagten oder verehrten, oder auch andere Figuren mit unklarer Bedeutung darzustellen. So haben sie uns Spuren ihrer Kunst und wundersamen Riten hinterlassen.

Für die heutige Mineralogie besteht die Mondmilch aus feinen, locker verbundenen Calcitkristallen, die je nach Ort durch Verdunstung oder Kryotrocknung ausgefällt wurden.

Was die – im Mondmilchloch wenig sichtbare – Ausbeutung dieser Ressource betrifft, so hat sie im Mandlimilchloch bei Flühli (LU) eindeutig Spuren hinterlassen. Auf der Schnyder-Karte von 1782 gibt

Mondmilch gegen Bakterien

Einige Autoren führen die Intensität und das Tempo, mit denen die Mondmilch sich ablagert, auf mikrobielle Aktivität zurück. Das führte zu der Frage: Was, wenn die Tradition recht hat und Mondmilch wirklich heilende Wirkung besitzt? Bis anhin wurde dies auf der Grundlage zurückgewiesen, dass nur akzeptiert wird, was bewiesen werden kann. Aktuelle Studien haben die Debatte neu angefacht. So wurde an der Universität Lüttich in der Mondmilch eine bislang unbekannte Verbindung entdeckt, die gegen multiresistente Bakterien wirkt.[10] Ein pharmazeutisches Start-up-Unternehmen, das mit der Universität zusammenarbeitet, hat daraufhin ein neues, *Lunaemycin* genanntes Antibiotikum entwickelt, das letztlich aus Mondmilch hergestellt wird ... Das feuchtkalte (allergenarme) Höhlenklima wird übrigens schon lange zu therapeutischen Zwecken genutzt. Daraus hat sich sogar ein eigenes medizinisches Fachgebiet entwickelt: die **Speläotherapie.** •JCL

Die mehr oder weniger weissen Mondmilch-Ablagerungen finden sich in ganz unterschiedlichen Höhlen – hier an der glitzernden Decke der **Grotte de la Vauchotte** (JU).

es sogar ein eigenes Symbol dafür. Der Abbau von Mondmilch in der letztgenannten Höhle wurde bis 1970 gemeldet; in manchen Apotheken finden sich heute noch Präparate. Auch in Österreich gab es zahlreiche Abbaustätten.

Keine echten Höhlen

Vielen Menschen ist der Begriff Kristallhöhle geläufig. Wenn Kristalle im Untergrund entdeckt werden, kann man jedoch nur im Fall von Calcitkristallisationen, mit denen wir uns später noch befassen werden (siehe S. 116), von einer Kristallhöhle sprechen. Die spektakulären Riesenkristalle, die in Museen an prominenter Stelle ausgestellt sind, sind häufig bei der Bohrung eines Tunnels entdeckt worden, wobei Tunnel in unseren Alpen ja keine Seltenheit sind. Bei diesen Kristallen handelt es sich meist um eine Spielart des Quarzes, nämlich um *Bergkristall*. Er findet sich nur in alpinen Regionen, wo das Gestein nicht kalk-, sondern kieselhaltig ist. Die Verwirrung beruht womöglich auf einer Ähnlichkeit: Sowohl Calcit als auch Quarz kommen in Kristallform vor, das heisst in Form von Mineralien, deren ebene Seiten das Licht reflektieren und die im Dunkeln glitzern, wenn man sie anleuchtet. Dies sollte jedoch nicht dazu führen, dass man sie verwechselt, und vor allem nicht dazu, dass man die Höhlen verwechselt, in denen sie vorkommen. Im Übrigen sprechen Sachkundige, wenn sie ein Kristallvorkommen entdecken, nicht von einer Höhle, sondern von einer *Kristallkluft*. Einen historischen Fund gab es z. B. 1757 in der Umgebung von Fiesch, bei dem Stücke mit einem Gewicht von bis zu 700 kg hervorgeholt wurden. Die Entdeckung dieses Schatzes blieb nicht unbemerkt und erregte das Interesse des Generals Bonaparte, der 1797 die schönsten Stücke nach Paris abtransportieren liess: «Einer der Kristalle, der fast einen Meter lang ist und mehr als eine Tonne wiegt, ist noch heute im Naturkundemuseum in Paris zu sehen. Es muss der grösste Kristall sein, der je in den Schweizer Alpen gefunden wurde.» [H. Grossglauser: *Les cristaux des Alpes valaisannes*, 1961]

Wie so oft widersetzt sich die Natur den Klassifizierungen oder Regeln, die erfunden wurden, um sie zu beschreiben. Aus diesem Grund ist an dieser Stelle die Kristallhöhle Kobelwald zu erwähnen. Am Fuss des Alpsteingebietes (SG) auf der Rheinseite gelegen, ist sie aufgrund ihres Kristallvorkommens besonders attraktiv. Es handelt sich um eine in Kalkstein gegrabene Karsthöhle, in der es praktisch überall funkelt und glitzert. Die unzähligen Kristalle, die man in der Höhle findet, bestehen aus Calcit und sind mitunter sehr gross. Die kristallreiche Zone ist eine alte, geschlossene Kuft, in der sich aufgrund grossen Drucks und heissen Wassers Calcite gebildet hat. Über eine jüngere Höhle kann man diese *Geode* heute erreichen und besichtigen. •JCL

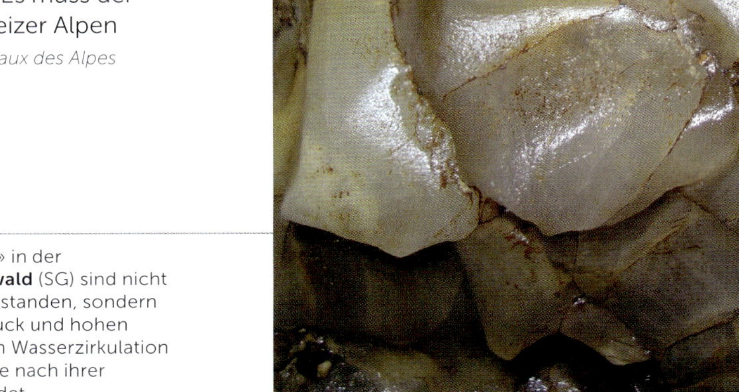

Diese Calcit-«Zähne» in der **Kristallhöhle Kobelwald** (SG) sind nicht in der Höhlenluft entstanden, sondern unter Wasser, bei Druck und hohen Temperaturen. Durch Wasserzirkulation wurden diese Kristalle nach ihrer Entstehung abgerundet.

EIN NATÜRLICHER **LEBENSRAUM**

Rundreise durch die Schweiz

Die Landschaften und Naturschätze der Schweiz haben sich im Laufe der Erdgeschichte gebildet und sind von den klimatischen Bedingungen vor Ort geprägt.

Einige dieser Gebiete werden als Karstlandschaften bezeichnet. Was verbirgt sich hinter dem Begriff *Karst*, der vielleicht seltsam klingt, wenn man zum ersten Mal damit konfrontiert ist? Das Wort bezog sich ursprünglich nur auf eine Region in Slowenien, in der erstmals eine Reihe von geomorphologischen und hydrogeologischen Phänomenen erforscht wurden, die mit Höhlen verbunden sind, dem Gegenstück zu oberirdischen Geländeformen. Der mittlerweile allgemein gebräuchliche Begriff «Karst» steht nun für die Gesamtheit der (Karst-)Regionen weltweit, die folgende charakteristische Merkmale aufweisen: nur wenige oberirdische Gewässer, Trockentäler, Dolinen (trichterförmige Vertiefungen, in denen Wasser versickert), Karren, Höhlen und Schachthöhlen. In einer Karstlandschaft fliesst das Wasser überwiegend unterirdisch, anstatt über der Erde Flüsse zu bilden, und tritt am Rande eines Bergmassivs als Quelle wieder ans Tageslicht. Damit Karst entsteht, muss das vorherrschende Gestein porös und löslich sein. So kann sich das Wasser in der Tiefe sammeln und ein Höhlensystem bilden. Einige Gesteine weisen solche Eigenschaften auf, Kalkstein – der in der Schweiz weit verbreitet ist– jedoch am besten.

Begeben wir uns also auf eine Rundreise durch die Karstregionen oder, besser gesagt, auf eine Reise von Nord nach Süd durch unser Land! Dabei betrachten wir die einzelnen Regionen in aufeinanderfolgenden Abschnitten von Westsüdwest nach Ostnordost.

Karstgebiete der Schweiz

Die Karte der Aufschlüsse von verkarstungsfähigem Gestein – meist Kalkstein – bestimmt, wo in der Schweiz Höhlenforschung betrieben wird.

Vorherige Doppelseite: Niederschläge, die auf die Karren der **Silberen** (SZ) fallen, versickern und speisen die unterirdischen Gewässer des Höllochs.

Im Waadtländer Jura werden unaufhörlich neue Höhlen entdeckt: hier der **Gouffre des Papiboom**.

Die derzeit 11765 Höhlen (Stand Okt. 2023), die in der Schweiz erfasst sind, verteilen sich über die auf S. 63 gezeigten Karstgebiete. Hier sind die längsten und tiefsten Höhlen markiert.

Inventar der Schweizer Höhlen und Schachthöhlen: 11765 Höhlen im Jahr 2023

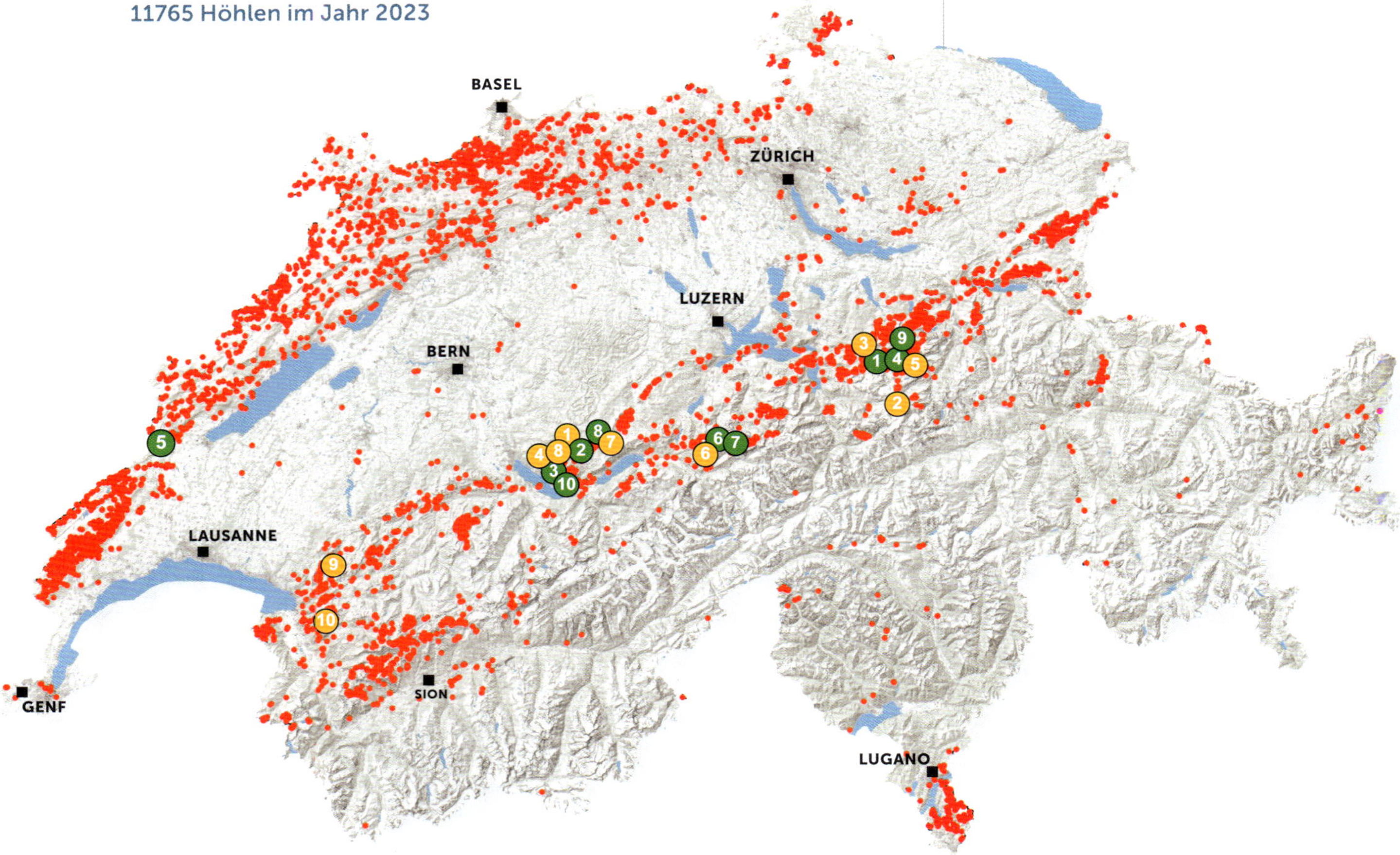

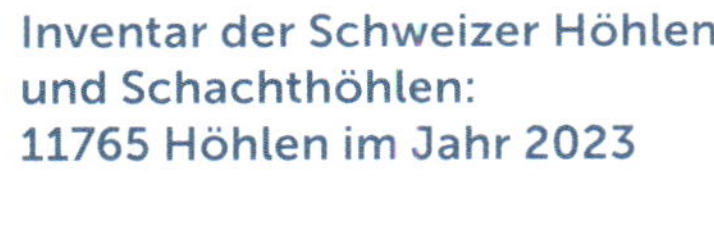

Die längsten Höhlen

	Höhlen	Länge
1	Hölloch (SZ)	209967 m
2	Siebenhengste-Hohgant-System (BE)	171332 m
3	Bärenschacht (BE)	82911 m
4	Silberensystem (SZ)	39144 m
5	Réseau des Fées (VD)	36269 m
6	Bettenhöhle (OW)	30022 m
7	Schrattenhöhle (OW)	19718 m
8	K2 (BE)	14738 m
9	Gütschtobelhöhle (SZ)	13096 m
10	St. Beatus-Höhlen (BE)	12106 m

Die tiefsten Höhlen

	Höhlen	Tiefe
1	Siebenhengste-Hohgant-System (BE)	1340 m
2	Muttseehöhle (UR)	1070 m
3	Hölloch (SZ)	1033 m
4	Bärenschacht (BE)	946 m
5	Silberensystem (SZ)	888 m
6	Bettenhöhle (OW)	804 m
7	K2 (BE)	709 m
8	Loubenegg, Schacht A2 (BE)	687 m
9	Gouffre des Diablotins (FR)	652 m
10	Réseau de la Combe du Bryon (VD)	646 m

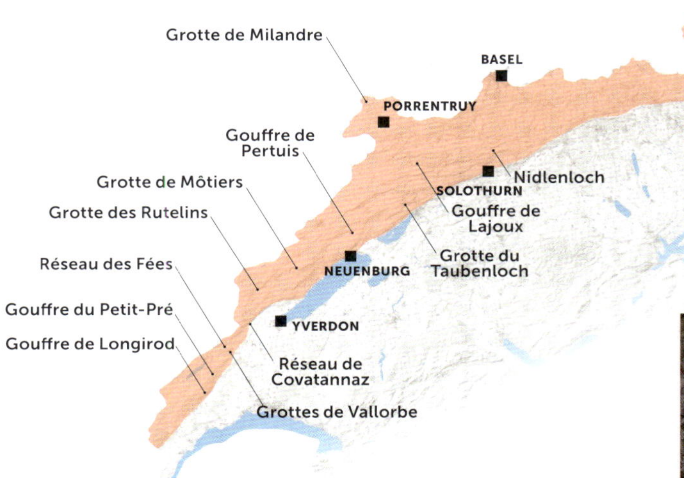

Der Jurabogen

Hier finden wir überall Kalkstein, der im Zeitalter des Juras entstand (vor 201 bis 145 Millionen Jahren) – abgesehen von einigen Gebieten, wo Kalkstein von jüngeren Gesteinsschichten bedeckt ist. Schöne Karstlandschaften gibt es z. B. am Mont Tendre, schöne Schachthöhlen im westlichen Teil des Naturschutzgebietes der Haute-Chaîne und einige seit Langem bekannte Höhlen im mittleren Teil mit seinem sanfteren Relief. Zu den Schachthöhlen, auf die wir noch näher eingehen werden, gehören der Gouffre du Petit-Pré, der Gouffre de Longirod, der Gouffre du Narcoleptique und das Réseau des Fées, alle im Kanton Waadt. Zwischen den Kantonen Waadt und Neuenburg liegen einige berühmte Eishöhlen: die Glacières von Pré de Saint-Livres und Saint-George (VD) sowie die Glacière de Monlési (NE). Zu den bedeutenden Höhlen zählen das Réseau de Covatannaz (VD), die Grotte de Môtiers und die Grotte des Rutelins (samt unterirdisch verlaufender Areuse, NE), die Grotte de Milandre (JU) im Tafeljura und das Nidlenloch (SO). Was die Karstquellen betrifft, so widmen wir uns auch der Orbe und ihren hydrogeologischen Geheimnissen.

Oben: Die **Grotte de la Toffière** (NE), deren Eingang nur knapp über der Wasseroberfläche des Lac des Brenets, eines Stausees des Doubs, liegt, lässt sich nur bei sehr niedrigem Wasser erkunden. Man hat in ihr zahlreiche Überreste von Höhlenbären gefunden.

Der **Gouffre de Pertuis** (NE) ist ein Höhlen-Klassiker im Neuenburger Jura. Seine beeindruckenden Schächte werden seit 1846 erkundet.

◁ In den Erosionstälern des Jura findet man häufig Dolinen, die das Regenwasser auffangen und in die darunterliegenden Höhlen leiten, wie hier in der Combe des **Begnines** (VD).
△ In der **Grotte de Milandre** (JU) stösst man auf gewaltige Calcit-Tropfsteine.
▷ Die **Baume de Longeaigue** (NE) ist oft trockenen Fusses zugänglich, kann bisweilen aber auch spektakuläre Wassermengen ausstossen.
▽ Die Calcit-Kristallisationen in der **Grotte de Milandre** können auch fein und durchsichtig sein.

Das seit zwei Jahrhunderten bekannte und erforschte **Nidlenloch** (SO) ist mehr als 8 km lang und hat eine Tiefe von über 400 m.

Das Molassebecken

In diesem grossen Bereich gibt es keine Karstgebiete. Ablagerungen aus dem Tertiär, die nach dem Verschwinden der eiszeitlichen Gletscher zurückblieben, bedecken und verbergen die Felsformationen, in denen sich Höhlen befinden könnten. Es gibt einige atypische Höhlen von geringer Länge und künstliche Höhlen, auf die hier nicht näher eingegangen werden soll. Eine Ausnahme bilden die Höllgrotten bei Baar (ZG), die in Kalktuff entstanden sind und im nächsten Kapitel behandelt werden.

Die **Höllgrotten** bei Baar (ZG) sind in der Schweiz seltene Primärhöhlen, die im Kalktuff entstanden, noch während dieser sich ablagerte.

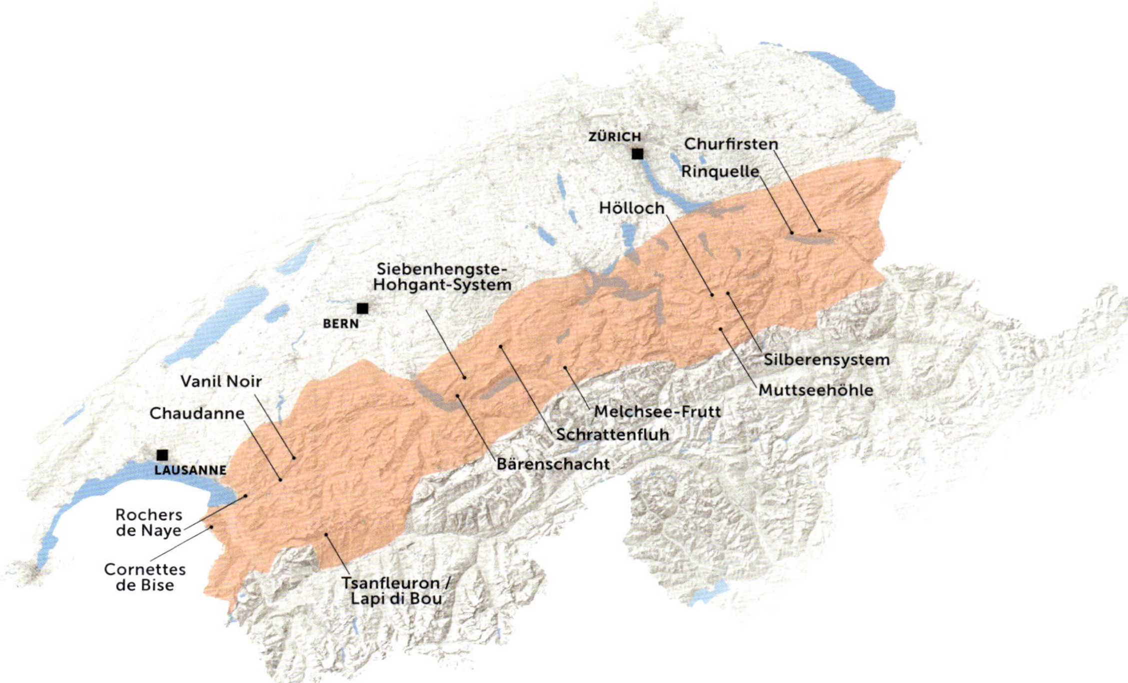

Die Voralpen

Die Voralpen sind Ausläufer der Massive, die das Molassebecken im Süden dominieren. Karstgebiete sind hier zahlreich; sie beherbergen viele Schachthöhlen und weitläufige Höhlensysteme mit spektakulären Karstquellen. Das verkarstete Gestein entstand in den Zeitaltern Jura (vor 201 bis 145 Millionen Jahren) und Kreide (vor 145 bis 65 Millionen Jahren). Hier gibt es zwar nicht mehr Höhlen als im Jura-Gebirge, allerdings sind hier die meisten unterirdischen Systeme und die tiefsten Schachthöhlen der Schweiz zu finden.

Im Waadtland und in Freiburg sind die Höhlen der Rochers de Naye, das Réseau de la Combe du Bryon oberhalb von Leysin, sowie Höhlen in den Massiven Les Diablerets und Vanil Noir (FR) besonders interessant. Auf die Source de la Chaudanne ebenso wie auf das Abenteuer ihrer Erforschung werden wir noch im Detail eingehen. Im Wallis liegen die Cornettes de Bise, Tsanfleuron und die Höhlen des zwischen dem Wallis und dem Kanton Bern gelegenen Lapi di Bou.

Zwei Voralpen-Karste dominieren diese Bestandsaufnahme: zum einen das Höhlensystem Siebenhengste-Hohgant nördlich des Thunersees in den Berner Voralpen. Mit 49 Eingängen, 171 km langen Gängen und 1340 m maximalem Höhenunterschied ist es noch von anderen grossen Höhlen umgeben, die sich ihm bald anschliessen könnten. Der Bärenschacht (mit 83 km Ausdehnung und 987 m Höhenunterschied), das K2 unterhalb der Haglätsch-Höhle und die kleinere Mäanderhöhle sind nicht weit entfernt. Das Besondere in dieser Region ist, dass ein Höhleneingang oft nicht im Kalkstein, sondern im Sandstein liegt, der diesen stellenweise überdeckt: Das Faustloch ist ein frappierendes Beispiel dafür, wenn man seine grossen Hohlräume bedenkt. Etwas weiter weg liegen die St. Beatus-Höhlen, die teilweise öffentlich zugänglich sind. Noch weiter weg, direkt im Thunersee, sprudelt die Bätterich-Quelle, die beinahe sämtliche der oben aufgeführten Höhlensysteme entwässert, darunter auch die zahlreichen Höhlen der Schrattenfluh (LU). Zwischen den Sieben Hengsten und der Schrattenfluh lässt das Karrenfeld Holaub darauf hoffen, dass sich das Ganze demnächst zusammenfügt.

Eine weitere Vorzeigeregion für riesige Höhlen ist die Zentralschweiz. Im Muotatal befindet sich der Star unter den Höhlen unseres Landes, das Hölloch mit seinen 207 km langen Gängen, die sich über 1033 m Höhenunterschied erstrecken. Hinzu kommt das Silberensystem mit 32 km Länge und 847 m maximalem Höhenunterschied. Die etwas weiter westlich gelegene Region Melchsee-Frutt (OW) wird seit Langem intensiv von den Gebrüdern Trüssel erforscht und beherbergt ein 20 km langes und 570 m tiefes Höhlensystem: die Schrattenhöhle.

In der Ostschweiz haben Zürcher Höhlenforschende der OGH im Claridenstock eine der tiefsten Schachthöhlen der Schweiz erkundet – die Muttseehöhle mit 1070 m Tiefe – und kurz darauf den bemerkenswerten Ponor der Claridenhöhle. Nördlich des Walensees ziehen die Churfirsten die OGH schon lange in ihren Bann. Nebst vielen anderen Schachthöhlen war die Erkundung des gewaltigen Schachtes der Köbelishöhle seinerzeit ein Forschungsabenteuer. Zu den Churfirsten gehört auch der Quellaustritt der spektakulären Rinquelle, die tatsächlich schon vollständig durchtaucht wurde.

◁ **Aberenhöhle** im Wägital (SZ).
▽ **Karren der Silberen** (SZ): potenzielle Eingänge in Hülle und Fülle!
▷ Der grosse, nasse Schacht des **Faustlochs** (BE) misst 80 m am Stück.

◁ Oberhalb von Saillon (VS) erstreckt sich die **Grotte du Poteu** mit über 9 km Gängen und Schächten und einer Tiefe von 320 m.
△ Die Karren von **Tsanfleuron** (VS) verlieren jedes Jahr ein wenig mehr von dem Eis, das sie bedeckte.
▽ Die chemische Auflösung des Kalks durch Regenwasser (Perkolation) kann das Gestein in rasiermesserscharfe Kanten verwandeln.

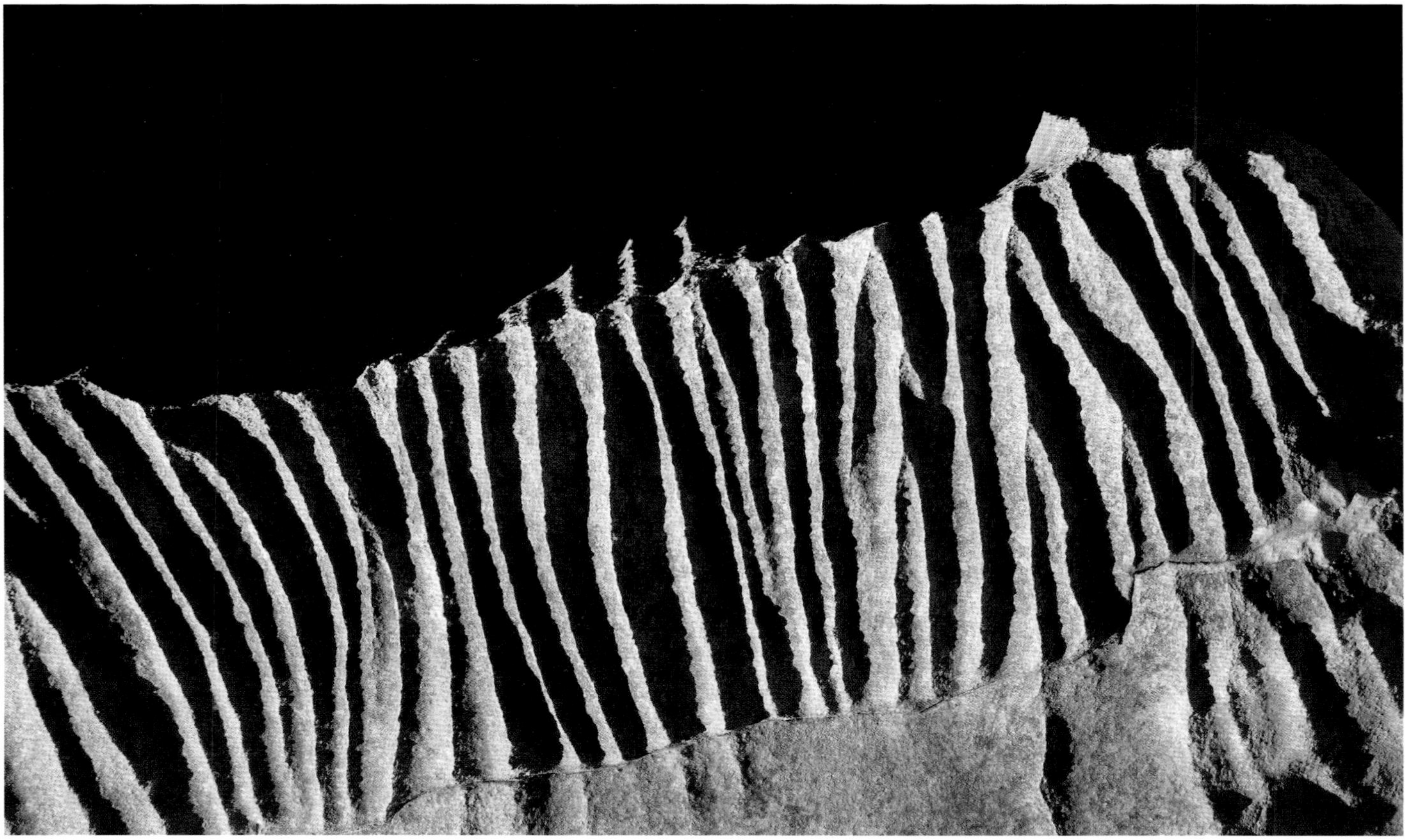

Die Alpen

Alpine Höhlen sind selten, da das Gestein kaum verkarstet ist und Höhenlagen die Wasserzirkulation einschränken oder verhindern. Unweit vom Gipfel der mythischen Jungfrau befindet sich jedoch in 3470 m Höhe das Jochloch (BE): die höchstgelegene Höhle Westeuropas. Ein schmaler Streifen metamorphen Kalkgesteins im Kontakt mit kristallinem Gestein ermöglichte die Entstehung dieser Höhle, die im Gebirgsfrost nie auftaut. Erwähnenswert ist auch das System der Milchbachhöhle. Es war lange unerreichbar, weil sein Eingang vom Grindelwaldgletscher bedeckt war.

Das **Jochloch** (BE): die höchstgelegene Höhle Westeuropas.

SION

Jochloch

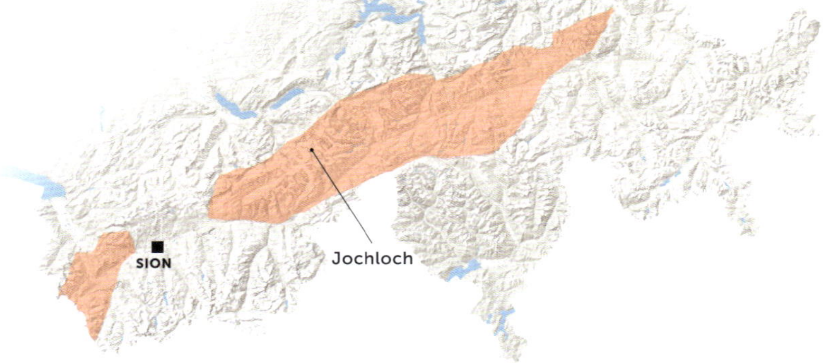

Das Wasser im **Jochloch** ist auf 3470 m Höhe ständig gefroren und fliesst daher nicht. Dennoch können sich an den Wänden Eisausblühungen bilden.

Das Ostalpin

Dieser geologische Bereich, der innerhalb der Schweiz ungefähr auf den Kanton Graubünden beschränkt ist, umfasst ganz besondere Karstgebiete aus Dolomit oder Marmor. Dolomitsteine sind im Vergleich zu dem chemisch verwandten Kalkstein härter und spröder. Diese Gesteine stammen aus dem Zeitalter der Trias (vor 245 bis 208 Millionen Jahren). Ein typisches Beispiel ist der Tuorsbachponor (Ponor de l'Ava da Tuors) im Bezirk Albula.

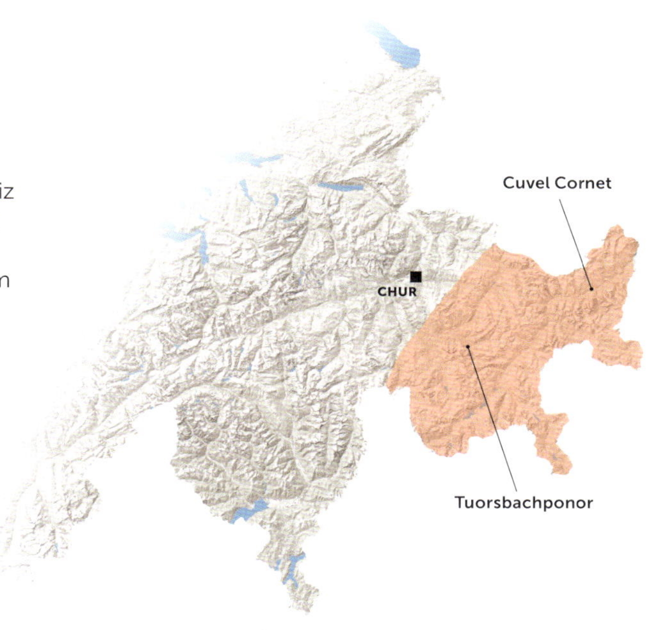

Cuvel Cornet (GR) ist eine aktive, in das Dolomitgestein gegrabene Höhle auf einer Höhe von 2215 m.

Das Penninikum

Dieses geologische Gebiet birgt uralte Permokarbon-Gesteine (entstanden vor 362 bis 245 Millionen Jahren), die bei Verformungen der Erdkruste durch Einsinken verwandelt wurden: Kalkstein wurde zu Marmor. Im Basòdino befindet sich eine der wenigen Marmorhöhlen der Schweiz: die Acqua del Pavone.

CHUR
SION
Acqua del Pavone
LUGANO

Zwei in Marmor gegrabene Höhlen im Tessin: **Acqua del Pavone** (links) und **La Trincea** (rechts).

Die südlichen Alpen

In den Massiven des Monte Generoso und des Monte San Giorgio hat die Tessiner Höhlenforschung eine grosse Anzahl von Höhlen entdeckt. Der Kalkstein dort stammt aus dem Unteren Jura (vor 201 bis 175 Millionen Jahren) und ist kieselhaltig (Vorkommen von Schwammnadeln), was das Gestein hart und die Erkundung nicht gerade leicht macht. •JCL

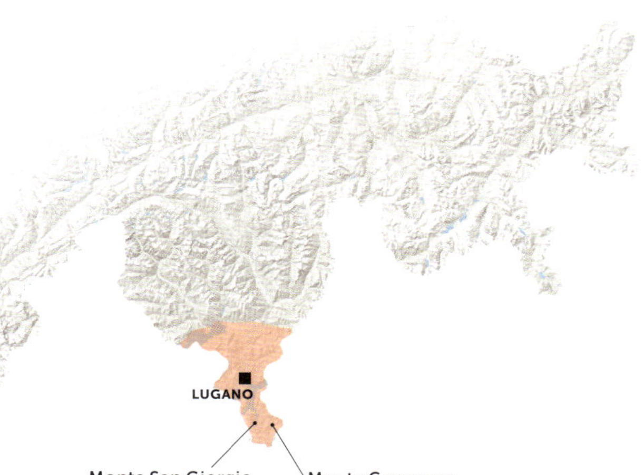

Im **Monte San Giorgio** (TI) gibt es etwa 40 erforschte Höhlen. Man kann hier auf kuriose Details stossen: Kieselstein in einem Strudel in der **Antigua**-Höhle und feine Sintergebilde (Excentriques) in der **Bögia** in 175 m Tiefe.

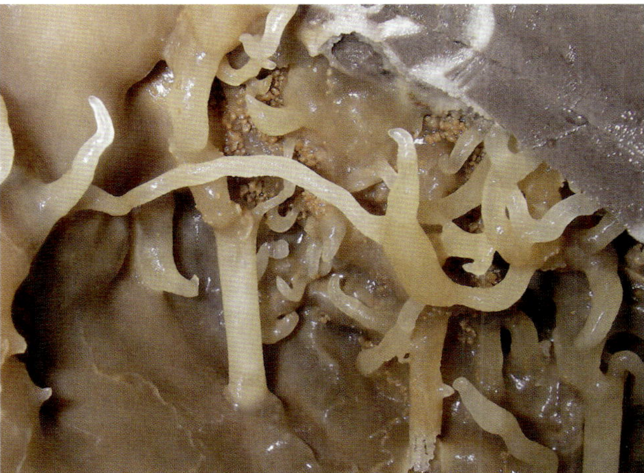

Landschaften mit Höhen und Tiefen

Eine Vielzahl atemberaubender Orte in der Schweiz verdankt ihren Reiz dem Karst. Ob es die Aareschlucht ist, die Felswände von Lauterbrunnen oder der Felsenkessel Creux du Van – all diese Landschaften stellen verschiedene Facetten des Karsts dar und sind aus Kalkstein entstanden. Dieser Ursprung zeigt sich in typischen Merkmalen wie hohen, von Löchern und Rinnen durchzogenen Felswänden, einem Landschaftsrelief mit parallel zueinander verlaufenden Tälern, unzähligen Vertiefungen (Dolinen, Klusen, Ponoren oder Schlucklöchern, Schachthöhlen), Erhebungen (Steilhängen und Bergen) und teilweise Karrenfeldern und Poljen.

Einige Begriffe für Karsterscheinungen stammen aus slawischen Sprachen (z. B. *Doline*, *Polje* und *Ponor*). Das Wort «Karst» wird heute weltweit für Kalksteinlandschaften verwendet, die chemisch durch Wasser erodiert wurden. Es geht auf das slowenische *kras* zurück, ursprünglich der Name einer Region in Slowenien mit einem typischem Karstrelief. Später wurde der Begriff zu *Karst* eingedeutscht. Da Slowenien zu 40 Prozent aus Karst besteht, verwundert es nicht, dass die Ortsansässigen einen Begriff erfanden, der sich einmal international durchsetzen sollte.

In der Schweiz machen Karstgebiete rund 20 Prozent des Territoriums aus und sind damit ein wichtiger Teil unseres Landes. Das Bundesinventar der Landschaften und Naturdenkmäler von nationaler Bedeutung ist diesbezüglich recht eindeutig: Von den 174 erfassten und durch den Bund geschützten Landschaften haben 69, also mehr als ein Drittel, einen Karstanteil – oberirdisch, unterirdisch oder häufig auch beides zusammen.[11]

Bundesinventar der Landschaften und Naturdenkmäler (BLN). Von den 174 vom Bund erfassten Objekten sind 69 Objekte (40%, rot auf der Karte) in Verbindung mit dem Karstrelief geschützt. Diejenigen, die in diesem Kapitel abgebildet sind, sind auf der Karte lokalisiert.

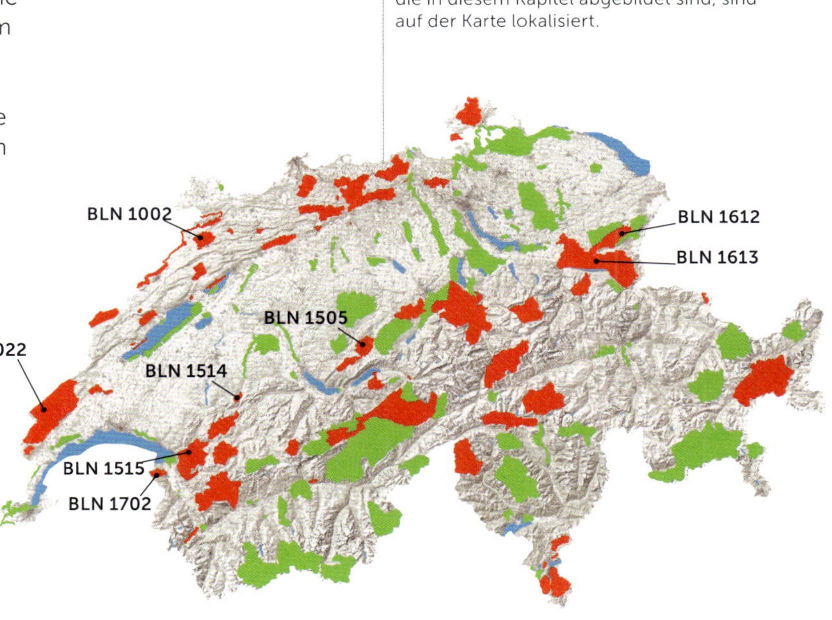

Aus der Vogelperspektive sieht man im Karren von **Les Amburnex** das Netz der Risse, die zu seiner Entstehung geführt haben (BLN Nr. 1022 Vallée de Joux und Waadtländer Hochjura).

Korrosion in Aktion

Karst entsteht durch eine chemische Reaktion. Der Auslöser für diese Reaktion ist Wasser, oder genauer: mit Kohlendioxid angereichertes Wasser, das die Fähigkeit hat, Kalkstein aufzulösen. Reines Wasser hat so gut wie keine Wirkung auf Carbonatgestein. Giesst man jedoch Wasser mit Kohlensäure auf eine Stalaktitenscheibe, kann man eine starke chemische Reaktion beobachten. Wenn Sie Ihren Wasserkocher mit Essig entkalken, ist der Prozess genau der gleiche.

Die Entstehung einer Karstlandschaft hängt also hauptsächlich von zwei Faktoren ab: Wasser und Kohlendioxid. Letzteres ist in der Luft enthalten und wird in humusreichen Böden auch in erheblichem Masse von Mikroorganismen produziert. Das Wasser stammt überwiegend aus Niederschlägen wie Regen oder Schnee. Wie intensiv die Verkarstung einer Region ist, hat einerseits damit zu tun, ob Kalkstein frei liegt oder von Vegetation bedeckt ist, und andererseits mit der Menge der Niederschläge.

Abgesehen von dem Entstehungsprozess, der über geologische Zeiträume hinweg mal schneller, mal langsamer vor sich geht, weisen Karstgebiete ein weiteres gemeinsames Merkmal auf: Wasser fehlt überwiegend an ihrer Oberfläche. Damit verbunden ist die Entwicklung eines unterirdischen Wasserhaushalts: Niederschläge versickern rasch im Gelände, das von zahlreichen, sich durch Auflösung noch vergrössernden Rissen durchzogen ist. Sofern keine besonderen Bedingungen vorliegen, können sich durch diese Wasserdurchlässigkeit kaum Bäche und meist auch keine Seen an der Oberfläche bilden. Stattdessen sammelt sich das Wasser in unterirdischen Seen oder Flüssen. Um die Funktionsweise von Karstlandschaften zu verstehen, muss man sich die Gebiete demnach räumlich vor Augen führen und verstehen, dass sie nicht nur ästhetische, sondern auch funktionale Gemeinsamkeiten haben.

Auf den **Cornettes de Bise** (VS) südlich des Genfersees wechseln sich nackte und bedeckte Karren ab (BLN Nr. 1702 Lac de Taney).

WISSENSCHAFTSECKE DER

Auflösung und Ablagerung: ein chemisches Gleichgewicht

Der Kontakt zwischen saurem Wasser und Felsgestein führt zu einer Reaktion: Die im Gestein vorhandenen Carbonate lösen sich im Wasser und werden abtransportiert.
Chemisch lässt sich die Auflösung durch folgende Gleichung beschreiben:

$$CaCO_3 + H_2O + CO_2 \underset{\text{Fällung}}{\overset{\text{Auflösung}}{\rightleftharpoons}} Ca^{++} + 2HCO_3^-$$

Carbonat	Wasser	Kohlendioxid	Hydrogencarbonat
fest	*flüssig*	*gasförmig*	*löslich*

Diese Reaktion ist umkehrbar und abhängig von den physikochemischen Bedingungen. Man spricht von einem **chemischen Gleichgewicht**. Die im Wasser gelösten Carbonate können im Kontakt mit einer weniger stark CO_2-haltigen Atmosphäre wieder in den festen Zustand zurückkehren. Diesen Prozess nennt man *Fällung*; er zieht die Bildung von Tropfsteinen oder anderen Höhlenformationen nach sich.

Eine Besonderheit dieser Reaktion ist, dass kaltes Wasser eine grössere Menge Kohlendioxid lösen kann als warmes Wasser. Wenn kaltes Wasser erwärmt wird, entweicht ein Teil CO_2, wobei der zuvor gelöste Kalk ausfällt. Dies erklärt die Bildung von Kalkablagerungen in Wasserkochern und die Tatsache, dass Warmwasserleitungen stets stärker verkalken als Kaltwasserleitungen.

In der Natur hängt die Intensität der Korrosion zum einen davon ab, ob Wasser zur Verfügung steht. In den Tropen ist viel Wasser vorhanden (2500 mm Jahresniederschlag) und in den trockenen Regionen der Welt wenig (7 mm Jahresniederschlag). An den Polen oder in sehr grosser Höhe liegt Wasser in festem Zustand als Eis vor, weswegen die Korrosion geringer ist.

Zum anderen hat Kohlendioxid in der Umgebung Einfluss auf die Korrosion. Der Kohlendioxidgehalt der Luft variiert von Region zu Region und kann je nach Bodenart sehr unterschiedlich sein. Das Gas wird durch die Atmung der Wurzeln und der Kleinlebewesen produziert, die organisches Material im Boden abbauen. Je reichhaltiger ein Boden ist, desto mehr Kohlendioxid enthält er. •AP

Detailansichten von Karren:
Oben die **Tour d'Aï** (VD), deren geometrische Zerklüftung die Auflösung begünstigt (BLN Nr. 1515 Tour d'Aï – Dent de Corjon).

Nebenstehend: In den **Sieben Hengsten** (BE) sind tiefe, mäanderförmige Aushöhlungen von Ziselierungen gesäumt – das Ergebnis von Korrosion unter einer Schneedecke (BLN Nr. 1505 Hohgant).

Typische Karstgesteine

Der Grossteil der löslichen Gesteine ist durch die Ablagerung organischen Materials am Meeresgrund entstanden und gehört zu den Sedimentgesteinen. Das bedeutet jedoch nicht, dass Sie sich vom Meer überflutete Berge vorstellen sollen! Der Entstehungsprozess war extrem langsam: Der Kalkstein, den wir heute in der Schweiz vorfinden, hat sich vor mehreren Hundert Millionen Jahren gebildet, zu einer Zeit, als es weder die Alpen noch den Jura gab. Über einen langen Zeitraum hinweg befand sich an der Stelle der heutigen Schweiz ein riesiger Ozean (die *Tethys*). Die Kontinental- und Ozeanplatten der Erde haben sich seitdem radikal verschoben, was zur Entstehung von anderen Ozeanen und Gebirgen bis hin zur heutigen Situation führte.

Man kann die Eigenschaften der Gesteine und ihre aussergewöhnliche Vielfalt besser verstehen, wenn man weiss, in welcher Umgebung sie entstanden sind. **Kalkstein** hat sich im flachen Meer gebildet, wo sich Korralenriffe bilden oder Karbonatplattforme entstehen (wie die heutigen Bahama Banks).
Er enthält fast ausschliesslich Kalk aus lebenden Organismen (Muschelschalen, Skeletten, Zähnen und Knochen). In tieferen oder küstennahen Gewässern – wie dem heutigen Mittelmeer – haben sich dagegen die Partikel von Meeresorganismen mit Tonpartikeln vom Festland vermischt. Im Laufe von Jahrmillionen ändert die Umgebung sich ebenso wie die Zusammensetzung der Sedimente – oder es

findet gar keine Sedimentation mehr statt. Solche Veränderungen führen zu Unregelmässigkeiten, die sich als *Stratifikation* (Schichtung) im Gestein zeigen. Durch Verdichtung und Härtung werden die Sedimente zu **mergeligem Kalk**, wenn Kalk dominiert, oder zu **Mergel**, wenn der Tongehalt höher ist. Kalkstein und mergeliger Kalk sind die meistverbreiteten Karstgesteine in der Schweiz, oft abwechselnd mit Mergelgestein. Solches Mischgestein findet man im Jura, in den Voralpen und den Alpen.

Gips hat sich in grossen Verdunstungsbecken gebildet (wie dem heutigen Assalsee in Ostafrika). Es handelt sich um ein bröckeliges, wenig gleichmässiges und oft weisses Gestein, das sich in Wasser auch ohne CO_2 löst. Gipsaufschlüsse sind anfällig für chemische und mechanische Erosion, sodass diese Zonen sich in der Regel als Vertiefungen in der Landschaft zeigen und die Bildung von Pässen begünstigen. Höhlen in Gipsstein, wie die Grotte de Saint-Léonard (VS) oder ihre Nachbarin, die Grotte de la Crête de Vaas, sind oft von Einstürzen bedroht. Am Col de la Croix (VD) befindet sich ein Gipskarst, der von spektakulären Dolinen durchzogen ist.

Dolomit ist ein Gestein, das im gleichen Milieu wie Kalkstein entstanden ist, im Laufe der Zeit aber eine chemische Transformation erfahren hat: Ein Teil des Calciums im Gestein wurde durch Magnesium ersetzt. Im Vergleich zu Kalkstein ist Dolomit weniger löslich. In der Schweiz sieht man ihn vorwiegend im Kanton Graubünden.

Marmor ist relativ selten in der Schweiz. Es handelt sich um Kalkgestein, das im Erdinnern unter Hitze und Druck eine Metamorphose durchlaufen hat – einen Umwandlungsprozess der Minerale. Marmor ist lösungsanfällig gegenüber kohlensäurehaltigem Wasser, jedoch deutlich weniger als Kalkstein. Die besonders schönen Marmorhöhlen gibt es vor allem im Tessin.

Der Schweizer Karst besteht aus den genannten Gesteinsarten, von denen in der Natur jedoch unendlich viele Untergruppen vorkommen. Die Vielfalt ist ebenso immens wie die physikalischen Eigenschaften unterschiedlich sind. Karste und Höhlen sind geprägt von der Geologie der jeweiligen Region – typisch und einzigartig zugleich.

Entstehung einer Karstlandschaft

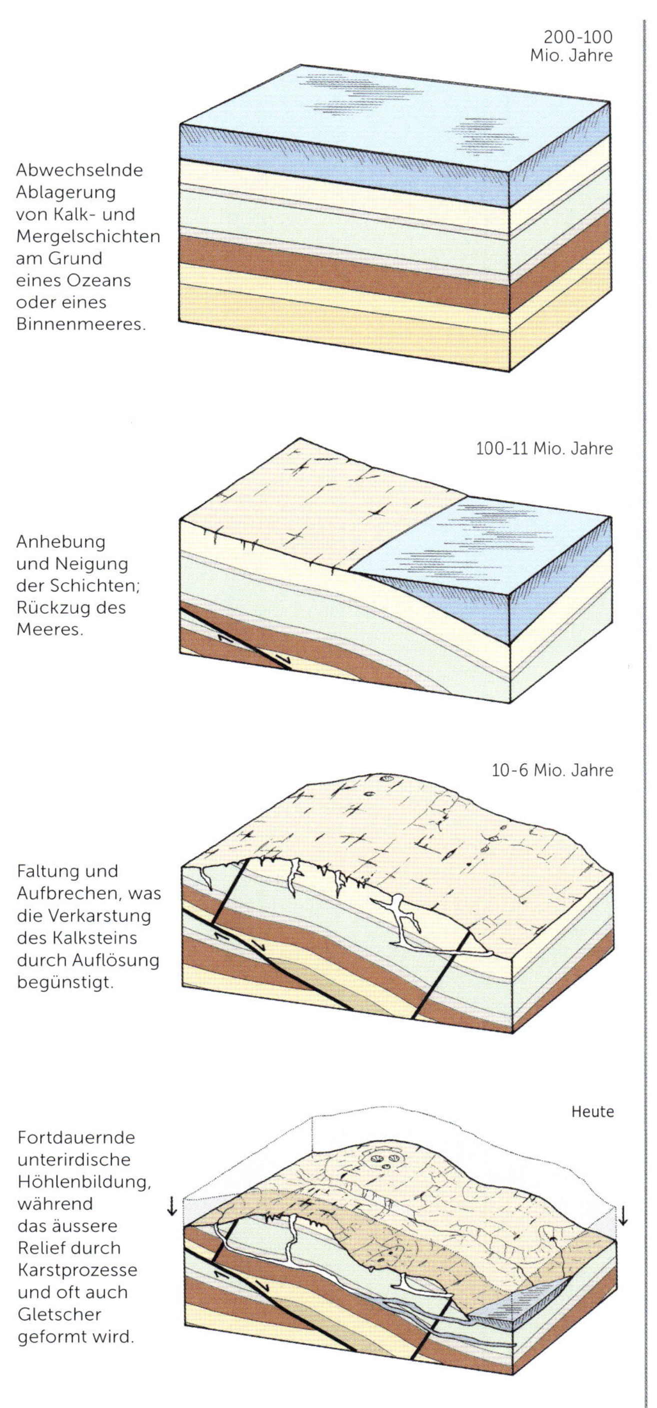

Das Skelett der Landschaft

Auch wenn es nicht immer sichtbar ist: Das Gestein ist ein wesentlicher Bestandteil der Landschaft. Es prägt ihr Relief und beeinflusst die Pflanzen- und Tierarten in der Region. Gestein ist auf der Erdoberfläche überall vorhanden. Manchmal ist es allerdings unter einer mehr oder weniger dicken Bodenschicht versteckt, von Vegetation bedeckt, mit menschlicher Infrastruktur wie Gebäuden oder Strassen überbaut oder liegt verborgen unter Gewässern.

Wie kommt es, dass die Landschaften des Juras anders aussehen als die der Alpen, auch wenn es sich oft um das gleiche Gestein handelt? Die Erklärung liegt in der *Plattentektonik*, die mächtige Gesteinstransformationen bewirkt. Gebirgsmassive wie der Jura oder die Alpen entstehen, wenn zwei Lithosphärenplatten aufeinanderstossen oder sich übereinanderschieben. Dadurch verdickt sich die Erdkruste, und die Gesteine erfahren teils enorme Deformationen in Form von Faltungen oder Brüchen. Häufig sehen solche Brüche aus wie ein Netz aus parallelen Schlitzen, deren Bedeutung für die Entstehung von Klüften wir später noch erklären werden. Kalksteinschichten können sich in verschiedenen tektonischen Lagen befinden, je nachdem, wie stark sie deformiert wurden. Wenn die Gesteinsschichten wenig oder gar nicht gefaltet wurden, spricht man von einem Tafelgebirge. Diese Anordnung begünstigt die Entstehung langer unterirdischer Flüsse wie in der Grotte de Milandre der Ajoie (JU), wo der Fluss Milandrine rund 50 m unter der Erdoberfläche kilometerweit durch Kalkstein fliesst. Wenn Gestein dagegen gefaltet wurde, weist das Landschaftsrelief aufeinanderfolgende Vertiefungen und Erhebungen auf. Im Jura sind diese Strukturen meist breit und weitläufig. In den Alpen und Voralpen sind die Gesteinspakete teils über mehrere Kilometer hinweg ungleich stark verfaltet, weil die Deformationen stärker waren. Je nach geologischen Gegebenheiten hat sich der Karst also auf unterschiedliche Weise entwickelt. Die oberirdischen und unterirdischen Formen eines Geländes entsprechen den Gesteinseigenschaften und folgen den Falten und Brüchen des gesamten Massivs.

Struktur eines Kalkmassivs

Typische Karstformen wie Karren, Dolinen, Uvalas, Klusen und Blindtäler prägen das äussere, meist wasserarme Relief; das unterirdische Relief entwickelt sich durch Absenken der oberen fossilen Schichten bis zur unteren aktiven Zone, die zu den Quellen führt.

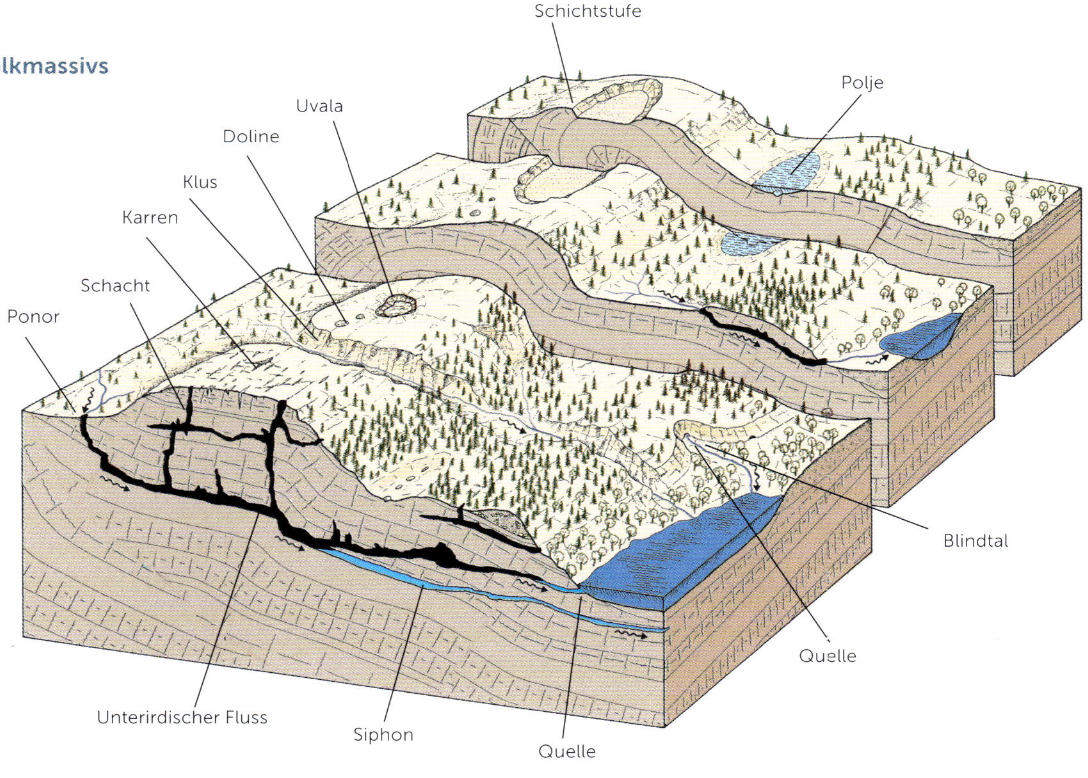

Typisch jurassisches Relief am **Chasseron** (VD): Das Aufbrechen der Antiklinale im linken Teil der Landschaft hat ein tiefes Erosionstal entstehen lassen; die Vorsprünge im Relief bestehen aus massivem Kalkstein.

Im **Alpstein**-Massiv (SG) hat die Tektonik gewaltig gewirkt und die Schichten bis in die Senkrechte aufgerichtet; die Struktur des Reliefs ist chaotischer (BLN Nr. 1612 Säntisgebiet).

Die Klus de **Covatannaz** (VD) schneidet die erste Jurakette auf der Höhe des Mont de Baulmes von Sainte-Croix bis Vuiteboeuf quer ein; hier fliesst der Arnon, der von unterirdischem Wasser aus dem Höhlensystem von Covatannaz gespeist wird.

Dolinenfeld auf der nordwestlichen Flanke des **Chasseral** (BE), oberhalb der Combe Grède (BLN Nr. 1002 Chasseral).

Karren der **Sieben Hengste**: Hier versteht man den Ursprung des savoyischen Begriffs *lapiaz*, der «Steinfeld» bedeutet (BLN Nr. 1505 Hohgant).

Oberirdische Karstlandschaften

Im letzten Akt der Geschichte kommt die Erosion ins Spiel und verfeinert die Züge des Landschaftsreliefs. Dadurch entstehen Täler, Schluchten und Felsvorsprünge. Die Karstmassive unterliegen der Erosion, sobald sie Niederschlägen ausgesetzt sind. Verkarstung schreitet auf mehreren Ebenen voran: Zum einen wirkt chemische Erosion permanent auf das Gesamtmassiv ein – sowohl ober- als auch unterirdisch. Während Niederschläge die Karren formen und die Dolinen vergrössern, verdanken andere Karstformen wie Klusen oder Höhlen ihre Entstehung bestimmten Fliessgewässern, die tiefer liegen als ihre Quellen. Wasser ist zwar der wichtigste, aber nicht der einzige Faktor für die Gestaltung einer Karstlandschaft. Auch Gletscher, Frost, die Schwerkraft und die mechanische Erosion durch Fliessgewässer tragen ihren Teil dazu bei. All diese Prozesse sind abwechselnd oder gemeinsam aktiv und verändern die Landschaft unaufhörlich. Innerhalb einer Million Jahre kann allein die

Entstehung einer Sinkhöhle (Doline)

Lösungsdoline

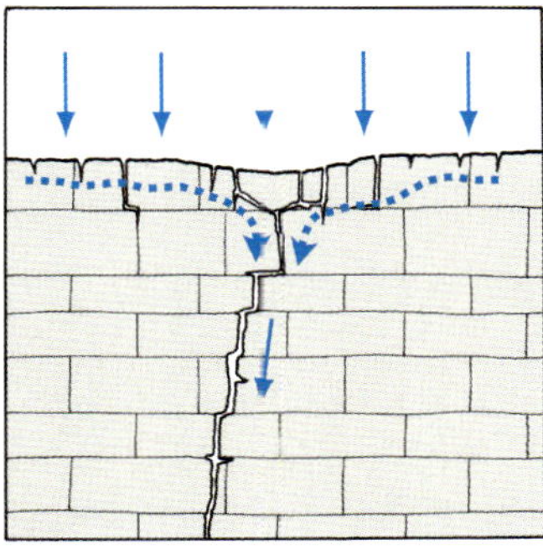

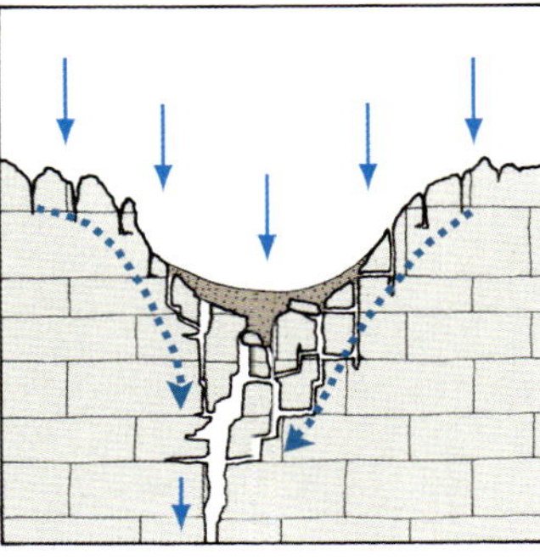

Suffosionsdoline

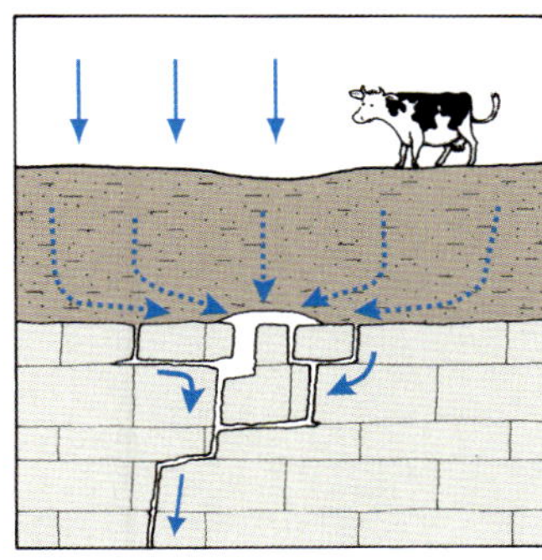

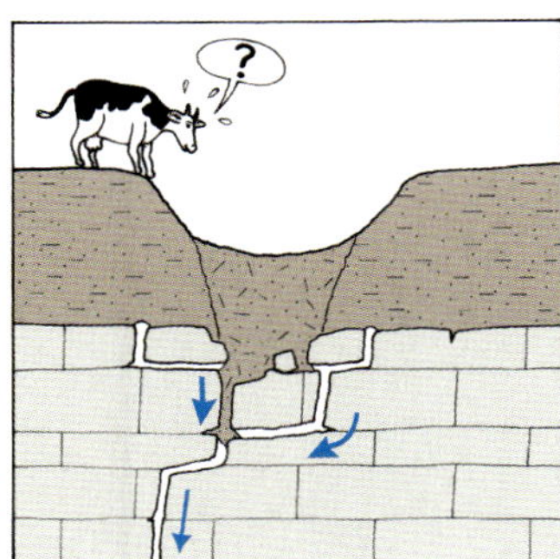

Einsturzdoline

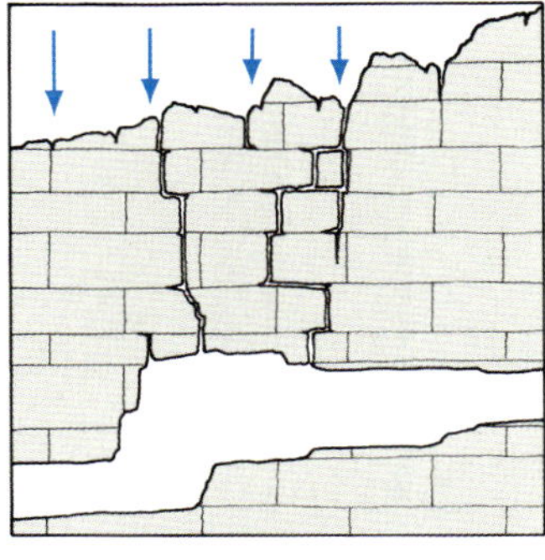

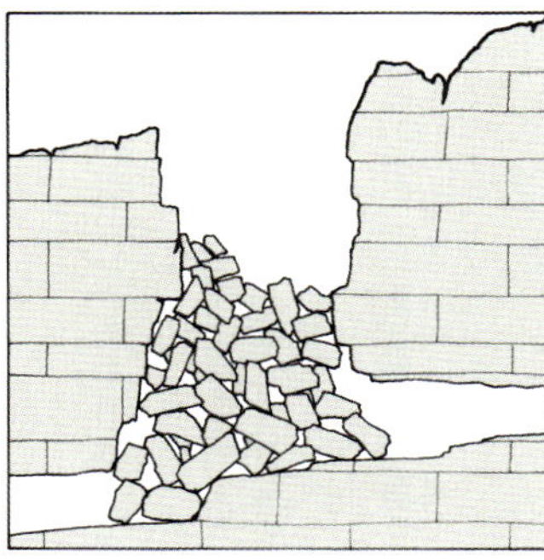

Verschiedene geomorphologische Prozesse können zur Bildung einer Doline, eines typischen Karstreliefs, führen.

Grotte du Poteu (VS): ein unauffälliger Eingang im Felsen, entstanden aufgrund einer Diskontinuität in den stark deformierten Sedimentschichten.

verschiedenen Prozesse hat, die zu ihrer Entstehung führen (siehe Abb. S. 87). Doch Dolinen sind nicht nur charakteristisch für Karstgebiete, sondern werden zum Teil auch als Müllabladeplatz missbraucht und verfüllt. Dies ist in mehrfacher Hinsicht ein Problem: Da Dolinen bevorzugte Versickerungsstellen für Oberflächenwasser sind, wirkt sich jeder Eingriff in sie auf das gesamte Karstsystem aus. Schadstoffe gelangen rasch in die unterirdischen Wasserspeicher und durch eine Abdichtung verlagern sich die Auflösungsprozesse in andere, möglicherweise weniger günstige Bereiche. Dolinen sind besonders bemerkenswert, wenn sie Felder oder Ketten bilden, wie in der Combe des Begnines (VD) im Hochjura oder in der Nähe von Les Rouges-Terres im Bezirk Franches-Montagnes (JU).

Karren (*lapiaz* auf Savoyisch, von lateinisch *lapis*: «Stein») sind eine weitere typische Karsterscheinung. Am spektakulärsten sind nackte Karrenfelder, die Gesteinswüsten gleichen und durch die Korrosion des Niederschlagswassers wie gemeisselt erscheinen. Im Detail sind ihre Formen vielfältig und reichen von glatten, wellenartigen Rinnen bis hin zu rasiermesserscharfen Kanten.

Klusen sind grössere Reliefformen; sie prägen hauptsächlich die Landschaft des Juras. Es handelt sich um tiefe und manchmal auch breite Einschnitte, die quer zu den Hauptachsen des Juras mit seinen

chemische Erosion 50 bis 300 m Gestein an der Oberfläche verschwinden lassen. Eine Landschaft, die wir heute erleben, ist in der Geschichte der Erde nur eine Momentaufnahme.

Die Karsterosion zeigt sich in einer Reihe von Formen, die im Blockdiagramm auf S. 84 dargestellt sind. Typisch sind die trichterförmigen Vertiefungen der **Dolinen**, die in der Regel breiter als tief sind und einzeln, in Gruppen oder zusammenhängend vorkommen. Dolinen sind in der Landschaft eindeutig zu erkennen. Mitunter entstehen sie wie aus dem Nichts durch einen Einsturz, was sie interessant, zugleich aber auch etwas unheimlich macht. Sie sind schon genau untersucht worden, sodass man heute ein recht gutes Verständnis der

Auf einem Karrenfeld kann der Kalkstein aufgrund von Korrosion scharfe Kanten haben – schlecht für die Schuhsohlen. Ausrutschen sollte man hier möglichst vermeiden ...

Die Karstzonen

Das Karstsystem lässt sich in verschiedene Zonen einteilen, in denen die Luft- und Wasserzirkulation die Bildung unterirdischer Gänge beeinflusst.

Epikarst
Dies ist die oberflächennahe Zone, die äusseren Einflüssen am stärksten ausgesetzt ist. Die Gesteinsmasse ist von Diskontinuitäten durchzogen, die durch Dekompression entstanden sind. Diskontinuitäten wie Spalten und Klüfte erleichtern das Einsickern des Wassers und das Eindringen von Kohlendioxid ins Innere des Karsts. Der Epikarst ist einige Meter tief. Die Korrosion in ihm ist bedeutend und wird von zahlreichen Faktoren bestimmt: biologischen (Pflanzendecke, Mikroorganismen), pedologischen (Bodenbeschaffenheit), strukturellen (Gestein, Rissbildung) sowie meteorologischen (Temperaturen, Frost, Niederschlägen). In der Regel dringt man durch den Epikarst in eine Höhle ein.

Vadose Zone
Hier gibt es weniger, aber grössere Diskontinuitäten als im Epikarst. Dies ist die Zone, in der sich die Schächte von Schachthöhlen bilden. Ist der Epikarst gesättigt, fliesst das Sicker- oder Niederschlagswasser schnell durch den vadosen Bereich hindurch, und zwar vertikal. Das Wasser, das in dieser Zone ankommt, ohne an Carbonaten gesättigt zu sein, fördert die Korrosion des Systems von innen.

Phreatische Zone
Im unteren Teil der Karstsysteme sind die Hohlräume weitgehend vollständig mit Wasser gefüllt. Die phreatische Zone liegt unterhalb des Grundwasserspiegels, der wiederum von einer nicht wasserundurchlässigen Gesteinsschicht (Aquiclude) und der Höhe örtlicher Quellen abhängt. Die Abflüsse verlaufen mehr oder weniger horizontal und folgen mitunter ansteigenden Hängen. Das in der Regel unter Druck stehende Wasser löst in alle Richtungen Gestein und rundet so die Gänge ab. Ein *epiphreatische* Zone genannter Übergangsbereich zur vadosen Zone ermöglicht den Wasser-, Luft- und Gesteinsaustausch innerhalb des Systems.

Tiefphreatische Zone
In tiefen geologischen Schichten kann es zwischen zwei wasserundurchlässigen Gesteinsschichten ebenfalls Grundwasservorkommen geben. Auch in dieser Zone können sich durch die Einwirkung des mit Kohlendioxid oder Schwefelwasserstoff angereicherten Wassers Höhlen bilden, und zwar von unten nach oben. •AP

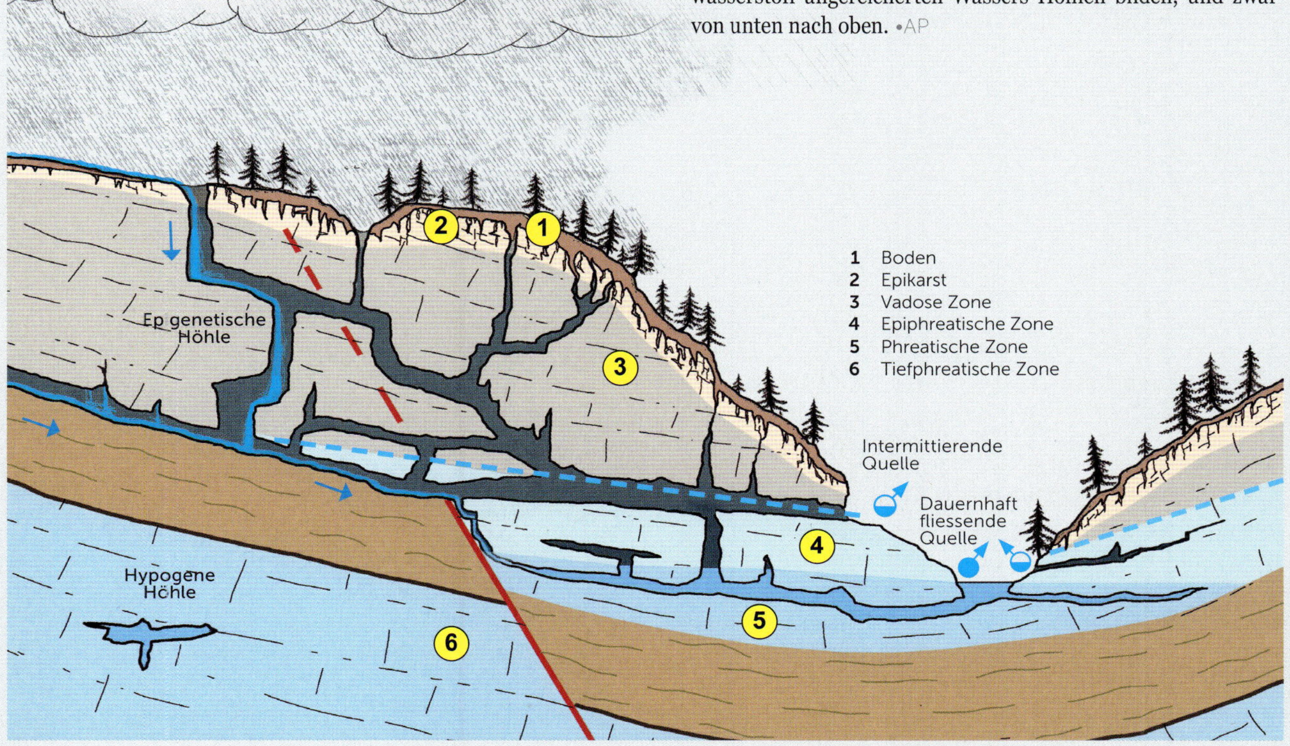

Eishöhle von Monlési (NE): Diese kleine jurassische Schachthöhle beherbergt einen unterirdischen Gletscher, dessen Schmelze wegen des Klimawandels vorprogrammiert ist.

Tälern und parallelen Höhenzügen verlaufen. Diese Einschnitte haben sich zu Korridoren zwischen den einzelnen Juratälern entwickelt. Seit es Strassen und Eisenbahnlinien gibt, können die Menschen über sie zuvor noch isolierte Seitentäler erreichen.

Unterirdische Karstlandschaften

Auch die unterirdische Karstwelt beherbergt ganze Landschaften, wie die Höhlen beweisen, deren Volumen ausreichend gross sind, um Menschen hineinzulassen. Diese Landschaften lernt man wertzuschätzen, wenn man nach und nach in unterirdische Gänge vordringt. In der Höhlenforschung wird beobachtet, ob aufeinander folgende Gangabschnitte (*Passagen*) verschiedene Morphologien aufweisen.

Karsthöhlen entstehen nicht zufällig. Sie gehören alle zu einem System von Hohlräumen, das über ein Netzwerk von aktuellen oder fossilen unterirdischen Kanälen verbunden ist. Denn am Anfang jeder Höhle zirkuliert Wasser im Innern der Gesteinsmasse. Das Wasser kommt aus Niederschlägen an der Oberfläche des Karsts und bewegt sich aufgrund der Schwerkraft von oben nach unten. Wenn es am Karstwasserspiegel angekommen ist, setzt es seine Erweiterungsarbeit in den unterirdischen Gängen fort. Seit rund dreissig Jahren beschäftigen sich Forschende ausserdem mit einer Variante der unterirdischen Verkarstung, die von zirkulierendem Tiefenwasser angetrieben wird und in keiner Verbindung mit den Niederschlägen an der Oberfläche steht. Diese hypogenen Höhlen bilden sich von unten nach oben. Bisher wurde jedoch keine Höhle dieser Art in der Schweiz entdeckt.

In jedem Fall nutzt das Wasser Diskontinuitäten – Klüfte und Schichtfugen – innerhalb der Gesteinsmassen, um fliessen zu können. Die chemische Erosion führt dazu, dass sich unterschiedliche Strukturen in den Gängen ausbilden, je nachdem, ob das Wasser an der Luft oder in überfluteter Umgebung zirkuliert, welche Eigenschaften das Gestein hat, wie die Risse sich ausbreiten und in welche Richtung sie verlaufen, wie hoch die Quelle liegt usw. Bei einem horizontalen Verlauf spricht man von **Gängen**, bei vertikalem Verlauf von **Schächten**. **Mäander** sind gewundene Gangabschnitte, die oft höher als breit sind. Schluchten sind ebenfalls Mäanderstrukturen. Sehr grosse Hohlräume, die ebenso breit wie hoch sind, nennt man **Hallen**.

Höhlentypen

Die Höhlen der Schweiz können einigen generellen morphologischen Typen zugeordnet werden. Die beiden grössten Höhlen des Landes, das Hölloch und das Siebenhengste-Hohgant-System, laufen dabei «ausser Konkurrenz», weil sie als Höhlensysteme mehrere Höhlentypen enthalten.

Schachthöhlen sind vorwiegend vertikale Höhlenformen. Sie sind oft durch Auflösungsprozesse an den Schnittpunkten von zwei Brüchen entstanden, die sich durch tektonische Verschiebungen der Erdkruste gebildet haben. Auch wenn sich der Querschnitt einer Schachthöhle im Laufe der Zeit oft abrundet, bleiben die Brüche, aus denen sie entstanden ist, sichtbar.

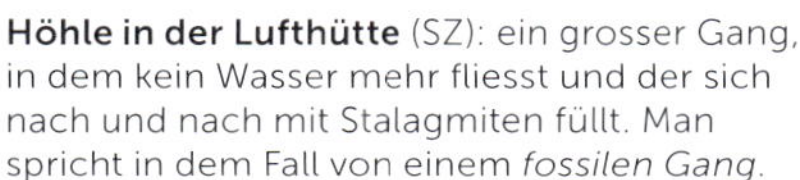

Höhle in der Lufthütte (SZ): ein grosser Gang, in dem kein Wasser mehr fliesst und der sich nach und nach mit Stalagmiten füllt. Man spricht in dem Fall von einem *fossilen Gang*.

Ein Gang im **Kreuzloch** (SZ), der auf Kosten einer Zwischenschicht entstanden ist, wie uns seine Decke zeigt. Er wird von einem Wildbach durchflossen, der den Erosionsprozess fortsetzt. In so einem aktiven Gang kann es gefährliches Hochwasser geben.

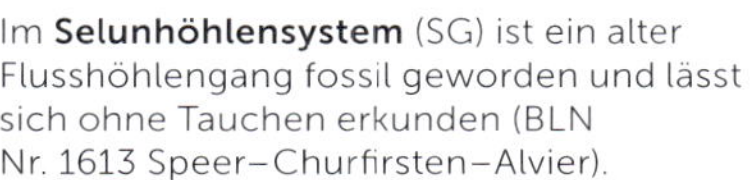

Im **Selunhöhlensystem** (SG) ist ein alter Flusshöhlengang fossil geworden und lässt sich ohne Tauchen erkunden (BLN Nr. 1613 Speer–Churfirsten–Alvier).

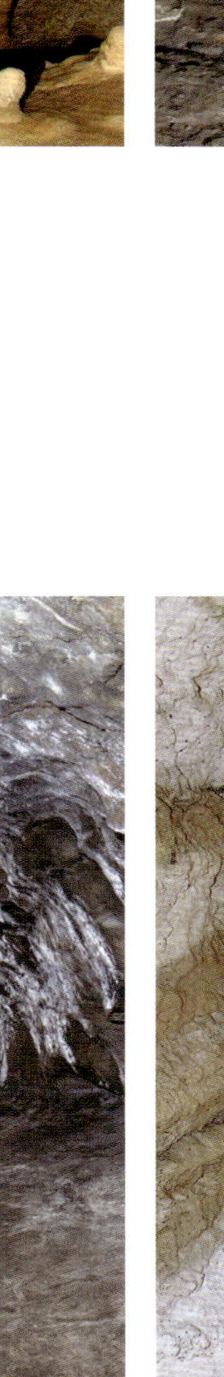

Bärenloch (FR), mäanderförmiger Schacht im oberen Teil, dessen Wände mit Tropfstein bedeckt sind (BLN Nr. 1514 Breccaschlund).

Entstehung eines Höhlenganges

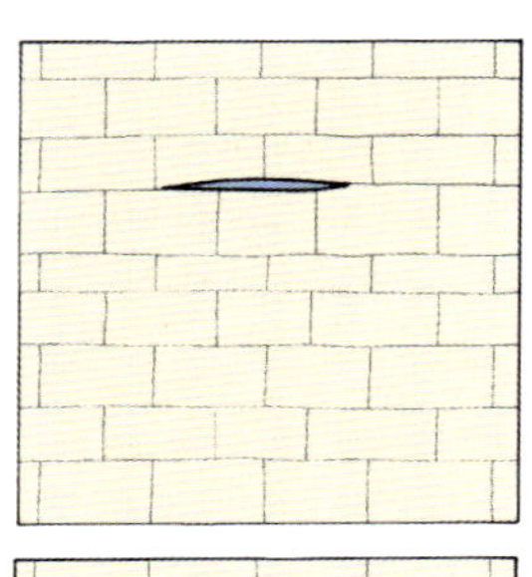

Eine Schichtfuge aus Kalkstein wird aufgelöst.

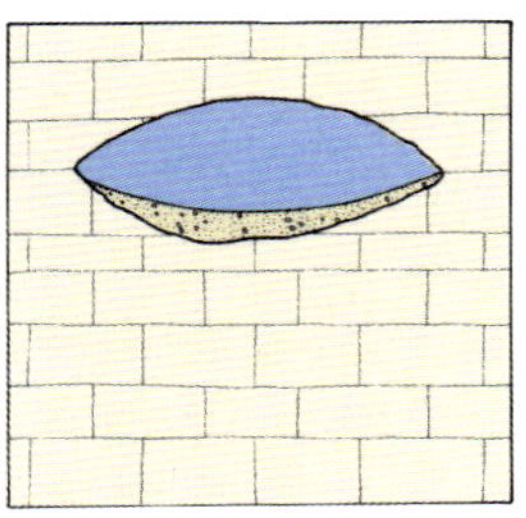

Es bildet sich ein *phreatischer Gang*, der den Hohlraum vergrössert.

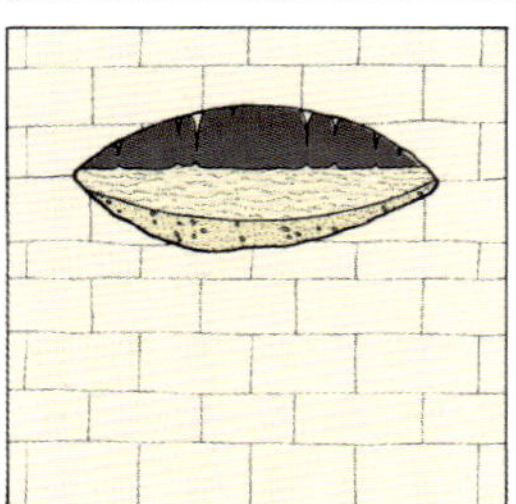

Wasser fliesst nur noch zeitweise und lagert Sedimente ab; nun bilden sich die ersten Stalaktiten.

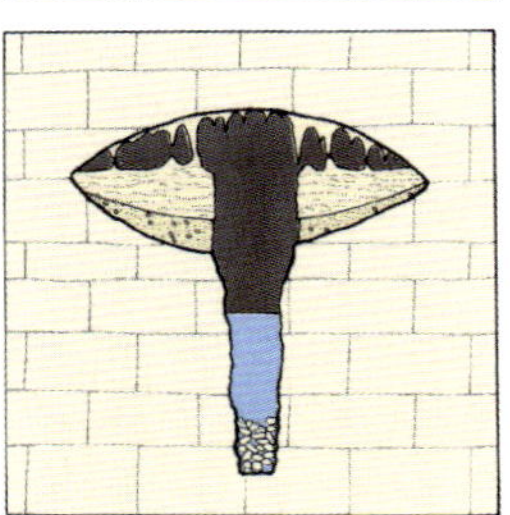

Das Wasser kehrt zurück, schneidet Kerben in das Sediment und gräbt eine Schlucht (Mäander).

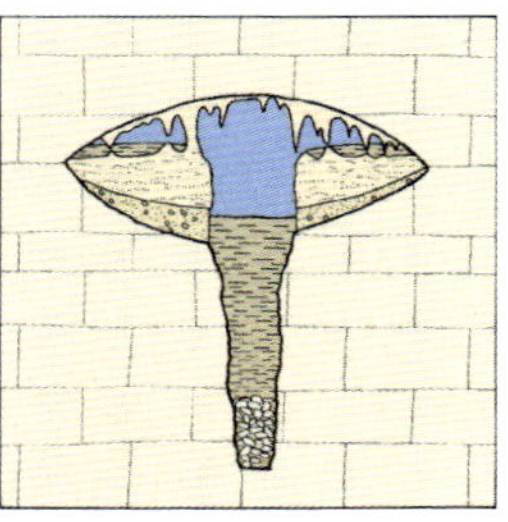

Die Schlucht füllt sich mit Ablagerungen. Wasser fliesst nur noch im oberen Teil des Ganges.

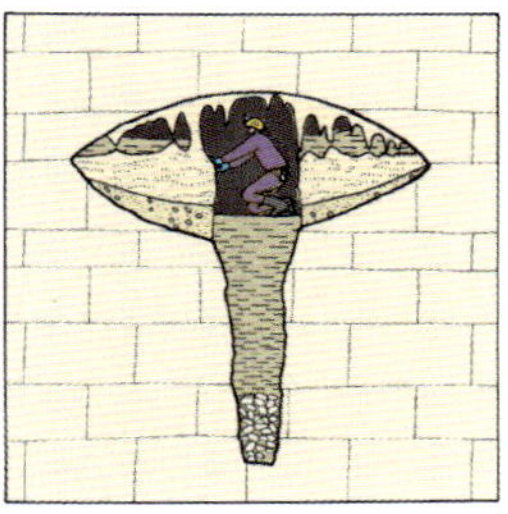

Das Wasser zieht sich endgültig aus dem Gang zurück. Ein Höhlenforscher erkundet den nunmehr *fossilen Gang* und geht seiner Entstehung auf den Grund.

Das unterirdisch fliessende Wasser kann eine Höhle in einigen Abschnitten vollständig füllen, insbesondere wenn sie mehr oder weniger horizontal verläuft. In dem Fall entsteht unter Wasser durch die Korrosion des Umgebungsgesteins eine **phreatische Höhle**. Während der Entwicklung von Höhlensystemen kommt es zu einem allmählichen Absenken des Wasserniveaus, und zwar in dem Masse, wie sich das Niveau der Quellen durch die Eintiefung der Täler, in denen sie hervortreten, absenkt. Dabei verlagert sich die Wasserzirkulation aus den oberen in die unteren Gänge. So wird eine **aktive Höhle** nach und nach zu einer **fossilen Höhle**.

Ein **Höhlensystem** ist ein Gebilde von miteinander verbundenen horizontalen Gängen und Schächten. Die Abschnitte, die regelmässig von einem unterirdischen Fluss durchflossen werden, bleiben aktiv; andere, aus denen sich das Wasser zurückzieht, werden fossil. Als besonderen Fall möchten wir noch die Höhlen erwähnen, die am Eingang und am Ausgang unterirdischer Wasserläufe liegen. Wenn ein Fliessgewässer an der Oberfläche unter der Erde verschwindet, spricht man von einem **Schluckloch** oder mit dem ursprünglich serbokroatischen Begriff auch von einem **Ponor**. Dabei kann es sich um eine mehr oder weniger horizontale Höhle oder eine Schachthöhle handeln. Am anderen Ende des Höhlensystems, dort, wo das Wasser wieder ans Tageslicht tritt, spricht man von einer **Quelle**. Auch wenn einige Quellen aus sichtbaren Höhlen am Talboden oder Felsen an die Oberfläche treten, kommt es häufig vor, dass sie unter einem See liegen und dadurch schwierig zu finden sind. •AP

Windloch (SG): Kletterpartie in einem ursprünglich phreatischen Gang, der später durch frei fliessendes Wasser eingeschnitten wurde.

Aussergewöhnliche Höhlen

Die meisten Höhlen – horizontale oder vertikale – befinden sich in Karst aus Kalkstein, der teilweise mit undurchlässigen Mergel- oder Sandsteinschichten durchsetzt ist. Auch Gips kann als lösliches Gestein Höhlen hervorbringen. In Dolomit oder Marmor können durch komplexere Prozesse ebenfalls Höhlen entstehen. Die Bewegung der Erdkruste führt bei der Entstehung von Gebirgen manchmal zur Bildung von tektonischen Höhlen. Oft handelt es sich dabei um Risse, die durch schwerkraftbedingtes Abgleiten einer Talflanke entstehen, ohne dass das umgebende Gestein löslich wäre. Wieder ein anderer Fall sind Gletscherhöhlen, die durch zirkulierendes Schmelzwasser in die Gletschermasse gegraben werden: Sie gibt es oft nur für eine Saison und ihre Erforschung erfordert spezielle Techniken. Abschliessend wollen wir noch eine Höhlenart erwähnen, mit der wir uns zuerst beschäftigen wollen: Primärhöhlen. Sie entstehen gleichzeitig mit dem umgebenden Gestein.

Originell und eigenwillig

Die Höllgrotten (siehe Abb. S. 96) in der Nähe von Baar (ZG) sind der Archetyp einer *Primärhöhle* in der Schweiz und das einzige Beispiel dieser Grössenordnung. Sie sind vor etwa 6000 Jahren entstanden, als der Kalktuff, der sie umgibt, sich ablagerte. Dieser Tuff ist eine Art poröser Kalkstein, der entstand, als Wasser aus einem mit Calciumcarbonat gesättigten Moorgebiet westlich von Menzingen austrat. Das abfliessende Wasser setzte Kalkstein ab, wobei überhängende Partien absackten und Hohlräume begrenzten. Zwei übereinanderliegende Höhlensysteme entstanden, deren heutige Namen auf die Formen des Gesteins anspielen: *Korallenschlucht, Zottel-, See-* und *Wurzelgrotte, Zauberschloss*. Die enorme Menge an abgelagertem Tuff – etwa 200000 m^3 – weckte im 19. Jahrhundert Begehrlichkeiten bei Steinbrucharbeitern, die das leichte und gleichzeitig feste Gestein als Baumaterial gut gebrauchen konnten.

La Zebra ist eine Höhle im Marmor des Val d'Antabia (TI), die erst vor wenigen Jahren entdeckt wurde.

Atypische Schweizer Höhlen

10 aussergewöhnliche Höhlen in Nicht-Karstgestein:

1 Höllgrotten
2 Sandbalmhöhle
3 Frigna di Golasecca
4 Turmalinhöhle
5 Klufthöhle Hasliberg
6 Silberloch
7 Grotte de la Crête de Vaas
8 Acqua del Pavone
9 Höhlen des Val d'Antabia
10 Camoscella

Die **Höllgrotten von Baar** (ZG) sind gleichzeitig mit dem sie umgebenden Tuffstein entstanden. Sie sind ein Beispiel für eine *Primärhöhle* und eine Sehenswürdigkeit in der Region.

So wurden grosse Bereiche der Höhle freigelegt. Die Entdeckung der spektakulären Hohlräume führte glücklicherweise dazu, dass der Tuffabbau eingestellt und stattdessen eine nicht weniger lukrative Touristenattraktion etabliert wurde, die rasch zahlreiche Besucher anlockte.

Hier soll nicht unerwähnt bleiben, dass Primärhöhlen in anderen Teilen der Welt häufig aus Gängen vulkanischen Ursprungs bestehen. In der Schweiz, wo der letzte Vulkanausbruch 300 Millionen Jahre zurückliegt, trifft dies aber nicht zu.

Klaffende Risse

Wie wir wissen, ist die Erde ein Planet, auf dem die Bewegungen des Magmas im Untergrund zu Verformungen der Erdkruste führen. Die Untersuchung dieser Verformungen ist ein Teilgebiet der Geologie, das als Tektonik bezeichnet wird. Wenn tektonisch beanspruchte Gesteinsschichten zu starr sind, um sich flexibel verformen zu können, zerbrechen sie. Unter bestimmten Bedingungen klaffen die Brüche weit auf, insbesondere wenn sie parallel zu steilen Talflanken verlaufen. Auf diese Weise kommt es zur Ablösung von Gesteinspaketen, die abgleiten können. Solche meist lang gestreckten, vorwiegend vertikal verlaufenden Hohlräume können sich in den verschiedensten Gesteinsarten öffnen, auch in unlöslichem Gestein. Obwohl man derartige *tektonische Hohlräume* auch in Kalksteinmassiven

Die **Frigna di Golasecca** (TI) ist eine *tektonische Höhle*, die sich aufgrund der Anhebung der Alpen allein durch Brüche im Gneis – einem nicht verkarstbaren Gestein – gebildet hat.

findet, wo sie sich durch die Auflösung der Wände noch vergrössern können, sind sie für die Speläologie vor allem im Zusammenhang mit kristallinen Graniten, Gneisen und Schiefern interessant, da dies das Forschungsgebiet über die Karstgebiete hinaus erweitert.

Einige Beispiele sollen die grosse Vielfalt dieser atypischen Höhlen zeigen: Auf der Göscheneralp (UR) liegt die Sandbalmhöhle im Granit des Aarmassivs. Trotz ihrer bescheidenen Länge von nur 150 m lohnt sich ein Besuch, da das Gestein mit glitzernden Quarzkristallen übersät ist. Die Kristallhöhle wurde bereits vor rund 300 Jahren ausgebeutet. Die Frigna di Golasecca (Locarno, TI) ist ein 200 m langes und 50 m tiefes System von Klüften im Gneis. Die Turmalinhöhle im Calancatal (Arvigo, GR) besteht aus einer Reihe von parallelen Rissen im Gneis, die bis zu 100 m tief sein können. Ein weiteres Beispiel ist die Klufthöhle Hasliberg in der Nähe von Meiringen (BE), die sich über eine Länge von fast 300 m erstreckt. Die Gänge haben hier eine Gesamtlänge von 3 km und liegen bis zu 103 m tief; zu dem tektonischen System gehört auch eine seit Langem bekannte unterirdische Eishöhle.

Die Daten zu tektonischen Höhlen sind oft ungenau oder müssen noch bestätigt werden, da nur wenige Forschende Gefallen an ihnen finden. Aufgrund ihrer grossen Vertikalen sind sie oft besonders steinschlaggefährdet, und die Chancen, die Erkundung über eine einzige Vertikale hinaus fortzusetzen, sind gering.

Zum Schluss noch eine alte Geschichte über einen Höhlenunfall in einer tektonischen Höhle: Bei Erschwil im Solothurner Jura öffnet sich das Silberloch (siehe Abb. S. 100) in massivem Malm-Kalkstein. Der unauffällige Zugang zu dieser geradlinigen, 160 m langen und 44 m tiefen Höhle liegt versteckt am oberen Ende einer Flanke der Lüssel-Klus. Unterirdisch setzt sich ein langer Riss fort, in dem die in tektonischen Höhlen übliche Sicht auf den Himmel fehlt. Diese Höhle war vor zwei Jahrhunderten Schauplatz schlimmer Ereignisse.

Die **Klufthöhle Hasliberg** bei Meiringen (BE) ist eine enorm grosse tektonische Höhle, in der unterirdisches Eis verborgen liegt.

Am 27. Juli 1779 verschwand ein Mondmilch- und Kristallsammler. Man erzählte sich, er habe den Frevel begangen, an einem Sonntag nach Reichtümern zu suchen, und nahm an, dass dies der Grund für sein Verderben sei. Seine fürchterlichen Schreie hallten drei Tage lang hoch oben in den Bergen wider. Der Burgvogt von Thierstein ordnete eine Such- und Rettungsmission an, die jedoch erfolglos blieb, da der Mann unter einem herabgestürzten Felsblock eingeklemmt war – ein Umstand, den alle Forschenden in tektonischen Höhlen fürchten. Der Verunglückte starb, nachdem ihm Absolution erteilt worden war ... und man sprach nicht mehr von ihm, bis 1842 zwei Jungen aus dem Dorf Montsevelier seine Gebeine entdeckten, sie aus dem Schlund zogen und in ein christliches Grab umbetteten.

Manchmal kann das im Kalkstein enthaltene Pyrit (auch Katzengold genannt) mit diesem reagieren und Gipskristalle (Calziumsulfat) entstehen lassen, wie hier im **Bärenschacht** (BE).

Gips oder Speerspitzen

Calciumsulfat ist ein polymorphes Molekül. In wasserloser Form ist es ein pulverförmiges Gestein – *Anhydrit* –, aus dem man wasserhaltigen Gips herstellen kann. In hydratisierter Form können sich spektakuläre Kristalle bilden, wie z. B. *speerförmige Gipskristalle* oder strahlend weisse *Gipsblumen*, die an Höhlenwänden «gedeihen». Gipsgestein ist löslicher als Kalkstein und daher gut verkarstbar, jedoch anfälliger für Erdrutsche.

In der Nähe von Sierre (VS) befinden sich zwei gut bekannte Beispiele für Gipshöhlen. Die Grotte de la Crête de Vaas beginnt mit einem imposanten, 200 m langen Gang von 15 m Durchmesser und setzt sich in einem viel engeren Gangsystem mit einem Höhenunterschied von 60 m über mehr als einen Kilometer fort. Letzteres wurde von der Walliser Sektion der SGH nach mehreren Ausräumaktionen erforscht. Einige Kilometer weiter liegt der Lac Souterrain de Saint-Léonard, eine Touristenattraktion des Wallis, die seit 1950 öffentlich zugänglich ist. Der herrliche, 231 m lange unterirdische See, der mit Ruderbooten befahren werden kann, hat sich durch eine Art geologisches Sandwich gebildet: «Eine vertikale Gipsschuppe mit einer durchschnittlichen Dicke von 10 m, die auf der einen Seite von Tonschiefer aus dem Karbon und auf der anderen Seite von feinkörnigem Zuckermarmor aus der Trias begrenzt wurde, war der Ursprung dieser Höhle und ihres berühmten Sees» [Thomas Bitterli in *Stalactite* 1998.2]. Die majestätischen Eingänge dieser beiden Gipshöhlen sind faszinierend, und die Höhlen selbst sind es wert, geschützt zu werden. Die Grotte de la Crête de Vaas wurde bereits als *Geotop von nationaler Bedeutung* anerkannt. Sie ist wegen der extremen Löslichkeit von Gips äusserst empfindlich und versturzgefährdet – daher rührte auch der Widerstand der SGH gegen die Erweiterung des nahen Steinbruchs La Plâtrière in Granges. Nachdem eine tonnenschwere Platte entdeckt

Die **Grotte de la Crête de Vaas** (VS) hat sich im Gips gebildet, einem stark wasserlöslichen und weichen Gestein. Vorsicht, Einsturzgefahr!

wurde, die sich etwa 100 m vom Eingang entfernt von der Decke gelöst hatte, richtete das SISKA ein Überwachungsprogramm ein. Hierfür wurde die Schallmethode gewählt: Ein Aufnahmegerät «hörte zu», als vor und nach den Erschütterungsversuchen im Steinbruch Gesteinsblöcke herunterfielen.
Mit diesem Wissen liessen sich Bereiche um die Höhle herum definieren, in denen Sprengladungen eingeschränkt oder ganz verboten werden sollten. Zudem wird von einem Besuch der Crête de Vaas abgeraten. Aufenthalte sind nur aus einem berechtigten Grund erlaubt und müssen möglichst kurz gehalten werden.

Nicht wirklich Kalkstein

Es gibt noch zwei weitere Gesteinsarten, die chemisch mit dem aus Calciumcarbonat bestehenden Kalkstein verwandt sind und zu Verkarstung führen: Dolomit als ein Doppelcarbonat von Calcium und Magnesium und Marmor, dessen Kalksteinstruktur durch Hitze und Druck im Erdinneren umgewandelt wurde (Metamorphose).

Das **Silberloch** im Solothurner Jura war vor langer Zeit Schauplatz eines Dramas: Ein Mondmilchsucher verlor hier sein Leben.

Die Acqua del Pavone ist eine der wenigen Marmorhöhlen der Schweiz, ein aussergewöhnlicher hydrogeologischer Durchbruch, der bei sehr niedrigem Wasserstand – normalerweise im September – vom Ponor des Wildbachs Fiorina bis zum Wasserfall der Acqua del Pavone durchwandert werden kann. Man bewältigt dann eine Strecke von 3 km und einen Höhenunterschied von 160 m. Am Austritt des Wasserfalls spritzt das Wasser in einer Form, die an den Schwanz eines Pfaus erinnert und der Höhle ihren Namen gegeben hat. Aufgrund der Höhe des Basòdino-Gipfels von über 3000 m wird der Ponor von einem Schmelzwasserstrom gespeist, was die Erkundung zu einer äusserst sportlichen Angelegenheit macht, vor allem im Sommer, wenn die Schmelze am stärksten ist. Ebenfalls am Basòdino befindet sich die Höhle Böcc at Pilat, die 1100 m lange und 175 m tiefe Gänge aufweist. Nicht weit davon entfernt, im Val d'Antabia, hat der sehr aktive Höhlenforscher Sergio Veri 2016 eine weitere Marmorhöhle entdeckt, deren markante *Felsmarmorierung* ihr den Namen La Zebra (siehe Abb. S. 94) eingebracht hat. Innerhalb derselben geologischen Einheit – der sogenannten Lebendun-Decke – näher am Simplon liegt eine Region, die eher für ihre Goldminen als für ihre Karsthöhlen bekannt ist. Schwer zugänglich, öffnet sich im Zwischbergental (VS) in der Nähe eines verfallenen Weilers, in dem früher Goldsucher Unterschlupf fanden, der weite Eingang der Camoscella-Höhle. Die Höhle liegt in einer meterdicken Marmorschicht inmitten kompakter Orthogneis-Massen. Bei einer Begehung muss man nach einem Balanceakt über die Blöcke des Eingangsgeröll, deren bunte Schichten die Intensität der Gesteinsmetamorphose bezeugen, die Marmorader hinaufklettern.
Nach einem labyrinthartigen Abschnitt geht die Kletterpartie weiter, gespickt mit rutschigen Passagen und Beckenüberquerungen, die deutlich machen, dass wir dem zeitweise ausgetrockneten Bett eines Flusses folgen, der die Höhle ausgehöhlt hat und am Eingang aus ihr austritt. Der Wasserfall am Ende befindet sich 1430 m vom Eingang entfernt und liegt 79 m höher. Ohne es zu merken, haben wir die Grenze überschritten und befinden uns in Italien! Ein Mörser, der in einem Marmorblock in der Nähe des Eingangs steckt, zeigt, dass zumindest ein Teil der Höhle offenbar seit Langem bekannt ist.

Die **Acqua del Pavone** (TI) ist hydrogeologisch eine Traverse: Das Wasser hat sich vom Ponor bis zum Quellaustritt einen Weg durch das metamorphe, schieferungsflächige Marmorgestein gegraben.

Im Herzen des Gletschers

Am Ende der *Kleinen Eiszeit*, um 1850, bedeckten Gletscher 1735 km² des Landesgebiets. Im Jahr 2010 waren es weniger als 1000 km² und heute –?[12] Dennoch beherbergt dieses Gebiet, das jeden Tag ein bisschen mehr schmilzt, noch immer eine spezielle Höhlenvielfalt. Eishöhlen sind kurzlebige, saisonalen Schwankungen ausgesetzte Hohlräume, deren Ausmasse von Jahr zu Jahr variieren. Es gibt zwei wichtige Formationen in Höhlen, die vom Schmelzwasser des Gletschers geschaffen werden: *Gletschermühlen*, die durch das Einströmen eines *Gletscherbachs* entstehen, d. h. durch einen Bach, der auf der Gletscheroberfläche fliesst, da das intakte Eis wasserundurchlässig ist, und geräumige Gletschermündungen, aus denen der Gletscherbach austritt. Für ihre Erkundung müssen zwei Bedingungen erfüllt sein: Die Jahreszeit muss so gewählt werden, dass man mit dem Gletscherwasser in Berührung kommt, und es muss eine für das Eis – das glücklicherweise weniger zerbrechlich ist, als es den Anschein hat – taugliche Ausrüstung vorhanden sein. Auch die Tageszeit sollte berücksichtigt werden, damit die Sonneneinstrahlung das Eis nicht aufweicht, in das die Kletternden ihre Eisschraube als Haltepunkt eindrehen.

Zu Beginn ein historisches Beispiel: Im Sommer 1886 entdeckte François-Alphonse Forel, der Begründer der Limnologie (Seenkunde), die natürliche Höhle des Arollagletschers (Val d'Hérens, VS) und erforschte sie auf 230 m; zehn Jahre später war der Eingang eingestürzt und die Höhle verschwunden. Später

Abstieg in eine Gletschermühle des **Gornergletschers** (VS): eine vergängliche Höhle mitten im Eis.

bildete sie sich neu, um 2022 erneut einzustürzen. Zahlreiche Naturwissenschaftler haben Eishöhlen besucht, doch in der zweiten Hälfte des 20. Jahrhunderts sind solche Expeditionen zu einem eigenen Sport geworden – und manchmal auch zu einem Mittel für *In-situ*-Untersuchungen von Gletschern.

Eine Eishöhle, die sich zwischen Grenz- und Gornergletscher befindet, ist aufgrund ihrer hydrogeologischen Funktionsweise bemerkenswert. Entstanden ist sie aus einem saisonalen See, der wiederum von mehreren Gletscherbächen gespeist wird. Diese schlängeln sich über die Gletscheroberfläche und schneiden in tiefe, schlangenähnliche Schluchten hinein. Der See bildet sich jedes Jahr am Zusammenfluss des Gorner- und des Grenzgletschers auf einer Höhe von 2490 m und fasst etwa 6 Millionen m^3 Wasser. Er entleert diese enorme Wassermenge jeden Sommer innerhalb von zwei bis drei Tagen, was grosse Schäden im Tal verursacht. Genau zu diesem Zeitpunkt, kurz nach der Entleerung, sollte man die Gänge der Gletscherhöhle mit einem Durchmesser von mehreren Metern erkunden. Doch das Wasser hat die Forscher jedes Mal in einer Tiefe von etwa 100 m aufgehalten. Das war auch 1969 der Fall, als Höhlenforschende der Saint-Exupéry-Gruppe aus Vouvry (VS) eine der seltenen Topografien dieses über 300 m langen *Abstiegs* anfertigten – wahre professionelle Gewissenhaftigkeit, wenn man bedenkt, dass eine solche Höhle nur einige Wochen lang existiert ...

Andere Gletscherhöhlen entstehen an der Schnittstelle zwischen dem vom Gletscher abgehobelten Felssockel und der Gletscherbasis, die sich vom Sockel abheben und so einen Raum zwischen Felsen und Eis freigeben kann. Hindurchziehende Luftströme vergrössern solche Tunnel und formen auch effektvolle Wellen und Vertiefungen im Eisdach. Ein grosser Tunnel dieser Art durchquert die Gletscherzunge des unteren Arollagletschers. Einige Eishöhlen weisen Details auf, die an Karsthöhlen erinnern, etwa durchsichtige bis bläuliche Stalaktiten oder Stalagmiten, eisige Rinnsale auf dem Boden, die Kalksinterbecken ähneln, oder Raureifbüschel an den Wänden, die an feine Gipsnadeln erinnern.

Sportliche Menschen kommen in Gletschermühlen, echten Schachthöhlen mit wassergeschliffenen Formen, die zum Teil durch die Transparenz des Eises beleuchtet werden, voll auf ihre Kosten. Die Mühlen am Gornergletscher sind zu Klassikern dieser besonderen Art der Schweizer Höhlenforschung geworden, die sich vor allem durch die Vergänglichkeit ihrer Objekte von der Erkundung von Schachthöhlen im Fels unterscheidet. Die Tiefe, Ausdehnung und Erscheinungsformen dieser Höhlen ändern sich nämlich jedes Jahr, da sie sich durch die Gletscherbewegungen wieder schliessen und wahrscheinlich jedes Jahr neu ausbilden. Eine der Mühlen am Gornergletscher konnte zum Beispiel 1993 bis zu einer Tiefe von 25 m erforscht werden – und im darauffolgenden Jahr bis zu 130 m Tiefe.

Besonders viele Gletscherhöhlen gibt es im Kanton Wallis, doch die folgenden Beispiele zeigen, dass er sich nicht exklusiv damit rühmen kann. Der Plaine-Morte-Gletscher auf Berner Boden bildet eines der grössten Gletscherplateaus der Schweiz. Dort befindet sich der Gletschersee Lac des Faverges, dessen Fluten die Region um Lenk bedrohen, wenn er überläuft. Deshalb wurde dort 2019 ein Entlastungskanal gebohrt. Dieser erweitert sich Jahr für Jahr und ist zu einem halb künstlichen, halb natürlichen Hohlraum geworden. Der Kanal leitet das Wasser des Sees in eine 80 m tiefe Mühle, deren Boden nahe am Felssockel liegt. Der verrückte Traum der Forscher Hervé Krummenacher und Frédéric Bétrisey ist es derzeit, die Fortsetzung im darunterliegenden Kalkstein zu finden, in Richtung der Loquesse-Quelle 1000 m weiter unten ... Im Kanton Graubünden war der Rosegg-Gletscher für ein Geflecht von miteinander verbundenen Höhlen unter Gletschern bekannt. Im Jahr 2017 war es noch möglich, ein System von 0,5 km Länge zu begehen und zu vermessen. Von diesen ausgedehnten Tunneln waren 2019 nur noch Teilstücke oder Bögen übrig, blasse Überreste von Höhlen, die durch den Klimawandel dem Untergang geweiht waren.

Die Höhle, die der Trümmelbach in den Eigergletscher gegraben hat, ist eine weitere Ausprägung der Gletscherhöhle. Der Bach hat unter dem Eis ein labyrinthartiges System von mehreren 100 m Länge geschaffen, in dem die Gänge die Form einer gewundenen Schlucht mit einer Tiefe von einigen Metern haben. •JCL

Gletschertor des **Zinalgletschers** (VS): auf Tuchfühlung mit dem Felssockel und der Gletscherzunge.

IM DIENST DER **WISSENSCHAFT**

Höhlenatmung

Hey, ihr Höhlenforscher! Kommt es nie vor, dass euch in euren Höhlen die Luft zum Atmen ausgeht? Diese Frage hören wir oft von Leuten, die ihre Nase noch nie unter die Erde gesteckt haben und sich fragen, was in aller Welt uns in die Höhlen lockt. Von ganz wenigen Ausnahmen abgesehen, braucht man sich um Luft dort jedoch keine Sorgen zu machen. Sie ist in der Tiefe reichlich vorhanden und wird durch die Luftströme, die in den Höhlen zirkulieren, regelmässig ausgetauscht. Mehrere bedeutende Entdeckungen sind sogar auf solche Luftzüge zurückzuführen. Denn wenn ein Höhlenforscher am Fuss eines Kalksteinmassivs nach neuen Höhlen sucht, wird er nicht selten von einem kalten Luftzug zum Eingang geführt, der in der sommerlichen Hitze aus einem feinen Spalt im Fels entweicht. Im Winter hingegen kann ein Luftstrom den Schnee stellenweise zum Schmelzen bringen oder gar Dampfschwaden erzeugen und so wertvolle Hinweise auf den erhofften Eingang geben – oder, wie man früher dachte, auf einen Drachen, der in der Höhle einen verborgenen Schatz bewacht. Auch wenn Forschende am Ende eines Ganges nach der Fortsetzung der Höhle suchen und nicht weiterkommen, orientieren sie sich häufig an Luftströmen. Die Luft zirkuliert also unter der Erde – wir werden später erklären, was genau dahintersteckt – und die Intensität des unterirdischen Windes ist oft ein Anhaltspunkt dafür, wie gross die Höhle ist.

Vorherige Doppelseite:
Einige unauffällige Schachthöhlen wurden vorbeilaufenden Tieren zum Verhängnis, deren Knochen lange Zeit unter der Erde erhalten geblieben sind.
Gouffre de Giétroz-Devant (VS).

Die menschliche Atmung zeigt die Feuchtigkeitssättigung der unterirdischen Luft, während die «Atmung» der Höhle (Luftzirkulation) bei der Erkundung hilft:
Gouffre de La Tourne (NE).

Eine andere weitverbreitete Vorstellung ist: «Ihr müsst doch wahnsinnig frieren unter der Erde!» Diese Annahme der «Leute von draussen» hat im Sommer, wenn die Höhle lang ersehnte Kühle bietet, durchaus etwas Wahres, doch im Winter ist das Gegenteil der Fall. Denn in der kalten Jahreszeit, in der Touristen eher keine Höhlenbesichtigungen planen, erwarten uns unter der Erde angenehm warme Temperaturen. Brillenträger können ein Lied davon singen, da sie mit den gleichen Unannehmlichkeiten zu kämpfen haben, als wenn sie beim Skifahren eine Pause in einem überheizten Restaurant einlegen würden. Die Temperatur in einer Höhle ist einfach das ganze Jahr über konstant und hängt praktisch nur von der Meereshöhe ab, auf der die jeweilige Höhle liegt. Im Sommer ist es kälter als draussen, im Winter dafür wärmer.

Bei Tante Arie

In Boncourt im Jura gibt es eine Höhle, die bereits im Mittelalter von sich reden machte und heute wieder im Fokus der Höhlenforschung steht. In der Gegend rund um die Grotte de Milandre (siehe Abb. S. 109) vermischen sich Geschichten und Legenden über Feen, Gold und Drachen. Unter anderem soll Tante Arie, eine *Vouivre* (französische Sagengestalt), in der Quelle wohnen, die aus dieser Höhle entspringt. Je nach Tageszeit und Laune erscheint sie entweder als eine unwiderstehliche Frau oder als wilde Feuerschlange und trägt auf der Stirn einen Karfunkelstein, ihr kostbares Schmuckstück. Doch was erzählt man sich heute über die Grotte de Milandre?

Ab Mitte der 1960er-Jahre erkundete der Spéléo-Club Jura die Höhle. Stück für Stück kam ein unterirdischer Fluss, die Milandrine, zum Vorschein, dem die Forschungsteams auf einer Länge von 4 km flussaufwärts folgten. Als es nicht mehr weiterging, wurden die Speläologen zu Bergleuten und gruben den 21 m tiefen Maira-Schacht, der weitere Erkundungen und die Erschliessung der mehr als 10 km langen Höhle ermöglichte. Über die

Entdeckung neuer Verzweigungen hinaus machte der Schacht den verborgenen Fluss einem breiteren Publikum zugänglich, insbesondere Wissenschaftlern und Wissenschaftlerinnen, die die Grotte de Milandre nach und nach mit Instrumenten ausstatteten und so in ein unterirdisches Labor verwandelten.

Der praktische Nutzen dieser Gerätschaften zeigte sich während der Bauarbeiten für die Autobahn A16, deren Trasse über die Höhle hinwegführt. Denn sowohl die Höhle als auch die Milandrine sind unterirdische Schätze, die es vor möglichen Gefahren des Strassenbaus zu schützen gilt: Seien es Erschütterungen durch Sprengungen, das potenzielle Auslaufen von Kraftstoff oder Öl aus Baufahrzeugen, Veränderungen der Trübheit und der chemischen Zusammensetzung des unterirdischen Wassers oder – was anfangs unterschätzt wurde – Auswirkungen auf das unterirdische Klima. Das Höhlensystem von Milandre wurde zu einem Experimentierlabor, das über die Bauzeit hinaus bestehen blieb und in dem bis heute Studien durchgeführt werden. Hiervon widmen wir uns denen, die sich mit der unterirdischen Klimatologie befassen.

Der Bau einer Autobahn versiegelt grosse Bodenflächen und verhindert so das natürliche Einsickern von Wasser. Die Verantwortlichen waren sich des Problems bewusst und beschlossen, zwischen den beiden Fahrbahnen zusätzliches Wasser versickern zu lassen, das künstlich mit CO_2 angereichert ist, um dem Wasser in der Milandrine zu entsprechen. Zur Bestimmung der benötigten CO_2-Konzentration wurden ganzjährig Messungen in der Höhle vorgenommen. Dabei stellte man fest, dass die höchsten (>2,5 Prozent) und niedrigsten

ECKE DER WISSENSCHAFT

Grundsätze der unterirdischen Aerologie

Höhlen können als Schnittstelle zwischen der äusseren Atmosphäre und der Atmosphäre des Karstmassivs betrachtet werden. Diese beiden Atmosphären haben unterschiedliche physikalische Eigenschaften, wie Temperatur, Dichte und Druck, und die Tendenz, sich auszugleichen. Da warme Luft eine geringere Dichte als kalte Luft hat, tendiert die warme Luft aufzusteigen. Umgekehrt neigt eine Kaltluftmenge in warmer Atmosphäre dazu abzusinken. Die Temperatur der unterirdischen Luft ist über das Jahr hinweg mehr oder weniger konstant, während die Temperatur der Aussenluft im Rhythmus der Jahreszeiten schwankt, was zu einer unterschiedlichen Luftzirkulation im Sommer und im Winter führt.

Im Winter ist die Temperatur im Höhleninneren höher als die Aussentemperatur. Die Höhlenatmosphäre wird zu einer Warmluftmenge in kalter Atmosphäre und neigt daher dazu aufzusteigen. Wenn die Höhle mehrere Eingänge in unterschiedlicher Höhe hat, steigt die warme Innenluft zum höchsten Eingang der Höhle auf, um in die Aussenatmosphäre zu entweichen. So befördern im Winter die höchstgelegenen Eingänge warme Luft aus der Höhle nach draussen und lassen den Schnee schmelzen – man spricht hier von Blaslöchern. Die tiefstgelegenen Eingänge saugen dagegen kalte Luft von aussen an, um die entweichende Luft zu ersetzen. Im Sommer geschieht genau das Gegenteil: Wenn die Aussenluft wärmer ist, neigt die kalte Höhlenluft dazu, zu den tiefen Eingängen hinabzusinken und zu entweichen. Dieses Phänomen äussert sich im Inneren der Höhle in Form von Luftströmungen, die je nach Beschaffenheit des Gangsystems und Enge der Gänge sehr stark sein können. •CP

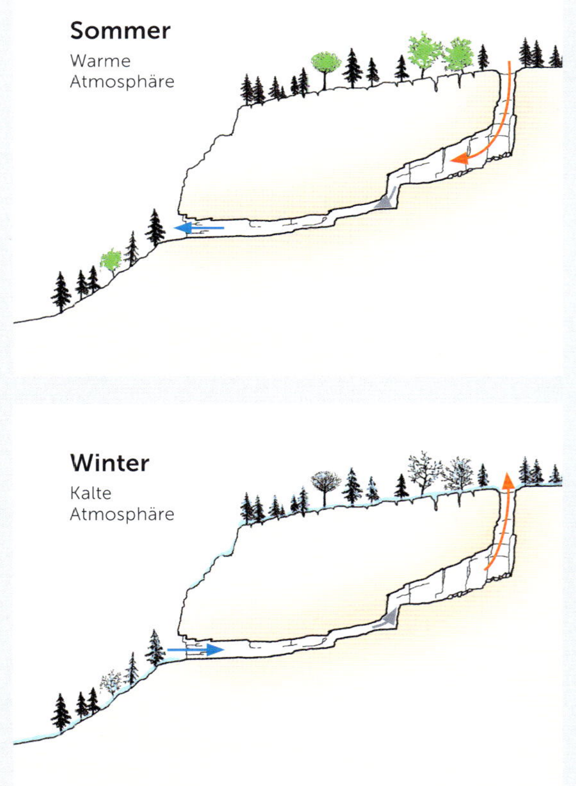

Laborhöhle **Grotte de Milandre** (JU): Gitter zur Entnahme von Sedimenten; Batterienwechsel bei einem Datenlogger; Durchflussmessung; Ölsperre und Warnvorrichtung für den Fall einer Verschmutzung durch die Autobahnbaustelle.

(<0,2 Prozent) CO_2-Konzentrationen im Winter auftraten. In dieser Jahreszeit gibt es häufig Hochwasser, die eine stärkere Entgasung von CO_2 (vom Wasser in die Luft) haben als bei stillem Wasser. Gleichzeitig ist dies aber auch die Zeit, in der die Temperaturunterschiede einen starken Frischluftzug von draussen in die Höhle bewirken, was die CO_2-Konzentration senkt. Ausserdem wurden starke Tagesschwankungen der Temperatur und des CO_2-Gehalts in einigen Höhlenbereichen gemessen. Das installierte Anemometer lieferte weitere Messergebnisse: Es zeigte Luftströmungen mit Maximalwerten von bis zu 4 m/s (Geschwindigkeit) und 3 m^3/s (Durchfluss), die je nach Zeitpunkt die Richtung wechselten.[13]

Hier gilt das klassische Schema der unterirdischen Luftströme (siehe Kasten S. 108) mit einer lokalen Komplikation: Der obere Eingang des Maira-Schachts wird über eine Tür kontrolliert, die je nachdem, ob Besucher in der Höhle anwesend sind, geöffnet oder geschlossen ist.

Das Abhorchen einer Höhle

Auch in anderen Schweizer Höhlen sind Untersuchungen und klimatologische Messungen vorgenommen worden, doch kommen sie vom Umfang her nicht an die Grotte de Milandre heran. Zu erwähnen sind hier unter anderem die Messungen in der Grotte de la Cascade von Môtiers (NE) und in der Schrattenhöhle von Melchsee-Frutt (Gemeinde Kerns, OW). Eine andere Möglichkeit, das unterirdische Klima zu erforschen, ist das Temperatur- und Wasserspiegelmonitoring an mehreren Karstquellen. Dieses kann durch die Platzierung von Instrumenten in zugehörigen Höhlen ergänzt werden, sofern diese zugänglich sind.

Die Grotte de la Cascade (in der Deutschschweiz bekannt als Grotte de Môtiers) wird mit einer Reihe von Temperatur- und Drucksensoren sozusagen abgehorcht, fast wie bei einer pneumologischen Untersuchung. Diese Höhle ist seit Langem bekannt – im 18. Jahrhundert sinnierte bereits der Philosoph Jean-Jacques Rousseau in ihr – und eignet sich für Schnupperbesuche zum Einstieg in die Speläologie. Gleichzeitig finden hier aber auch technisch extrem anspruchsvolle Tauchgänge statt, seit ein tiefer Siphon (–140 m) am hinteren Ende der Höhle entdeckt wurde (siehe Abb. unten). Auf Höhe des Siphons befestigte Sonden geben Auskunft über die Schwankungen des Wasserstandes. Zwei Messkampagnen aus den Jahren 2015/2016 und 2017/2018 haben es ermöglicht, einige Erkenntnisse zu sichern.[14]

Die erste Beobachtung wird niemanden wundern, der sich auch nur ansatzweise mit Höhlen auskennt: Die Temperaturen in Eingangsnähe variieren, stabilisieren sich jedoch, sobald man sich ein paar Dutzend Meter in die Höhle hineinbewegt. Dort sind die jahreszeitlichen Einflüsse unwesentlich oder zumindest stark abgeschwächt.

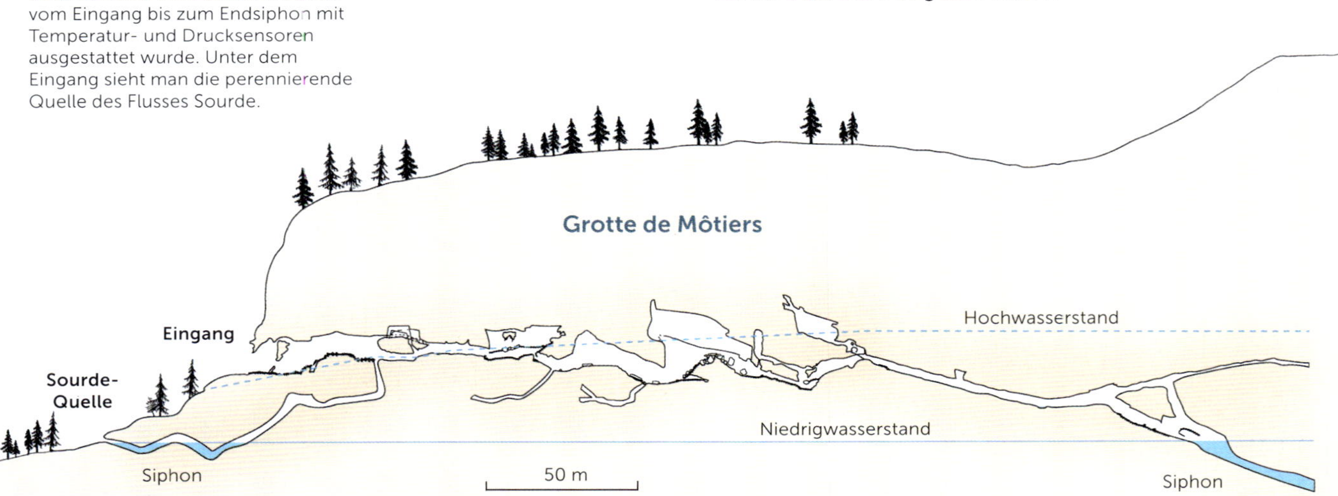

Vereinfachter Querschnitt der **Grotte de la Cascade von Môtiers** (NE), die vom Eingang bis zum Endsiphon mit Temperatur- und Drucksensoren ausgestattet wurde. Unter dem Eingang sieht man die perennierende Quelle des Flusses Sourde.

Temperaturmessung in der **Grotte de Môtiers** (NE):
Die Wassertemperatur (rot) schwankt eher wenig und ändert sich nur langsam. Die Lufttemperatur (orange) liegt insgesamt nahe der Wassertemperatur; kurze Ausschläge ergeben sich, wenn Menschen die Höhle durchqueren. Der Wasserspiegel im Endsiphon variiert stark (zwischen −10 und +15 m um den Durchschnitt); Hochwasser führt zu einer Abkühlung des Wassers und der Luft.

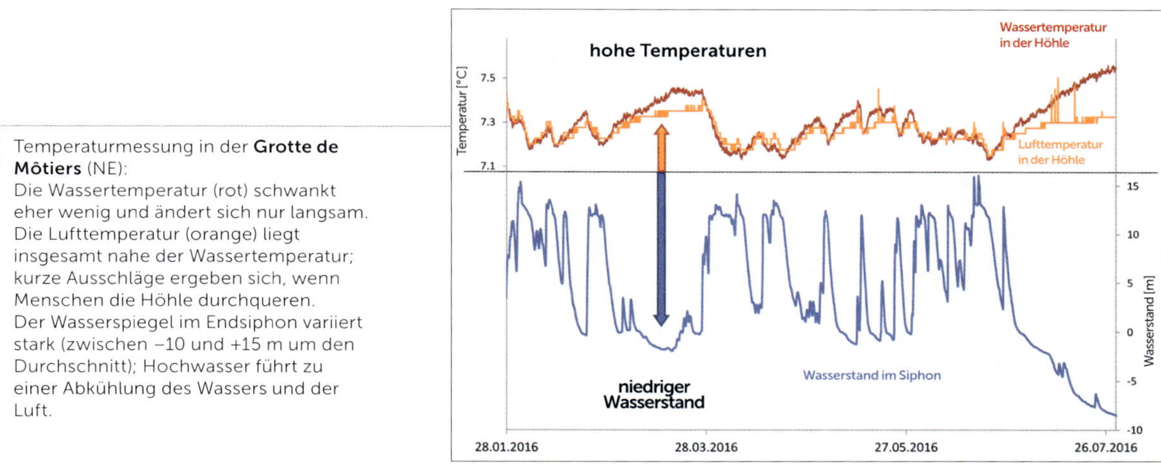

Zweite Beobachtung: Die Temperaturen am Boden oder in den tieferen Gängen sind etwas niedriger als an der Decke oder in den höher gelegenen Gängen. Das Prinzip der Stratifikation von dichterer Kaltluft hin zur weniger dichten Warmluft gilt hier genauso wie anderswo. Die lokalen Temperaturunterschiede bilden den Antrieb der schwachen Luftzirkulation in der Höhle. Im Sommer schiebt sich warme Aussenluft unter der Decke entlang, wo sie nach und nach abkühlt und mitunter Kondenströpfchen bildet, die bei jedem Lichteinfall aufleuchten. Die abgekühlte Luft sinkt am Ende des ersten Ganges zu Boden und *kriecht* am Boden entlang zurück zum Eingang – oder Ausgang, wenn man so will! Im Winter blockiert die höhere Temperatur im Inneren der Höhle einen Grossteil des Luftstroms von aussen, wo die Temperaturen tiefer sind. Der Luftaustausch beschränkt sich nun auf den Eingangsbereich, insbesondere die untere Halle, die als «Kaltluftfalle» fungiert und wo die Temperatur bis zum Gefrierpunkt sinken kann.

Die Abbildung oben zeigt eine Korrelation zwischen der Luft- und der Wassertemperatur und dem Wasserstand in der Nähe des Endsiphons. Sie erlaubt folgenden Rückschluss: Das Auftreten eines Hochwassers führt zur Abkühlung der Luft um ein bis zwei Zehntel Grad, weil das Wasser bei niedrigem Wasserstand wärmer ist als bei Hochwasser.

Abschliessend möchten wir noch ein kurioses Hochwasserphänomen erwähnen, das in Môtiers beobachtet wurde: Auch wenn jedes Hochwasser zeitweilig eine Abkühlung mit sich bringt, lässt sich davor ein kurzzeitiger Temperaturanstieg beobachten. Dieser entsteht durch steigenden Druck, verursacht durch schnell ansteigendes Wasser im fast geschlossenen Raum der Höhle. Die Temperaturspitzen fallen jedoch schnell wieder ab, weil der überschüssige Druck durch die zahlreichen Risse im Gestein und die Luftzirkulation nach aussen entweicht.

Klimaerwärmung

Weiter im Osten, im Kanton Obwalden, spiegeln sich bei schönem Wetter die grauen Felsen eines bis zu 2180 m hohen, majestätischen Karstmassivs – der Schratten – im ruhigen Wasser des Melchsees. Das Massiv wird seit Jahren von vier Höhlenforschern erkundet, die leibliche Brüder sind. Eine Höhle mit mehreren Eingängen erstreckt sich hier über eine Gesamtlänge von 20 km und eine Tiefe von 570 m: die Schrattenhöhle. Seit 1990 wird in ihr eine klimatologische Studie durchgeführt.[15] Vier Datenlogger, in regelmässigen Abständen vom oberen Eingang bis zum tiefsten Punkt der Höhle angebracht, und zwei oberirdisch angebrachte Messgeräte massen 28 Jahre lang stündlich die Lufttemperatur. Die Auswertung ergab, dass die Lufttemperatur unter der Erde, insbesondere in der sogenannten Windkluft, im Laufe eines Jahres extrem wenig schwankte, maximal um 0,3 °C. Somit belegen die Langzeitaufzeichnungen wieder die klassische Konstanz der Temperatur in einer Höhle, sobald man sich weit genug vom Eingang entfernt hat.

Gang in der **Grotte de Môtiers** (NE).

Die Gebrüder Trüssel, ihres Zeichens nicht nur erstklassige Höhlenforscher, sondern auch einfallsreiche Ingenieure, entwickelten eine spezielle Messausrüstung auf der Basis eines elektronischen Datenloggers, der ursprünglich zur Kontrolle der Kühlkette in der Lebensmittellogistik diente. Sie platzierten ihre «Hamster»-Datenlogger an der Decke ausgewählter Gänge auf einer Höhe von 1600 bis 2050 m ausreichend weit von den Eingängen des Höhlensystems. Jeder Logger war von mindestens 50 m Gestein überdeckt und hing mitten im Luftzug.

Abgesehen von einer aussergewöhnlichen Temperaturspitze während der Hitzewelle im Jahr 2003 ist die Entwicklung der jährlich gemessenen Temperaturen von einem gleichmässigen, langsamen Anstieg geprägt. Von 1990 bis 2018 ist die Durchschnittstemperatur um 0,7 °C gestiegen (0,025 °C pro Jahr). Es ist interessant, den *Klimawandel in den Höhlen* mit der Entwicklung des Schweizer Klimas an der Oberfläche zu vergleichen. Daten, die MeteoSchweiz auf einer Höhe von über 1000 m erhoben hat, belegen eine durch den Menschen verursachte globale Erwärmung, über die man sich zunehmend Sorgen macht. Die Messdaten aus der Schrattenhöhle lassen – trotz der grossen Datenmenge –(noch) nicht den Beweis zu, dass die Ergebnisse der unterirdischen Messungen perfekt mit denen der Messungen im Freien übereinstimmen, doch die Ähnlichkeit der Trends springt ins Auge, und die langfristigen unterirdischen Untersuchungen bestätigen die globale Erwärmung. Interessant ist die Tatsache, dass die Temperaturen im Untergrund im Vergleich zu denen im Freien deutlich weniger schwanken. Unterirdische Messungen zeigen langfristige Veränderungen deswegen direkt auf, weil saisonale Schwankungen fehlen. Wir werden später noch einmal auf diesen *Dämpfungseffekt* der unterirdischen Welt eingehen, der hilft, die an der Oberfläche üblichen Schwankungen besser zu verstehen. Zuvor wollen wir aber noch auf eine Anomalie des Höhlenklimas eingehen, die den Entdeckern eines unterirdischen Ortes beinahe einen bösen Streich gespielt hätte.

Toxische Luft

Die Geschichte ereignete sich im Waadtland, tief in den Grotten von Vallorbe, aus denen die Karstquelle der Orbe entspringt (siehe Abb. S. 132 und 194). Viele Speläologen sind dem unterirdischen Lauf der Orbe von der Quelle flussaufwärts bereits gefolgt – die einen in Taucheranzügen, die anderen zu Fuss. Auf Tauchgänge in der Quelle im Jahre 1964 folgte die Erkundung der kilometerlangen, von schönen Kristallisationen geprägten Höhlengänge, die heute teilweise zu einem Besucherrundgang ausgebaut sind. Gäste haben hier die seltene Möglichkeit, einen unterirdischen Fluss zu besuchen und sicher zu überqueren, der bisweilen von beeindruckenden Hochwassern heimgesucht wird. Über den öffentlich zugänglichen Bereich hinaus setzt der Gang sich flussaufwärts fort. Hin und wieder wird er von Siphons unterbrochen, von denen einige sehr anspruchsvoll und nur versiert tauchenden Personen vorbehalten sind. Während einer Expedition im Jahr 2018 verspürten zwei Höhlentaucher Müdigkeit, Kopfschmerzen und Übelkeit, die sie sich nicht erklären konnten. Sosehr sie auch versuchten durchzuhalten, es blieb ihnen nichts anderes übrig, als schnell umzukehren und einen Teil ihres Materials zurückzulassen. Bei der Materialbergung einige Tage später brachten sie als Vorsichtsmassnahme Gasmessgeräte mit. Diese zeigten zwar, dass keine toxischen Gase vorhanden waren und der CO_2-Gehalt der Luft tolerabel war, doch der Sauerstoffanteil, der normalerweise bei 21 Prozent liegt, betrug lediglich rund 14 Prozent und entsprach damit Bedingungen, die man normalerweise im Gebirge auf 3500 m Höhe antrifft. Die wahrscheinlichste Erklärung für dieses Phänomen ist, dass Trockenheit und hohe Temperaturen in jenem Sommer für eine biologische Reaktion der Algen im Lac Brenet sorgten, der die unterirdische Orbe zum grössten Teil speist.[16] Dies führte zu einem Abfall des Sauerstoffgehaltes im Wasser. Da an diesem abgelegenen Ort, der durch mehrere Wasserbarrieren abgeschottet ist, die Höhlenatmosphäre nur durch den Austausch zwischen Wasser und Luft mit Sauerstoff versorgt wird, führt ein Sauerstoffmangel im Wasser auch zu einem Sauerstoffmangel in der Luft. Dabei muss es nicht zwingend zu einem Anstieg des CO_2-Gehalts kommen, der den Forschern wegen der besser bekannten Symptome eine deutliche Warnung gewesen wäre. Diese Begebenheit, die leicht in einer Tragödie hätte enden können, zeigt, dass das Höhlenklima auch von einem subtilen Gleichgewicht zwischen Luft und Wasser abhängt und nicht nur von Luftströmen, die durch die Aussentemperatur beeinflusst werden.

Natürliche Kühlschränke

Wir haben bereits über unterirdische Eishöhlen gesprochen, in denen man Eis für die Konservierung von Lebensmitteln abbaute. Wie solche Höhlen funktionieren, ist im Schema auf S. 114 dargestellt. Im Zusammenhang mit der Klimatologie der Höhlen lassen sich nun noch weitere Beispiele für unterirdische Eisvorkommen nennen, die jedoch nie ausgebeutet wurden.

Die Eisbildung im Gouffre des Diablotins im Vanil-Noir-Massiv (FR) funktioniert aufgrund einer besonderen Morphologie. Mit einer Tiefe von 652 m ist dies das tiefste Höhlensystem der Freiburger Voralpen. Der obere Eingang liegt auf einer Höhe von 2092 m und führt zu einem 150 m tiefen, vertikalen Schacht, von dem nach 100 m ein Gang abzweigt, der zum unteren Eingang der Höhle auf 2007 m Höhe führt. Diese Konstellation sorgt für einen kräftigen Luftstrom mit wechselnder Richtung zwischen dem unteren Eingang und dem oberen Bereich des grossen Schachts. Ein grosses Eisvorkommen im Schacht und im Zugang zum unteren Eingang erstaunte die Höhlenforschung, die im Zuge mehrerer Expeditionen versuchte, das Phänomen zu beschreiben und zu erklären.[17] Auffällig war das extrem variable Eisvorkommen, das von vollständiger Verstopfung bis hin zu nichts reichte und so im Kontrast zu dem stand, was man üblicherweise in Höhlen vorfindet. Zudem verzeichnete man einen Anstieg des Eisvolumens, ganz im Gegensatz zu vielen anderen unterirdischen Eisvorkommen, die im Zuge der globalen Erwärmung abnehmen.

In den meisten gut belüfteten Höhlen wächst das Eis im Frühling durch das Gefrieren der Rinnsale und geht im Winter durch die Sublimation des nicht erneuerten Eises zurück. Sobald der untere Gang durch Eis verstopft ist, wird der durch den Kamineffekt erzeugte Luftstrom unterbrochen. Die winterlichen Bedingungen im Freien üben einen starken Einfluss auf den Zustand des unterirdischen Eises aus. Nach milden, schneearmen Wintern gibt es üblicherweise kein Eis im unteren Gang, während es nach strengen Wintern mit starkem Schneefall zu einem Anwachsen des Eispfropfens kommt. Wie wir hier sehen, gibt es beim Höhlenklima keine einfachen Gewissheiten.

Eisbildung in Höhlen

Die Prozesse, die zur Entstehung und zum Fortbestand von unterirdischem Eis führen, hängen vor allem von zwei Faktoren ab: der Luftbewegung, die wiederum von der Geometrie der Höhle beeinflusst wird, und der Art und Weise, wie sich das Eis absetzt.[18]

Dynamische und statische Eishöhlen

In Höhlen mit mindestens zwei Eingängen auf unterschiedlichen Höhen gibt es dynamische Luftströmungen. Befinden sich diese Höhlen in hohen Lagen, wird die eisige Winterluft (kälter als 0 °C) durch den unteren Eingang angesaugt. Das in die Höhle einsickernde Wasser gefriert und Eis sammelt sich im Bereich der unteren Eingänge an. In diesem Fall spricht man von dynamischen Eishöhlen. Andere Höhlen können wahre *Kaltluftfallen* sein: Sie besitzen in der Regel mehrere vertikale Eingangsschächte, in die die winterliche Kaltluft einsinkt und die in der Höhle vorhandene wärmere und weniger dichte Luft verdrängt. Im Sommer kann die warme Aussenluft nicht in die Höhle absinken und die darin vorhandene kältere und dichtere Luft ersetzen. Infolgedessen bilden die beiden Luftmassen getrennte Schichten und die kalte Luft bleibt am Boden der Höhle. Solche Höhlen nennt man statische Eishöhlen.

Firn- und Kongelationseis

Höhleneis entsteht hauptsächlich durch zwei Prozesse, die sich auch überlagern können. Zum einen kann sich Schnee in Höhleneingängen sammeln und zu Firn werden. Begünstigt die Höhlengeometrie ein kaltes Klima, setzt sich der Schnee und verwandelt sich nach und nach zu Eis.

Die Zufuhr von Wasser in eine Höhle kann aber auch durch Einsickern ins Gestein erfolgen. Das Wasser gefriert in der eisigen Atmosphäre der Höhle, die von kalten Luftströmungen durchzogen wird, und bildet sogenanntes Kongelationseis.

In natürlichen Eishöhlen führt häufig eine Kombination beider Prozesse zur Bildung und Anhäufung von Eis. In diesem Fall spricht man von statodynamischen Eishöhlen. Diese weisen Eigenschaften sowohl statischer als auch dynamischer Eishöhlen auf; ihr Eis ist sowohl aus Firn als auch aus gefrorenem Wasser in der Höhle entstanden. •CP

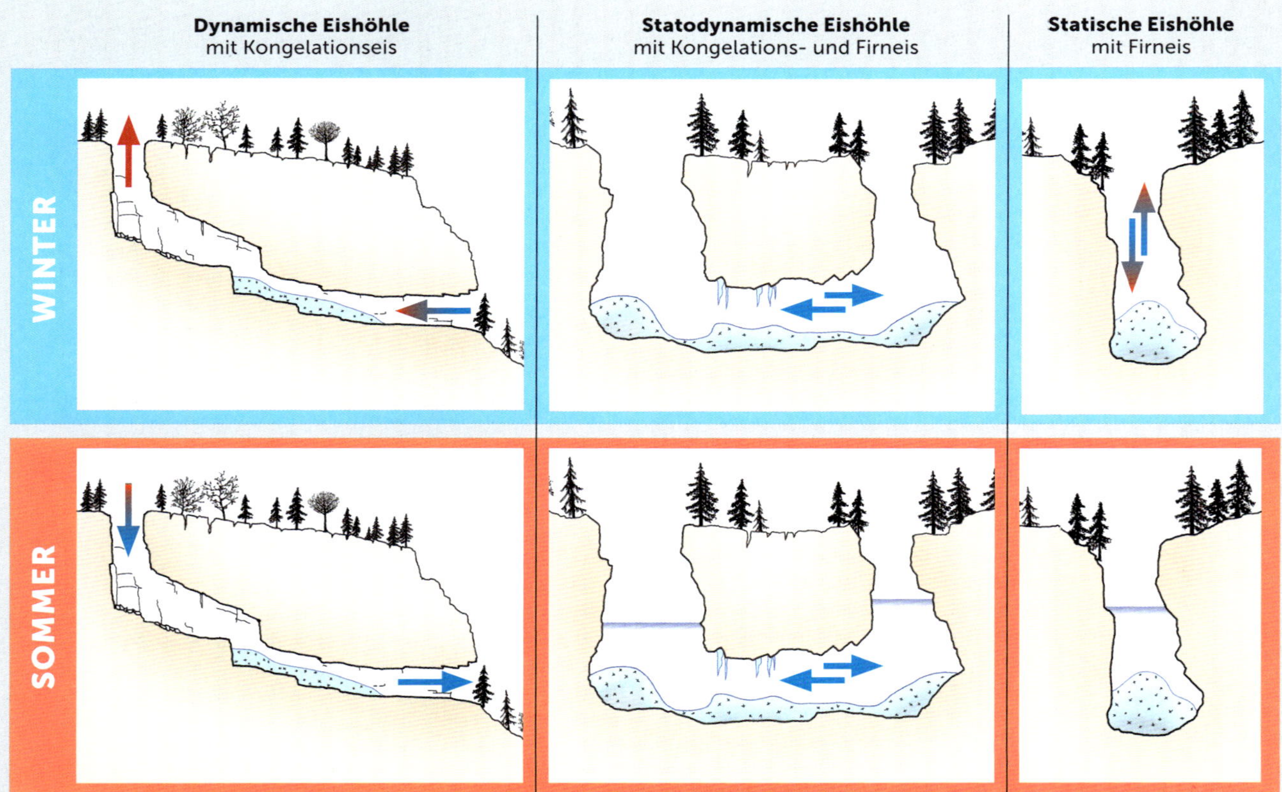

Eishöhle C3 im Muotatal.

Das Achslen-Misthufen-Massiv (SZ) im Süden des berühmten Muotatals, Heimat des nicht weniger berühmten Höllochs, birgt auf mehr als 2000 m Höhe eine bemerkenswerte Eishöhle: Die in den 1980er-Jahren entdeckte Eishöhle C3 ist mit 80 m Länge, ihrem in Schichten abgelagerten fossilen Eis und ihren eleganten Eisblumen wahrscheinlich der bedeutendste unterirdische Gletscher in unserem Land.

Ein letztes Beispiel verdient es, erwähnt zu werden: Das auf 3470 m Höhe gelegene Jochloch ist die höchste bekannte Höhle Westeuropas. Es wurde 1983 während des Baus der Bahnstation auf dem Jungfraujoch entdeckt und befindet sich aufgrund der Höhenlage mitten im Permafrostboden mit einer Durchschnittstemperatur von –7,2 °C. Man kann funkelnde Frostkristalle an seinen Wänden bewundern, jedoch kein kompaktes Eis: Da der Boden hier nie auftaut, fehlt es an flüssigem Wasser zur Eisbildung. •JCL

Sedimente und Tropfsteine

Was ist eigentlich eine Höhle? Man könnte sie als das veränderliche Ergebnis zweier widersprüchlicher Vorgänge definieren: die Aushöhlung des Gesteins und die Auffüllung der entstandenen Hohlräume. Der Zustand einer Höhle ist tatsächlich immer nur vorläufig, auch wenn wir das mit unserem menschlichen Zeitempfinden nur selten merken. Wenn das Wasser, das mit atmosphärischem CO_2 und organischen Säuren, die beim Durchdringen des Bodens aufgesammelt werden, beladen ist, den Kalkstein **auflösen kann**, kann sich diese Reaktion auch umkehren und unterschiedlich viel kristallisierten Calcit **ablagern**. Das Ergebnis sind Speläotheme – die wissenschaftliche Bezeichnung für Tropfsteine, d. h. Stalaktiten, Stalagmiten und andere mineralische Ablagerungen (Sinter), die das Publikum in Schauhöhlen begeistern. Zusätzlich zu diesen Gebilden gibt es Ablagerungen, die durch Absetzung aus sedimenthaltigem Wasser entstehen. Die Sedimente – häufig Ton oder Sand – entwickeln sich viel schneller als Speläotheme. Sie können durch Wassereinwirkung auch wieder mobilisiert werden, weil sie nicht verhärten. Wenn sie erhalten bleiben, geben sie bei aller Zerbrechlichkeit Einblicke in die Entwicklungsgeschichte einer Höhle. Eine Kombination beider Phänomene ist auch möglich. Sedimentablagerungen, die auf eine Überflutung hindeuten, können z. B. in Sinter eingeschlossen sein, die Rückschlüsse auf den Zeitpunkt des Ereignisses zulassen.

Die bemerkenswerte Stabilität des unterirdischen Milieus – die daher kommt, dass die Temperaturen hier das ganze Jahr über nahezu konstant bleiben und das Gelände vor Erosionsvorgängen der Oberfläche geschützt ist – verleiht ihm Puffereigenschaften, die es der Forschung ermöglichen, in der Vergangenheit des Planeten zu lesen. Wenn Regenwasser durch Risse im Boden in ein Höhlensystem sickert, lagert es dort Zeugnisse davon ab, was einmal an der Oberfläche geschehen ist. Was bei der Kristallisation einer Höhlenformation «aufgezeichnet» wird, bleibt dauerhaft erhalten und kann dazu dienen, die Erdgeschichte zu rekonstruieren.

Wir verfügen also über unterirdische Klimaarchive, mit denen wir die atmosphärischen Temperaturen vergangener Zeiten nachvollziehen können – die Höhlengebilde fungieren sozusagen als *Chrono-Thermometer*. Andererseits erlauben die Höhlenerscheinungen es auch, Extremniederschläge zu datieren, die zur Überflutung einer Höhle geführt haben – wie eine Art *Chrono-Pluviometer*. Nach dieser theoretischen Einführung wollen wir uns ansehen, zu welchen Einsichten die Untersuchungen in bestimmten Fällen geführt haben.

Höhlensystem Siebenhengste-Hohgant (BE): feine Stalaktiten (Sinterröhrchen) und mächtige Stalagmiten.

Alter und Temperatur

Calcit ist ein $CaCO_3$-Molekül, d. h., es enthält Kohlenstoff- und Sauerstoffatome, die bei der Kristallisation des Stalagmits für sehr lange Zeit darin eingefroren werden. Ausserdem enthalten alle Landgewässer eine sehr geringe Menge oxidiertes Uran. Ein messbarer Teil dieses Urans besteht aus seinem radioaktiven Isotop ^{238}U. Dieses zerfällt aufgrund seiner natürlichen Instabilität zu Thorium (^{230}Th). Da bekannt ist, wie schnell sich dieser natürliche radioaktive Zerfall vollzieht, ermöglicht die Messung des Verhältnisses ^{238}U /^{230}Th in Tropfsteinen eine genaue Datierung: die Fehlermarge beträgt 0,3 % bei einem Alter von 650000 Jahren. Was Kohlenstoff und Sauerstoff betrifft, so kann man anhand ihrer Isotopenschwankungen, die von Fachleuten als $\delta^{13}C$ und $\delta^{18}O$ bezeichnet werden, die zu einem bestimmten Zeitpunkt herrschende atmosphärische Temperatur abschätzen. • JCL

Wie bilden sich Tropfsteine?

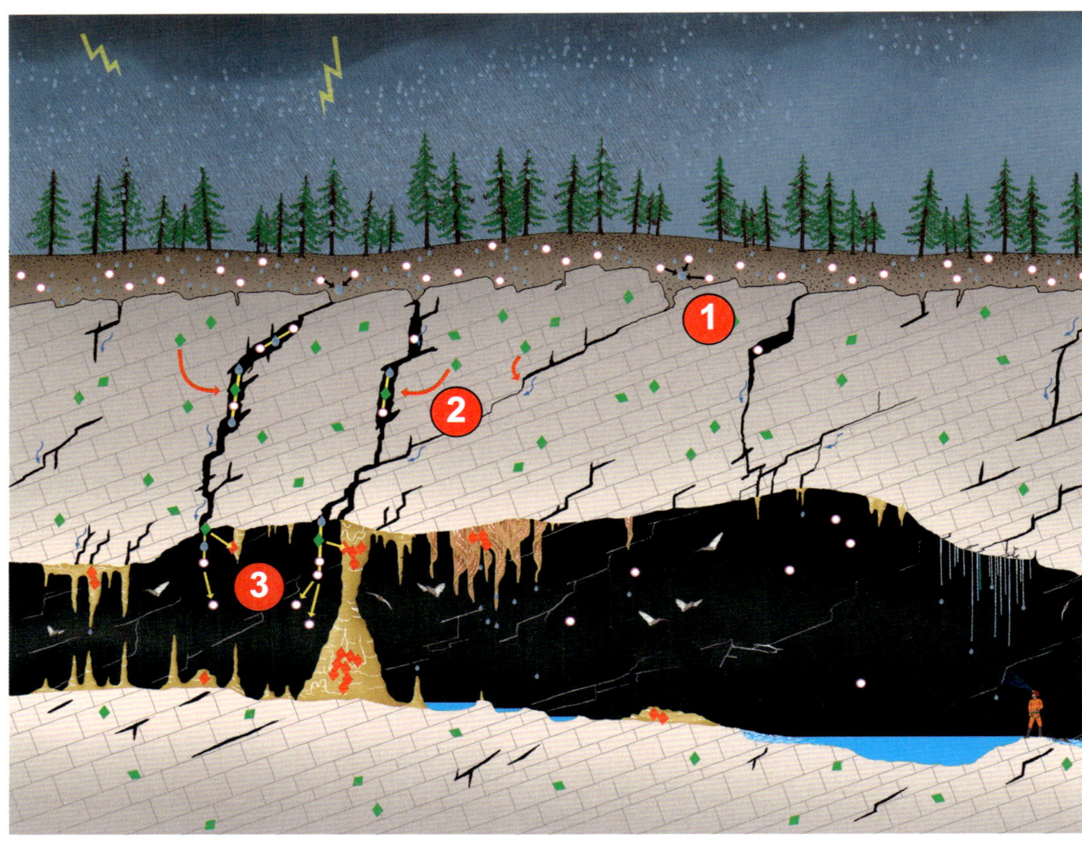

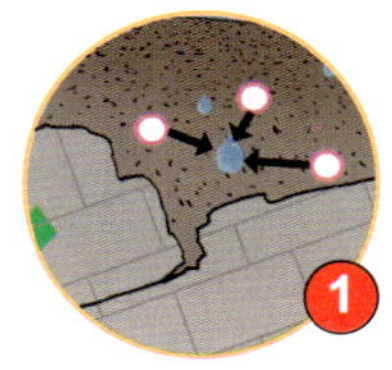

Kohlendioxid (CO_2) verbindet sich mit Wasser (H_2O) zu Kohlensäure.

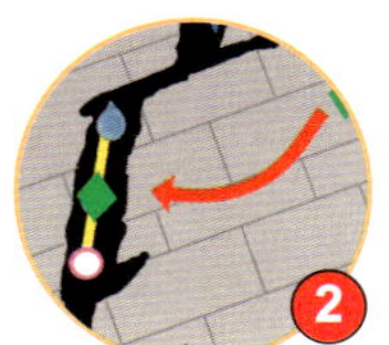

Die Kohlensäure greift den Kalkstein ($CaCO_3$) an und verwandelt ihn in lösliches Hydrogencarbonat.

Das mit gelöstem Carbonat angereicherte Wasser gibt CO_2 am Ende eines Risses ab und bildet wieder festes Carbonat ab, aus dem Tropfstein wird.

Die chemischen Formeln zu diesen Umwand.ungen finden Sie auf S. 81.

1 Jeder Wassertropfen, der aus einem Riss in der Decke austritt, setzt einen Calcitring ab. Daraus bildet sich ein Stalaktit (Sinterröhrchen).

2 Am Boden entsteht aus dem restlichen Calcit im tropfenden Wasser ein Stalagmit.

3 Verstopft das Sinterröhrchen, fliesst das Wasser seitlich hinunter und der Stalaktit wird dicker.

4 Stalaktit und Stalagmit wachsen zu einer Säule zusammen.

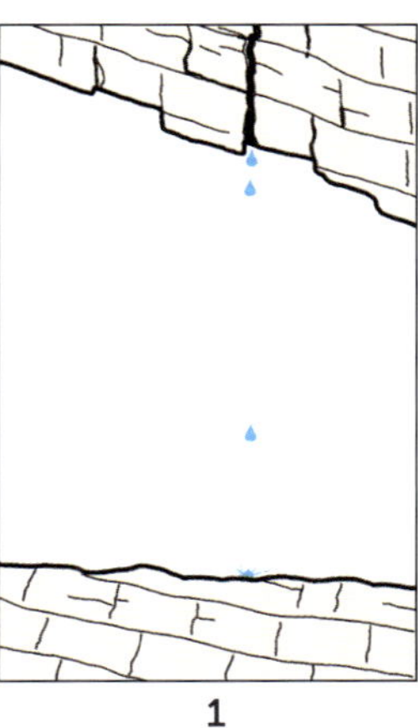
1

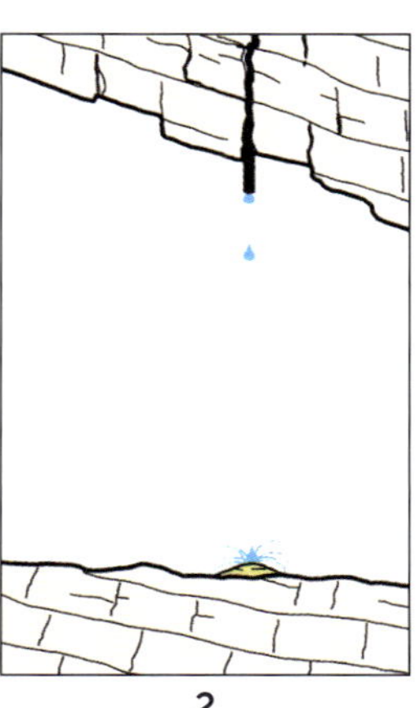
2

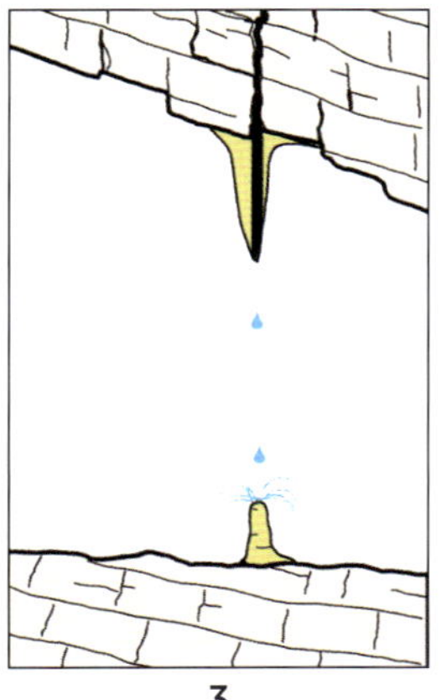
3

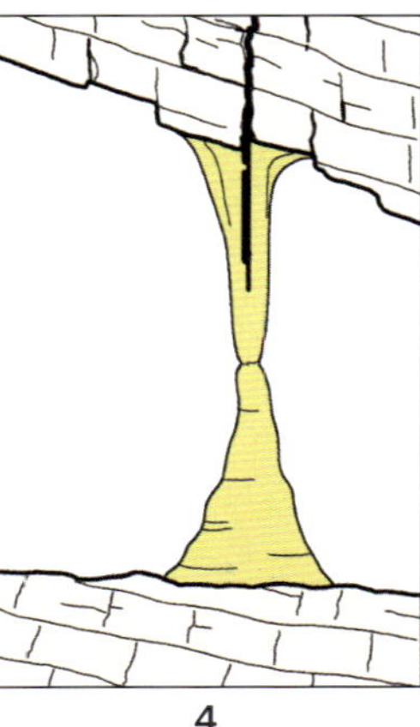
4

Meteorologie rückwärts

Das Karstgebiet der Sieben Hengste nördlich des Thunersees beherbergt eines der beiden längsten Höhlensysteme der Schweiz, das aufgrund seiner Bedeutung in diesem Buch mehrmals erwähnt wird. An der Nordgrenze der Alpen gelegen, wo es grosse Niederschlagsmengen gibt, ist das Massiv ein ideales Untersuchungsobjekt, um das frühere Klima der Schweiz zu rekonstruieren. Das Erdklima der Vergangenheit ist mittlerweile schon gut erforscht, insbesondere durch die Untersuchung von Meeressedimenten und Eisbohrkernen aus polaren *Inlandeisschollen*. Die systematische Untersuchung von Tropfsteinen aus dem Höhlensystem Siebenhengste-Hohgant hat es nun ermöglicht, einige Fragen zum Verlauf der kontinentalen und insbesondere der alpinen Vereisung zu klären.[19]

Auf der folgenden Seite wird im Kasten *Stalagmiten als Zeitzeugen* die Bedeutung der unterirdischen Welt als Klimaarchiv weiter hervorgehoben. Höhlen im Dienste der Wissenschaft!

Über diesen speziellen Fall hinaus ist es interessant, die Beobachtungen, die an Höhlenformationen in verschiedenen Landesteilen gemacht wurden, zusammenzutragen. Die Calcitfällung ist nämlich stark von den Umwelt- und Klimabedingungen der einzelnen Regionen abhängig. So kann man eine Reihe von Informationen sammeln, unterschiedliche Zeiträume der Vergangenheit abdecken und mit etwas Glück umfangreiches Wissen sichern.

Je nach Bedingungen entstehen ganz unterschiedliche Tropfsteinformen. Hier treffen Sinterröhrchen auf eine ruhige Wasseroberfläche, wo sich die Kristallisierung horizontal und strahlenförmig fortsetzt. **Höhlensystem Siebenhengste-Hohgant** (BE).

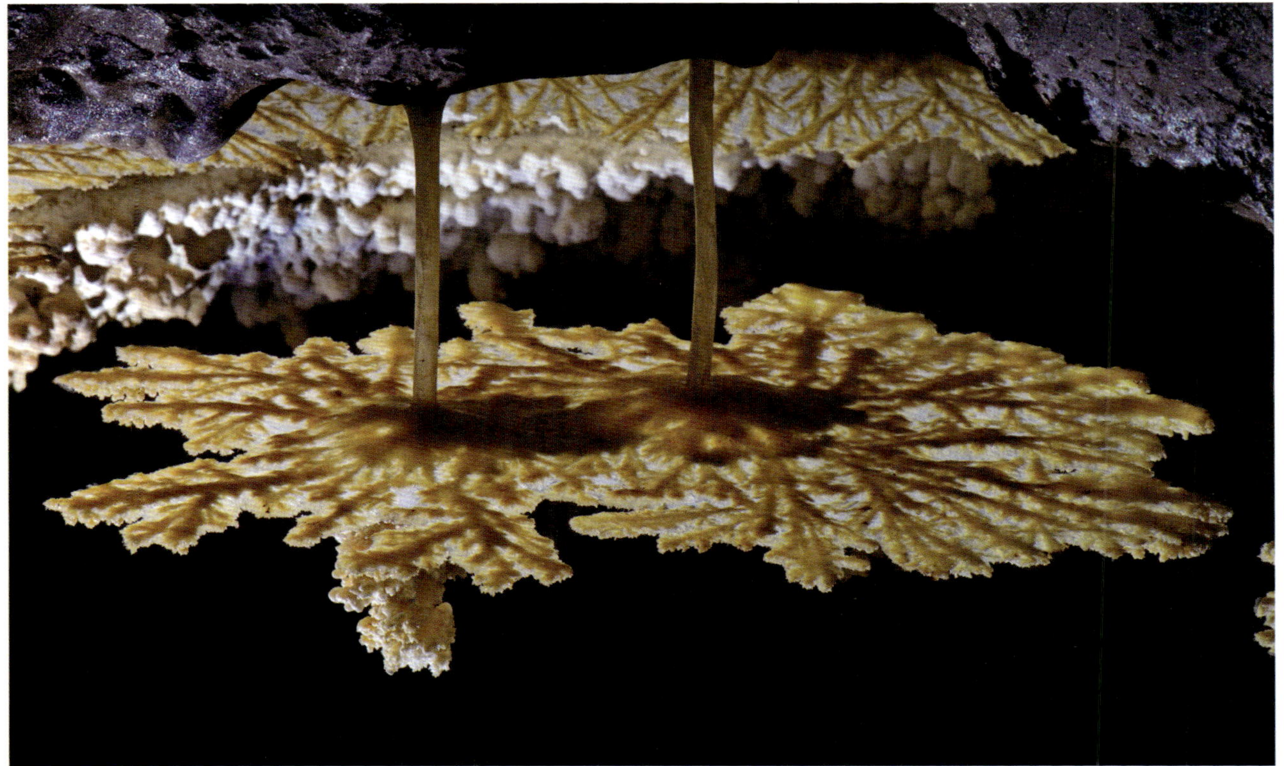

Stalagmiten als Zeitzeugen

Ähnlich wie das Polareis dokumentieren Höhlensedimente, insbesondere Stalagmiten, Klima- und Umweltveränderungen. Da Höhlen vor aktiver Oberflächenerosion geschützt sind, speichern sie solche Informationen über mehrere Hunderttausend Jahre hinweg.

Obwohl die Datierung von alpinen Höhlenformationen noch am Anfang steht, weiss man, dass es bei ihnen mehrere Wachstumsphasen gab. Am Beispiel der Tropfsteine im Höhlensystem Siebenhengste-Hohgant lässt sich beobachten, dass viele Stalagmiten sich vor etwa 125000 Jahren gebildet haben, als das gemässigte Klima einer Zwischenkaltzeit die Entwicklung der Oberflächenvegetation begünstigte. In dieser Zeit wurde die Auflösung von Kalkstein und die anschliessende Calcitfällung durch die intensive CO_2-Produktion im Boden angeregt.

Erstaunlich ist die Tatsache, dass mehrere Stalagmiten auf den Höhepunkt der Kaltzeit vor 25000 Jahren datiert werden konnten. Es ist zunächst schwer vorstellbar, wie Wasser eine Höhle durchströmen und Calcit ablagern konnte, wenn der darüberliegende Fels meterhoch mit Eis bedeckt war. Eigentlich hätte die Wasserzirkulation durch Gefrieren blockiert werden und die Verkarstung zum Stillstand kommen müssen. Eine These hierzu lautet: Der Säuregehalt des Wassers, der für die Verkarstung so wichtig ist, kam von der Oxidation des im Gestein vorhandenen Pyrits (Eisensulfid). Das Vorhandensein von Gipskristallen (Calciumsulfat) in vielen Gängen des Höhlensystems untermauert diese Annahme.

Betrachtet man schliesslich die Ergebnisse der Sauerstoffisotopenanalyse in den 25000 Jahre alten Tropfsteinen, so erhält man zwei interessante Hinweise. Erstens zeigt sich mit einer Periodizität von etwa 10000 Jahren ein drastischer Temperaturrückgang während des Kaltzeitmaximums. Zweitens lassen sich starke Schwankungen erkennen, die mit der Herkunft des Meteorwassers in Verbindung gebracht werden. Die Sieben Hengste befinden sich nämlich am Kreuzungspunkt zweier atmosphärischer Strömungen: Eine Hauptströmung kommt direkt vom Atlantik; eine andere (seltenere) kommt durch Föhn von der Alpensüdseite. Diese beiden Trajektorien weisen unterschiedliche Isotopensignaturen auf, die eine solche Erklärung zulassen. Sie stimmen mit geomorphologischen Beobachtungen überein, dass die Eisdecke der Alpen wahrscheinlich zeitweise von Süden her gespeist wurde. •ML

Stalagmit aus dem Höhlensystem Siebenhengste-Hohgant mit Isotopenkurve.

Die Untersuchung der Tropfsteine setzt die Sammlung von Proben (hier in einer Höhle in **Melchsee-Frutt**, OW) oder von vollständigen Stücken eines Exemplars voraus. Die Forschenden beschränken sich bei solchen Eingriffen aber auf ein Minimum.

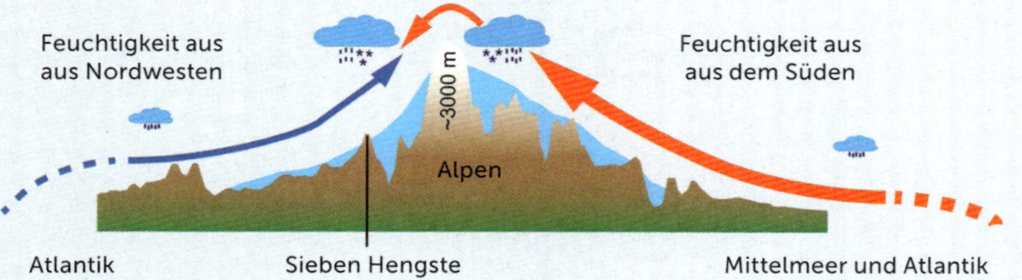

Atmosphärische Strömungen über die Alpenbarriere hinweg.

Kehren wir zum Massiv der Sieben Hengste zurück, um die Ergebnisse der interdisziplinären Arbeit an einem 40 cm langen Stalagmiten zusammenzufassen. Dieser wurde einem Stollen des gewaltigen Höhlensystems, das mittlerweile insgesamt 171 km erforschte Gänge umfasst, entnommen. Isotopenanalysen (siehe Kasten *Alter und Temperatur* auf S. 117) wurden durch die Analyse von Pollenkörnern ergänzt, die durch Luftströmungen von der Oberfläche in den Untergrund gelangt und in der mineralischen Struktur des Tropfsteins enthalten waren. So erstaunlich es für Laien auch klingen mag: Pollen, also *Blütenstaub*, ist bemerkenswert resistent und hält sich innerhalb einer mineralischen Struktur über Jahrtausende hinweg so gut, dass man die jeweilige Pflanzenart genau bestimmen kann. Dies ermöglicht ein Studium der pflanzlichen Wiederbesiedelung eines Voralpenmassivs nach einer Eiszeit und der damaligen thermischen Bedingungen. Ein Problem für die *Palynologie* (Erforschung des Blütenpollens) ist allerdings die je nach Art unterschiedliche Ausbreitungs- und Konservierungsfähigkeit von Pollen: Die Gefahr besteht, dass eine Pflanzenart zu einer bestimmten Zeit als dominant angesehen wird, obwohl ihre Pollenkörner lediglich widerstandsfähiger sind als die anderer Arten.

Die Karren des Massivs der **Sieben Hengste** (BE) und der zum Justistal hin abfallende Felsen.

Verborgene Schätze des Höhlensystems Siebenhengste-Hohgant

1. Im Wasser enthaltene Mineralsalze können die Tropfsteine unterschiedlich färben.
2. Ein Tropfen fällt auf Sand und bildet eine Rosette, die prompt kalzifiziert.
3. Feine Gipsnadeln.
4. Eine Ansammlung von *Pisolithen* (Höhlenperlen).
5. Durch langes und beständiges Abtropfen von carbonathaltigem Wasser entstandene *Meduse*.
6. *Sinterröhrchen* sind röhrenförmige Stalaktiten.

2

3

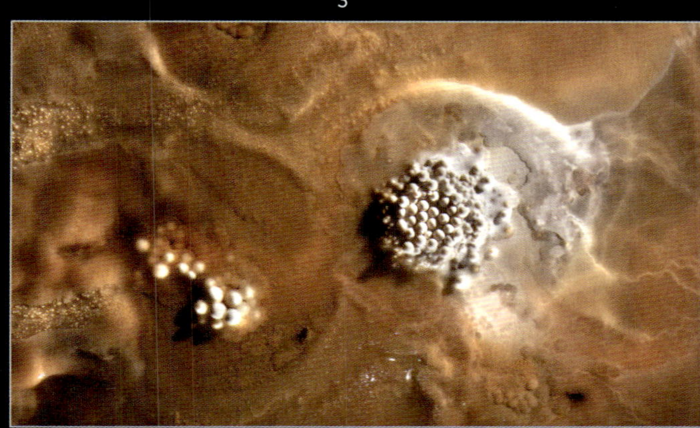

5

6

Bei Hochwasser stürzen Wasserfälle aus der **Milchbachhöhle** (BE) in den Bergschrund und beschleunigen die Schmelze des Grindelwaldgletschers.

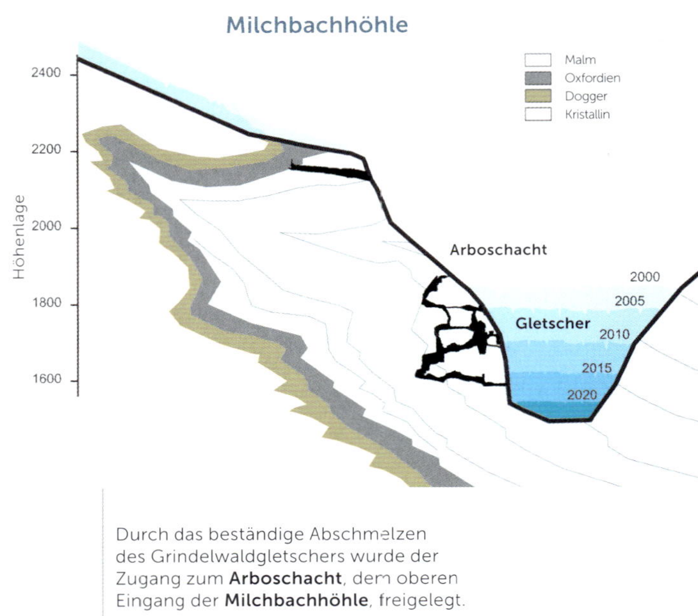

Durch das beständige Abschmelzen des Grindelwaldgletschers wurde der Zugang zum **Arboschacht**, dem oberen Eingang der **Milchbachhöhle**, freigelegt.

Gletscher: Höhen und Tiefen

Die Geschichte der Gletscher ist eng mit der Geschichte unseres Landes verknüpft: Ihre Zukunft bereitet uns Sorgen, aber was lässt sich über ihre Vergangenheit sagen? Wieder einmal haben Höhlenstudien dazu beigetragen, Klarheit zu schaffen. Sie zeigen, dass die Sorge unserer Vorfahren eine ganz andere gewesen sein muss, nämlich dass ein Gletscher vorrückte. Nehmen wir z. B. Grindelwald, das berühmte Dorf am Fusse der Berner Alpen: Was die nahe Vergangenheit betrifft, so erinnern die Ortschroniken daran, dass während der Kleinen Eiszeit, die von 1600 bis 1860 in den Alpen herrschte, viele Weiden aufgegeben und Scheunen zerstört wurden. Das noch kürzer zurückliegende grosse Gletscherhochwasser von 1980, gefolgt von einem spektakulären Rückzug des Grindelwaldgletschers um 500 m, weist darauf hin, dass unsere Gletscher stark auf Klimaveränderungen reagieren.

Die jüngste massive Gletscherschmelze hat am Rande des Oberen Grindelwaldgletschers den oberen Eingang der Milchbachhöhle zugänglich gemacht. So konnten Forschende vier bisher unbekannte Ebenen mit uralten Gängen untersuchen. Diese tief gelegenen Bereiche waren im Laufe der Geschichte mal durch den Gletscher versperrt und mal frei, was die Luft- und Wasserzirkulation innerhalb der Höhle abwechselnd behinderte oder ermöglichte und dadurch die Tropfsteinbildung beeinflusste. Vergleichende Analysen einiger Stalagmiten aus einem Höhlengang haben eine wiederholte und synchrone Abfolge von massivem Calcit und dünnen, porösen Schichten gezeigt, deren Isotopensignatur auf eine Kristallisation bei höheren Temperaturen und in Gegenwart eines Luftstroms hindeutet.[20] Hierbei handelte es sich um Spuren von vier Gletscherrückzugsphasen zwischen 6200 und 5800 vor unserer Zeit. Die Schwankungen des Oberen Grindelwaldgletschers konnten auf diese Weise viel genauer nachvollzogen werden als mit anderen Methoden, wie z. B. mit der Radiocarbondatierung von versteinerten Hölzern. Wieder einmal hat sich ergeben, dass Höhlenbeobachtungen dem Aufbau historischen Wissens dienen – weit über historische Zeiten hinaus!

Vom Kosmos in die Höhle

Noch eine Methode zur Analyse unterirdischer Sedimente führt zu bemerkenswerten Ergebnissen, wenn es darum geht, den Verlauf der Gletschertäler in den Alpen zu rekonstruieren. Es handelt sich um die *kosmogene Datierung* von Sand und Kieselsteinen, die an ausgewählten Orten unter der Erde gesammelt werden.

Bisher konnten mit dieser Methode zwei spektakuläre Fälle in Schweizer Höhlen geklärt werden. So konnte im Lapi di Bou (VS/BE) ein Gang auf 2430 m Höhe auf 4,2 Millionen Jahre datiert werden, was dem Pliozän entspricht.[21] Verglichen mit Datierungen mithilfe anderer Methoden ermöglichte diese Datierung es, eine Beziehung zwischen dem Alter der Höhlen und der Höhenlage herzustellen, denn das Einschneiden von Gletschertälern senkt den Pegel der Quellen und die Karstsysteme wachsen im Laufe der Zeit immer tiefer in den Berg hinein – höher gelegene Gänge werden zugunsten tiefer gelegener Gänge aufgegeben. Daraus schloss man, dass noch höher gelegene Gänge aus dem Miozän stammen könnten. Dies stellte ein altes Modell, das die Höhlenentstehung vor so langer Zeit ausschloss, stark infrage.

Kommen wir noch einmal auf die Verschüttung von Karstsystemen zurück: Sie hängt davon ab, wann die Täler an der Oberfläche tiefer wurden, sodass das Wasser die Höhle mit der Absenkung ihres Ausflusses tiefer aushöhlen konnte. Dabei spricht man von einer Absenkung des *Grundniveaus*. Die Methode der kosmogenen Datierung von unterirdischen Sedimenten wurde auch auf das riesige Höhlensystem Siebenhengste-Hohgant angewandt, dessen Grabungsphasen allmählich gut bekannt werden. Man identifizierte 14 speläogenetische Ebenen, von denen sich einige in Richtung Eriztal im Norden und andere in Richtung Aaretal entleeren. Die Korrelation des durch kosmogene Datierung ermittelten Alters der Sedimente mit der Lage und Entwässerungsrichtung von Gängen ermöglichte eine chronologische Rekonstruktion der Entstehung der umliegenden Gletschertäler. Diese Untersuchungen deuten auf eine gleichmässige Einschnittrate der Täler von 120 m pro Jahrmillion vom Pliozän bis zum Pleistozän hin, bevor sich die Entstehung vor etwa 800000 Jahren stark beschleunigte.[22]

Geister aus Eis

Eine weitere unterirdische Ablagerung verdient unsere Aufmerksamkeit. Wir haben sie bereits im Zusammenhang mit Ressourcen und dem Höhlenklima erwähnt: Es geht um das unterirdische Eis. Hier soll nicht auf die Entstehung der unterirdischen Eishöhlen eingegangen werden, sondern auf ihre aktuelle Entwicklung – oder besser gesagt ihr Verschwinden, das in letzter Zeit oft vorhergesagt wurde und tatsächlich auch eingetreten ist.

Die Eishöhle Glacière de Monlési im Val de Travers (NE) weist einige Besonderheiten auf. Mit rund 6000 m^3 angesammeltem Eis hat sie das grösste Eisvorkommen in der Jurakette; sie verfügt über drei Zugangsschächte und gehört zu den dynamischen Eishöhlen, in denen Luftströmungen eine entscheidende Rolle beim Gefrieren spielen. Dies unterscheidet sie von ihren waadtländischen «Schwestern» mit nur einer Öffnung, in denen sich das Eis fast ausschliesslich durch Akkumulation

Kosmogene Datierung

Wenn hochenergetische kosmische Strahlung auf ein Quarzkorn – z. B. aus der Erosion von Sandstein über einem Kalksteinmassiv – trifft, werden die Radionuklide ^{26}Al und ^{10}Be in einem bestimmten Verhältnis erzeugt. Die Strahlung dauert so lange an, wie das Mineral dem Himmel ausgesetzt ist, hört aber auf, sobald der Sand unter der Erde vergraben wird. Daraufhin ändert sich das Isotopenverhältnis, und die Dauer der Vergrabung und die Erosionsrate können bestimmt werden. Obwohl die Methode der kosmogenen Datierung viel ungenauer ist als die oben erwähnten, auf Uranreihen basierenden Methoden, hat sie einen entscheidenden Vorteil: Sie kann ein Sediment bis zu einem Alter von 5 Millionen Jahren datieren. Wenn eine Ablagerung in einem Gang datiert wird, weiss man, dass der Gang vor dieser Zeit entstanden ist. Man bestimmt also das Mindestalter, in dem ein Gang entstanden ist, und das Höchstalter, in dem die Wasserzirkulation aufhörte, und bezeichnet dies als Alter des Ganges. •ML

Der unterirdische Gletscher der **Schneehöhle** in der Nähe des Zwinglipasses (SG) geht nach und nach zurück.

und Umwandlung von Firn bildet. Schliesslich ist die Glacière de Monlési die sicherlich am besten erforschte unterirdische Eishöhle der Schweiz. Die bereits erwähnte Publikation *Ice-Caves of France and Switzerland* von G. F. Browne aus dem Jahr 1865 zeugt von den Untersuchungen, die schon im 18. Jahrhundert stattfanden. Das Eisvolumen rückte jedoch erst Mitte des 20. Jahrhunderts in den Fokus der Wissenschaft, als sich junge Studierende in den Schrund zwischen Gletscher und Felswand wagten und dort etwa 10 m dickes, an manchen Stellen durch wechselnde saisonale Ablagerungen schön geschichtetes Eis entdeckten. Die Untersuchungen dauern bis heute an und zeigen, dass die Eisdicke in den letzten 20 Jahren um 1,5 m abgenommen hat: Die Glacière de Monlési wurde zum Indikator für die globale Erwärmung. Radiometrische Datierungen des Eises aus der Höhle ergaben ein Alter zwischen 120 und 158 Jahren, was auf eine rasche Erneuerung der Eismasse hindeutet.[23] Bleibt noch zu erwähnen, dass eine methodische und langfristige Untersuchung in Angriff genommen wurde, um das irreversible Schmelzen dieser unterirdischen Eismasse aufgrund des Klimawandels zu quantifizieren. Das Projekt folgte auf Beobachtungen, die den Volumenverlust auf 100 m^3 pro Jahr schätzten. Auf der Suche nach einem Thema für ihre Berufsmaturitätsarbeit begannen zwei Studierende damit, die Eishöhle per *Laserscanning* zu vermessen.[24] Mit diesem technischen Verfahren wurde ein genaues dreidimensionales Bild erstellt (Messtoleranz: 1 bis 3 mm). Die Studierenden mussten dabei das neuartige Problem lösen, dass das sichtbare Licht aufgrund der Transparenz des Eises nicht vollständig reflektiert wird. Durch Experimentieren mit den Emissionswellenlängen verschiedener Laser gelang es ihnen jedoch, ein genaues Bild der Höhle und des darin enthaltenen Eises zu erstellen. Mit zwei Messkampagnen im Mai und Oktober 2022 konnten sie den Eisverlust auf 125 m^3 beziffern, verteilt über die gesamte Ausdehnung des unterirdischen Gletschers. Damit steht nun ein 3-D-Modell der Eishöhle von Monlési zur Verfügung. Und es besteht die Möglichkeit, die Messungen über die zeitlich begrenzte Maturaarbeit hinaus Jahr für Jahr zu wiederholen, um die Eishöhle im Neuenburger Jura genau zu überwachen.

Nicht nur in den Eishöhlen des Juras verschwindet das Eis. Vom Alpstein über die Sieben Hengste bis zu den Rochers de Naye gibt es unzählige Beispiele für Höhlen, in denen das Eis zurückgeht. In der Schneehöhle auf dem Zwinglipass (SG/AI) wird immer häufiger ein Schmelzwassersee im Hauptgang beobachtet. Im Jochloch, der höchstgelegenen Karsthöhle Europas, ist der Temperaturanstieg ein untrügliches Zeichen für den Klimawandel: +0,2 °C in etwas mehr als zwei Jahren ...

Verschwunden und vermisst

Der Rückzug des unterirdischen Eises ist natürlich im Zusammenhang mit dem besorgniserregenden Verschwinden unserer Berggletscher zu sehen. Das Beispiel der Tanna des Mineurs in den Rochers de Naye sagt alles: Inschriften, die 1880, als es noch einen unterirdischen Gletscher gab, an den Höhlenwänden angebracht wurden, befinden sich heute mehr als 4 m über dem Boden.

Das frühere Vorhandensein von Eis bezeugt vor allem eine unterirdische Ablagerung: der kryogene Calcit (siehe Kasten). •JCL

Ein riesiger Eisstalagmit, 1978 in der **Eishöhle von Saint-Livres** (VD) fotografiert, ist 2002 verschwunden.

ECKE DER WISSENSCHAFT

Kryogener Calcit

Seit Kurzem interessiert sich die Wissenschaft für eine besondere Form von Tropfsteinen, die mit Eishöhlen in Verbindung stehen. Wenn ein Wasserbecken gefriert, nimmt die Mineralisierung des Restwassers zu, bis eine Übersättigung die Calcitfällung bewirkt. Das anfängliche Wasservolumen und die Temperatur der Höhle bestimmen die Gefriergeschwindigkeit und damit die Grösse der Kristalle. Diese kryogenen Calcite können einen Durchmesser von mehreren Zentimetern erreichen und zeichnen sich durch eine vielfältige Morphologie aus, die Rhomboeder, Sphärolithe und Calciteflösse umfasst. In der Isotopenzusammensetzung ($\delta^{13}C/\delta^{18}O$) unterscheiden sie sich deutlich von anderen Mineralen in unterirdischen Umgebungen.

Die Bildung von kryogenem Calcit setzt sowohl das Vorhandensein von flüssigem Wasser als auch stabile Temperaturen unter 0 °C voraus. Da diese Minerale mit radiometrischen Methoden sehr genau datiert werden können ($^{238}U/^{230}Th$), sind sie ein wertvoller Indikator für Permafrostschwankungen in der Vergangenheit. In einer temperierten Höhle im Jura zeugt kryogener Calcit von früheren Kaltzeiten. In Höhlen in grosser Höhe, typischerweise über 2300 m, deutet das Vorhandensein dieser Kristalle eher auf vorübergehende Auftauphasen hin, die die Wasserzirkulation innerhalb des Permafrosts begünstigten. •ML

Flüsse ohne Himmel

Quellen und Flüsse sind Naturphänomene, die jeder kennt, aber wie sieht es mit dem Grundwasser aus, das den Spaziergängern im Freien verborgen bleibt? Zwar kann sich jeder mit ein bisschen Fantasie vorstellen, dass Wasser, das aus einer Quelle sprudelt, seinen Ursprung unter der Erde hat. Aber woher kommt es, welchen Weg legt es zurück, wie schnell fliesst es und in welcher Menge? Mit diesem Thema befasst sich die *Hydrogeologie*, die Wissenschaft vom Grundwasser.

Hier kommen Höhlenforscher und -forscherinnen ins Spiel! Ihre Leidenschaft ist es, die unbekannten Orte zu erkunden, die sich hinter den Höhleneingängen verbergen. Ziel ist es, Neuentdeckungen zu dokumentieren und zu verstehen. Es ist spannend, einen unterirdischen Fluss zu finden und zu erforschen, wohin er fliessen könnte – oder das Geheimnis einer Quelle zu lüften und herauszufinden, woher ihr Wasser kommt. Die Höhlenforschung ist in ihrem weitesten Sinne Sport und Wissenschaft zugleich, kurz: Sport im Dienste der Wissenschaft. Die Zusammenarbeit mit anderen wissenschaftlichen Disziplinen, insbesondere der Hydrogeologie, hat sich seit Langem für beide Seiten als fruchtbar erwiesen.

Auf den Spuren der Milandrine, eines unterirdischen Baches, der durch die **Grotte de Milandre** (JU) fliesst.

WISSENSCHAFT

ECKE DER

Verborgenes Wasser

Die Art des Gesteins spielt in der Hydrogeologie eine entscheidende Rolle. Es werden drei Arten von sogenannten **Grundwasserleitern** (Gesteinskörper mit Hohlräumen) unterschieden. Grundwasserleiter aus zerklüftetem Gestein (wie Granit, Gneis oder Sandstein) sind in der Schweiz am häufigsten verbreitet. Andere Grundwasserleiter bestehen aus Lockergestein wie Sand oder Kies, meist entlang von Flüssen. Ihre geringe Fläche tut ihrer Bedeutung keinen Abbruch, weil sie wegen ihrer Filterwirkung wichtig für die Trinkwasserversorgung sind. Von diesen beiden Arten von Grundwasserleitern soll hier nicht weiter die Rede sein – wir widmen uns dem Grundwasser, das durch Karstgebiete fliesst, also Gebiete mit Höhlen und Schachthöhlen. Die sogenannten Karstgrundwasserleiter stehen nach systematischen Untersuchungen im Rahmen des Nationalen Forschungsprogramms «Nachhaltige Wassernutzung» (NFP 61) im Fokus der Behörden.

Zwei Anliegen leiten das Forschungsprogramm: Wo findet man das Wasser, das die Bevölkerung für verschiedene Zwecke (Trinken, Landwirtschaft, Industrie) benötigt, und wie kann man sich vor Hochwasser und Überschwemmungen schützen? Karst bezieht sich in der Regel auf Kalkstein, der in gefalteten und zerklüfteten Sedimentschichten abgelagert ist. Durch Korrosion bildet sich ein System aus unterirdischen Kanälen, die dem Bergmassiv eine hohe Durchlässigkeit verleihen. Die geologische Struktur der Kalksteinschichten, die sich mit mehr oder weniger wasserundurchlässigen Schichten abwechseln, lenkt die Wasserzirkulation, bedingt jedoch nicht die Formen des äusseren Reliefs. Das Oberflächenwasser, das durch Risse eingesickert ist, zirkuliert im Verborgenen, folgt wenig offensichtlichen Wegen und kommt manchmal unerwartet wieder zum Vorschein. •JCL

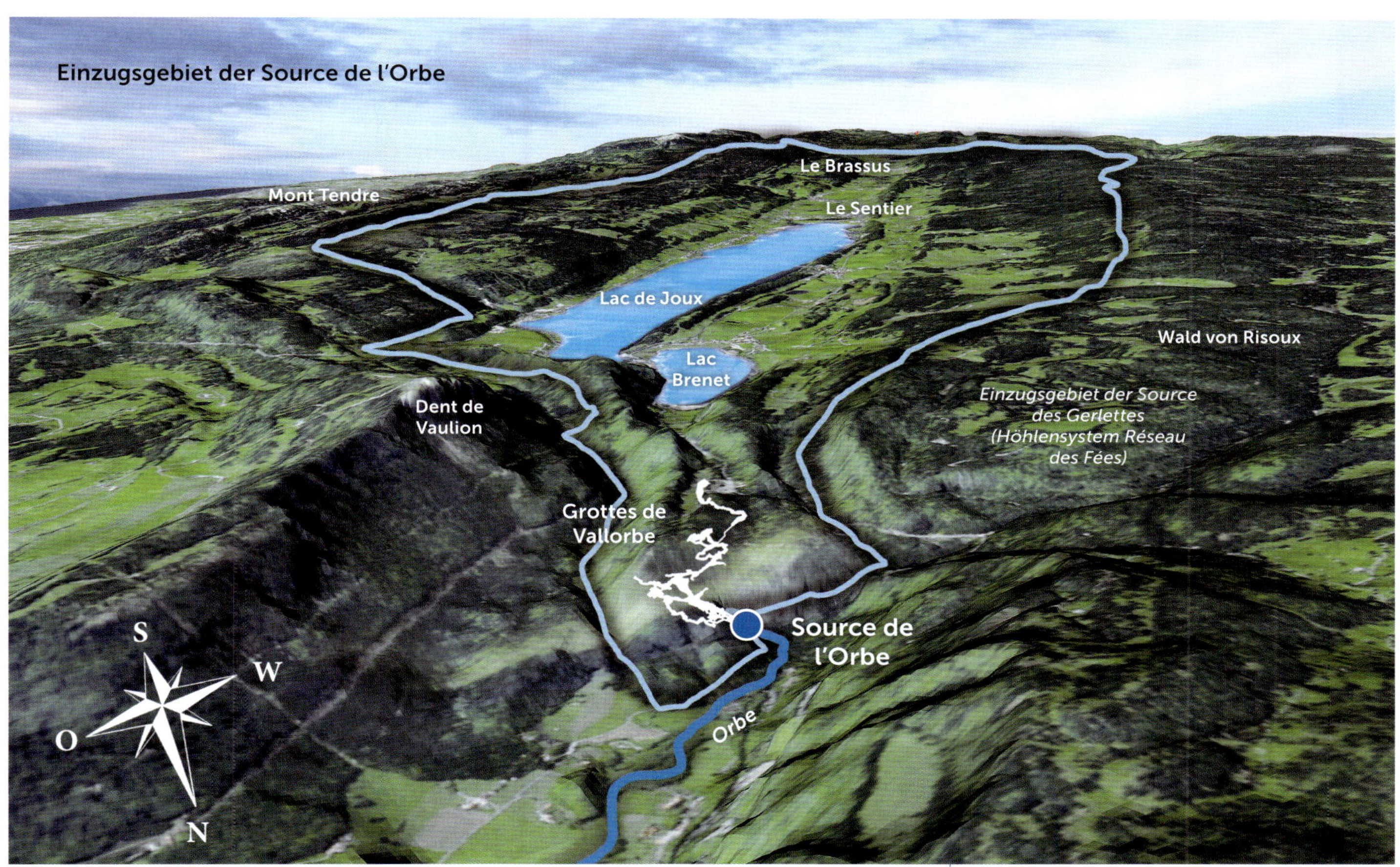

Das Einzugsgebiet der Karstquelle **Source de l'Orbe** reicht vom Mont Tendre bis zum Wald von Risoux und grenzt an das Einzugsgebiet der Source des Gerlettes (vgl. S. 217).

Die verlorene und wiedergefundene Orbe

Im Waadtland gibt es einen Fluss, der es verdient, dass man seinem Verlauf folgt. Er entspringt in Frankreich: Im Lac des Rousses sammelt sich Wasser, das hauptsächlich aus dem Massiv Le Noirmont und aus einem Hochmoor stammt. Manche tun sich schwer damit, in diesem See eine Quelle zu sehen, doch genau das ist er, wenn man die Quelle als den Ort definiert, der bei einem Fluss am weitesten stromaufwärts liegt. Vom Lac des Rousses aus schlängelt sich die Orbe (genauer gesagt: die obere Orbe) durch die *Petite Laponie*, eine Abfolge von Torfmooren im Vallée de Joux – zunächst auf französischer, dann auf schweizerischer Seite. Ihre Windungen haben der Orbe zu ihrem Namen verholfen, der sich auf ihren kurvenförmigen Verlauf durch die Landschaft bezieht. Nach einigem Hin und Her fliesst die Orbe in den Lac de Joux. Dieser See ist zwischen den Höhenzügen des Mont Tendre und des Waldes von Risoux eingebettet; flussabwärts wird der Weg durch den Berg Dent de Vaulion versperrt, der das Tal abschliesst. Während der Talboden mit Molasse aus dem Tertiär ausgekleidet ist, die das Tal abdichtet und den See einschliesst, bestehen die Flanken aus gefaltetem und zerklüftetem Kalkstein, der sowohl Wasser aus Karstquellen zuführen (Mont-Tendre-Flanke im Südosten) als auch das überlaufende Wasser des Sees in Trichtern aufnehmen kann (Risoux-Flanke im Nordwesten). Durch eine geologische Verschiebung – den Querbruch von

Die **Source de l'Orbe** entspringt in einem Blindtal.

Pontarlier – rückte die Dent de Vaulion einst um einen guten Kilometer von der Achse des Mont Tendre ab, wodurch das Wasser des Lac de Joux in den Lac Brenet zurückfliesst. Dieser grenzt am linken Ufer auch an zerklüfteten Kalkstein, wo weitere Trichter als Schlucklöcher fungieren. Ab dem nördlichen Ende des Lac Brenet, der von der Erhebung des Mont d'Orzeires begrenzt wird, fliesst die Orbe dann unterirdisch weiter, was ihr zu dem Beinamen *L'ombreuse* («die Schattige») verholfen hat. In der Nähe der Stadt Vallorbe tritt sie an einer zweiten Quelle wieder aus dem Schatten hervor. Diese mächtige Karstquelle verdient ein wenig Aufmerksamkeit. Die spektakuläre Quelle kann von Menschen betreten werden, sofern diese mit einem Taucheranzug ausgestattet sind. Der Siphon führt in eine grosse Höhle, die seit Jahrzehnten erforscht wird und mittlerweile auch touristisch erschlossen ist (mehr dazu im Kapitel *Tauchen unter der Erde*). Wer möchte, kann vor Ort einen unterirdischen Fluss und einige seiner verheerenden Wutausbrüche beobachten: Die Wassermenge der unteren Orbe kann zwischen 2 m³/s bei Niedrigwasser und 100 m³/s bei Hochwasser schwanken – ein häufiges Phänomen bei Karstquellen. Zurück am Tageslicht, setzt die Orbe ihren Weg durch spektakuläre Schluchten fort, erzeugt nebenbei in fünf aufeinanderfolgenden Wasserkraftwerken Energie und ändert am Zusammenfluss mit dem Talent ihren Namen. Als *Thièle* mündet sie bei Yverdon in den Neuenburgersee, wird zwischen dem Neuenburger- und dem Bielersee vorübergehend zur *Zihl*, fliesst dann in die Aare und schliesslich in den Rhein. Ein interessanter Fluss mit vielen Formen und Namen!

Ponoren und Quellaustritte

Meist sickert das Wasser diffus, d. h. tröpfchenweise, in den Kalkstein ... und dann werden aus kleinen Rinnsalen grosse Flüsse. Manchmal stürzt ein Bach steil in die Tiefe, wenn er auf seinem Weg auf eine Schachthöhle trifft. Dann spricht man von einem *Schluckloch* oder *Ponor*. Letzteres ist ein slowenischer Begriff, ursprünglich der Name eines Karstgebietes, der sich inzwischen international durchgesetzt hat.

Längsschnitt und Grundriss der **Grottes de Vallorbe** zeigen, dass der unterirdische Verlauf der Orbe weit über den Besucherbereich hinausgeht.

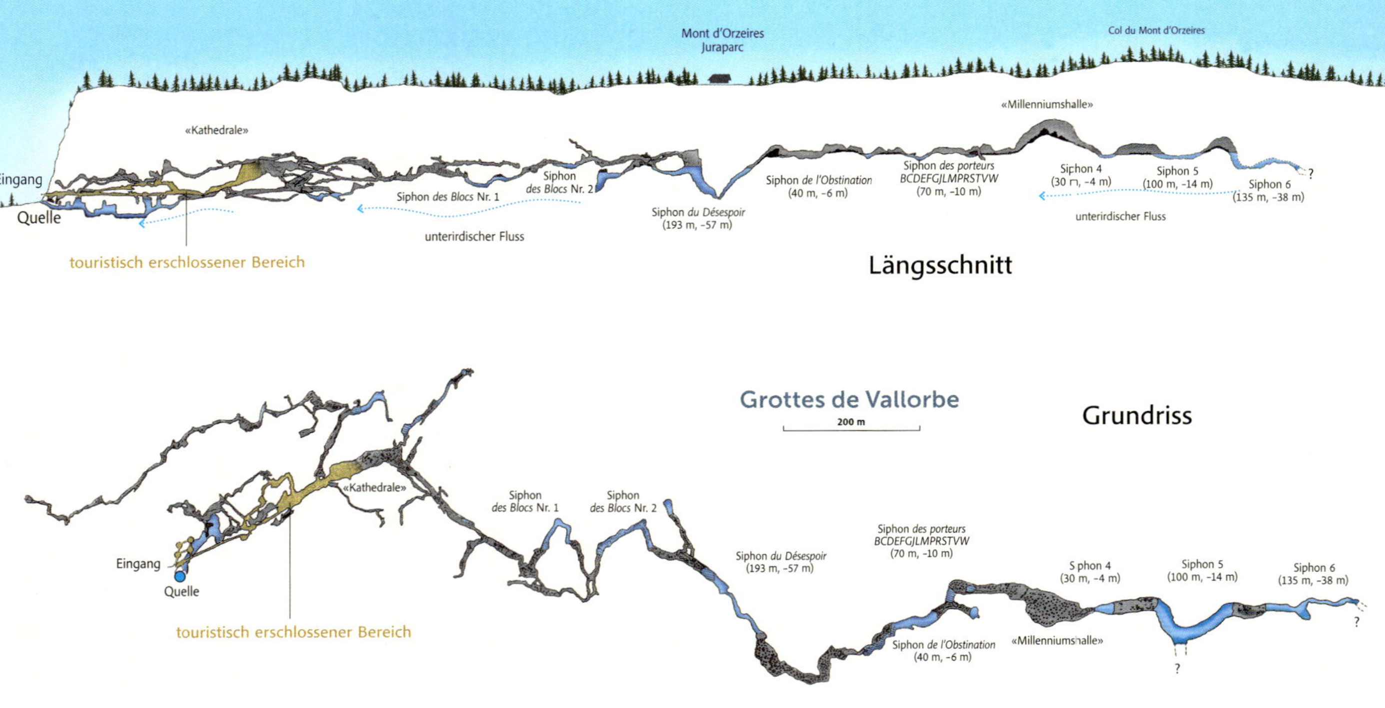

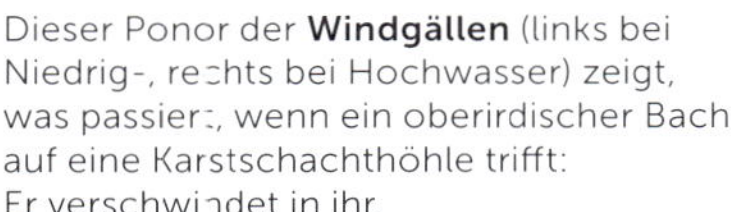

Dieser Ponor der **Windgällen** (links bei Niedrig-, rechts bei Hochwasser) zeigt, was passiert, wenn ein oberirdischer Bach auf eine Karstschachthöhle trifft: Er verschwindet in ihr.

Diese hydrologische Besonderheit tritt meist dann auf, wenn undurchlässiges Gestein, über das Wasser an der Oberfläche fliessen kann, auf zerklüfteten Kalkstein stösst, der das Wasser aufnehmen kann. Die *Trichter* entlang des Lac Brenet und des Lac de Joux waren früher aktive Ponore, bevor der Wasserstand des Sees durch den Bau von Schleusen reguliert wurde. In einem von ihnen befand sich sogar ein Wasserrad, um die Energie des Wassers zu nutzen. Wenn Wasser auf solch aufsehenerregende Weise unter der Erde verschwindet und an anderer Stelle im Freien wieder auftaucht, wird die daraus entstehende Quelle als *Resurgenz* (Wiederaustritt) bezeichnet: so auch die untere Orbe-Quelle.

Das Phänomen des Ponors ist nicht alltäglich. Wir möchten in diesem Zusammenhang nur noch ein Abenteuer erwähnen, das ein Team der Zürcher Höhlenforschergesellschaft OGH in der Nähe der Muttseehöhle erlebt hat, einer grossen alpinen Schachthöhle mit einer Tiefe von über 1000 m oberhalb von Linthal (GL). Die Mission der Teilnehmenden war, die Tiefe dieser Höhle zu erkunden. Noch ahnten sie nicht, dass am gegenüberliegenden Bergmassiv eine weitere Entdeckung auf sie wartete. Als sie erfuhren, dass ein grosser Gletscherbach aus dem Claridengletscher verschwunden war, machten sie sich auf den Weg dorthin und stellten fest, dass die wasserabsorbierende Schachthöhle unter einer Firndecke zugänglich war. Die 1997 begonnene Erkundung dauerte einige Zeit, vor allem wegen der Schnee- und Eismassen dort oben. Das Team musste ein LVS-Gerät (Lawinenverschüttetensuchgerät) anbringen, um den Eingang der Claridenhöhle unter 8 bis 12 m Schnee jedes Jahr wiederzufinden. Jede Expedition begann also damit, einen Schacht in den Schnee zu graben, um am Ziel anzukommen – ohne jedoch in den Eingangsschacht der darunterliegenden Schachthöhle zu stürzen! Die Erkundung lief rund, vor allem aber vertikal ab. Sie begann mit einem P86 – ein 86-m-Schacht in der Sprache der Höhlenforscher,

Der Eingang zum **Hölloch** (SZ) ist ein vorübergehender Überlauf, aus dem beträchtliche Wassermengen austreten, wenn in dem mehr als 200 Kilometer langen Höhlensystem Hochwasser herrscht.

P steht hier für «Puits» – mit einer schönen Grösse, auf den etwas weiter unten ein P110 folgte. Die Erkundung führte bis in eine Tiefe von 515 m, in den grossen Schächten begleitet von einem reissenden Strom, der fast so eisig war wie der Gletscher, aus dem er entsprungen war. Die Schächte am Boden waren mit Lehm ausgekleidet, was darauf hindeutete, dass sie zeitweise unter Wasser gestanden hatten. Eine grossartige Entdeckung! Der erforschte Ponor öffnete sich an der Nordwestflanke des Zuetriibistocks (Höhe: 2644 m). Die Ostseite dieses Gipfels war 1996 bis 1997 Schauplatz einer Reihe von Felsstürzen, die den Sandbach aufstauten und das Ausgleichsbecken Hintersand bedrohten. Der Kraftwerksbetreiber liess daher einen 1 km langen Umleitungsstollen graben, in dem es teilweise zu starken Wasserzuflüssen von bis zu 1 m^3/s kam. Ein im Jahr 2000 in der Claridenhöhle durchgeführter Färbeversuch zeigte, dass es sich tatsächlich um das verlorene Wasser des Claridengletschers handelte, das hier wieder aufstieg, und zwar mit einer aussergewöhnlich hohen Transitgeschwindigkeit von 1200 m/h.[25] Wieder einmal hatte das Grundwasser den höheren Lagen ein Schnippchen geschlagen und den Berg von unten durchquert.

Die Wutausbrüche des Höllenlochs

Auf der anderen Seite des Klausenpasses lüfteten Höhlenforschende nach und nach auf eigene Gefahr die Geheimnisse des Grundwassers, das zwei wichtige Quellen im Muotatal speist: eine perennierende (dauerhafte) und eine temporäre. Wenn man irgendwo auf der Welt nach der berühmtesten Höhle der Schweiz fragt, fällt der Name «Hölloch» sicherlich am häufigsten. Das Hölloch galt lange Zeit als längste Höhle der Welt und war eine der ersten, die eine Gesamtlänge von mehr als 100 km erreichte. Sie hat die Neugier der Einheimischen geweckt und Wissenschaftler von weit her angelockt. Der erste Vorstoss wird Alois Ulrich im Jahr 1875 zugeschrieben; 1905 besuchte der französische «Vater der Höhlenforschung», Édouard Alfred Martel, die Höhle. Im Hölloch bot sich die Möglichkeit, ohne Tauchausrüstung unter die Erde vorzudringen und die Adern eines unterirdischen Wasserkreislaufs zu erkunden. Dazu musste man nur den richtigen Zeitpunkt wählen, nämlich Niedrigwasser, bei dem der Eingang des Höllochs trockenen Fusses erreichbar ist. Bei der Untersuchung des riesigen Systems fand man nämlich heraus, dass das Wasser zwar beständig an der *perennierenden Quelle* «Schlichenden Brünnen» austritt, am Hölloch, der *Überlaufquelle* dieses Labyrinths, aber nur zeitweise. Man kann sich vorstellen, dass die Erkundungen nicht ganz einfach waren, da die Gruppen auf Tuchfühlung mit launischen unterirdischen Wasserläufen gingen. Einige Höhlenforscher mussten dies auf die harte Tour lernen und sassen bis zu zehn Tage unter der Erde fest, bevor sie wieder ans Tageslicht zurückkehren konnten. Glücklicherweise hat die Technik die Beobachtung mit eigenen Augen, die vor der Erfindung von *Cave-Link* (siehe Kasten S. 136) die einzige Möglichkeit zur Höhleninspektion war, teilweise ersetzt. Während an den Schlichenden Brünnen durchschnittlich Wassermengen von 2 m^3/s austreten, kann der Überlauf des Höllochs bei starkem Hochwasser bis zu 5 m^3/s abführen, bei einem aussergewöhnlichen Hochwasser wie 2005 sogar 8 m^3/s. Unter extremen Bedingungen beträgt der Abfluss der Schlichenden Brünnen mehr als 15 m^3/s. Die Abflussmengen können am Austritt, also in Sicherheit, gemessen werden. Es gibt jedoch noch einen weiteren Parameter, der die Variabilität der Wassermengen, die unter der Erde fliessen können, bestimmt: der hydrostatische Druck bzw. die Höhe der unterirdischen Wassersäule. Hier werden die autonomen Aufzeichnungsgeräte, die über das gesamte System verteilt sind, zu wertvollen Helfern. Sie haben es ermöglicht, die grossen Hochwasser vom Mai 1999, August 2000 und von 2005 aus der Ferne zu analysieren und einen Anstieg des Wasserspiegels um

Wasserabfluss im Hölloch

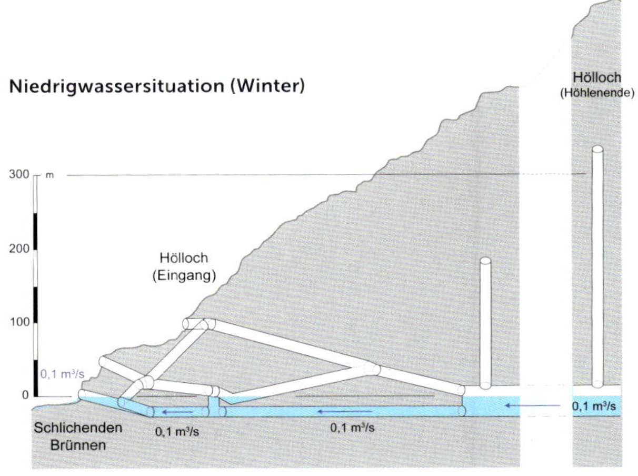

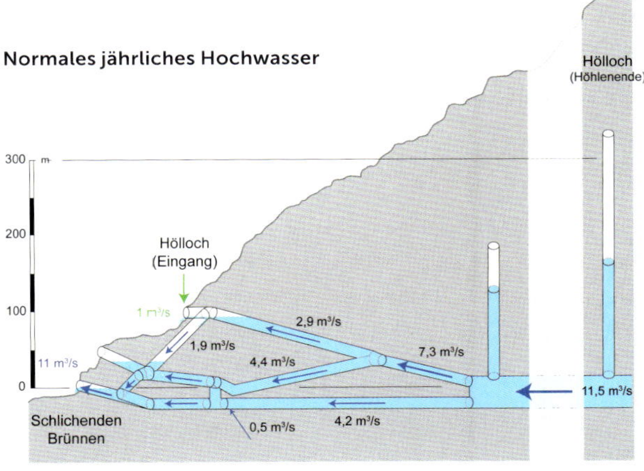

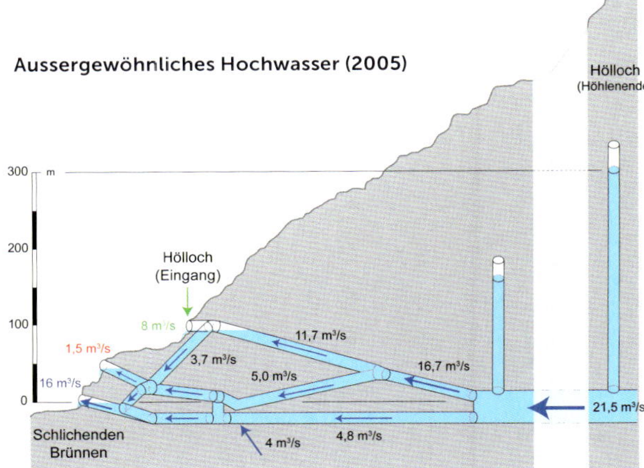

300 m über den Niedrigwasserstand nachzuweisen. Dies vermittelt eine Vorstellung von den enormen Volumina der Höhle, die saisonal vom Wasser überflutet werden. Abgesehen von den Zahlenwerten konnte durch die Untersuchung der Hochwasser von 1999 und 2000 ein Fliessschema für das System entwickelt werden, das einen unsichtbaren und noch unbekannten Wasserlauf in einem Bereich unterhalb des Systems erkennen liess. Als die Wissenschaftler ihre Ergebnisse 2001 auf dem Nationalen Kongress für Höhlenforschung vorstellten, schätzten sie die Periodizität der grossen Hochwasser noch auf 10 bis 50 Jahre.[26] Sie hatten jedoch nicht mit dem aussergewöhnlichen Hochwasser im Sommer 2005 gerechnet, das bis dahin unvorstellbare Werte erreichte – der Wasserspiegel stieg um über 300 m. Die Pegelstände, die das Wasser dieses Mal erreichte, hatten zur Folge, dass viele Sinterröhrchen abgerissen wurden. Analysen dieser dünnen, zerbrechlichen Tropfsteine (Lichtpolarisation, Fluoreszenz, stabile Sauerstoff- und Kohlenstoffisotope, U-Th-Datierung) haben dazu geführt, die Periodizität solch extremer Überschwemmungen auf 3000 bis 4000 Jahre zu schätzen. Diese Ergebnisse unterstreichen die mit der Erforschung verbundenen Risiken, aber auch die Schwierigkeit, solche Naturphänomene darzustellen, insbesondere in einer Zeit, die starken Klimaschwankungen unterworfen ist.

Im Zusammenhang mit dem beeindruckenden Druckaufbau im Hölloch ist es wichtig zu erwähnen, dass es auch gegenteilige Fälle gibt – was beweist, dass ein *Einheitsmodell* im Karst noch weniger als anderswo funktioniert und jeder Fall einzeln untersucht werden muss. Ein solches Beispiel findet sich im Bättlerloch bei Brislach (BL), einer verzweigten Höhle mit einer Ausdehnung von 1 km, in der trotz hoher Reaktivität des Quellteils auf lokale Gewitter nie ein Anstieg des Wasserspiegels um mehr als 20 cm beobachtet werden konnte.

Die Analyse der Daten, die zahlreiche im Hölloch verteilte Drucksensoren geliefert haben, hat es ermöglicht, ein Modell der Wasserströme (Richtung und Menge) bei Hochwasser zu erstellen.[27]
Aus den temporären Quellen fliesst selten Wasser, doch kann die Durchflussmenge bis auf 8 m³/s ansteigen.

Cave-Link

Cave-Link ist ein Kommunikationssystem für physikalische Messungen, das für die Höhlenforschung entwickelt wurde. Es ermöglicht die Übertragung von Daten durch das Gestein hindurch. Die übertragenen Daten hängen von den verwendeten Sensoren ab: Sie reichen von der Wasserhöhe über die Wassermenge, die Temperatur (Luft und Wasser) und die Geschwindigkeit von Luftströmungen bis hin zu anderen elektrochemischen Daten des Wassers (pH-Wert, Leitfähigkeit usw.). Cave-Link ermöglicht auch die Übertragung von SMS an die Oberfläche. Das System arbeitet mit sehr niedrigen Frequenzen (VLF), die 500 oder sogar 1000 m Fels durchdringen können und die Daten mithilfe eines Relais ins Internet übertragen. Dies ermöglicht nicht nur langfristige wissenschaftliche Studien, sondern gibt den Forschenden auch die Möglichkeit, ihre Erkundungen sicher zu planen und im Notfall mit Helfern an der Oberfläche zu kommunizieren.

Zurzeit sind etwa 40 Stationen in Schweizer Höhlen installiert. Durch ständige Überwachung mehrerer Parameter können die ermittelten Daten in Beziehung zueinander gesetzt werden und zeigen z. B. die Veränderung der Wassertemperatur bei Hochwasser. •JCL

Eine schwer zugängliche Quelle

Nördlich des Walensees erstrecken sich die chaotischen Karrenfelder der Churfirsten (SG). Schon lange haben die Zürcher Höhlenforschenden der OGH hier nach Höhlen und Schachthöhlen gesucht. Im Laufe der Jahre häuften sich die Entdeckungen: Windloch, Zigerloch, Seeloch, Blockschacht ... Zusammen bilden sie ein grosses System: das Selunhöhlensystem, das 1987 bereits 6 km Gänge oder Schächte mit 470 m Höhenunterschied umfasste und seitdem noch etwas an Tiefe gewonnen hat. Durch die Kenntnis der geologischen Struktur des Ortes konnte man sich vorstellen, wohin das Grundwasser floss, aber es war schwierig, dies zu beweisen. Eine weiter westlich gelegene, spektakuläre temporäre Quelle – die Rinquelle, deren ereignisreiche Erkundung im Kapitel *Tauchen unter der Erde* beschrieben wird – half dann, überzeugende Thesen aufzustellen. Bei den Erkundungen der Rinquelle wurde nämlich ein 280 m langer, vollständig überfluteter Gang erkundet, der zu einer Kreuzung führte: auf der einen Seite ein mächtiger Wasserstrom, auf der anderen Seite der Abfluss dieses Stroms. Der obere Gang, der auf 900 m erkundet wurde, ermöglichte es dem Taucher, den Kopf aus dem Wasser zu heben – allerdings liessen die Bedingungen den entscheidenden Vorstoss in unter Wasser stehende Gänge in Richtung der Churfirsten nicht zu. Flussabwärts entstand durch die Ausformung der gefluteten Röhre nach 850 m ein Sog, dem man auf keinen Fall zu nah kommen sollte. Das Geheimnis blieb bestehen und wurde nur teilweise gelüftet.

Von 1990 bis 1992 wurde im Auftrag des Kantons St. Gallen eine umfassende hydrologische Studie an der Universität Freiburg im Breisgau in Auftrag gegeben. Aufwendige Mittel wurden eingesetzt, um Daten der Rinquelle zu erheben, da die Schüttung der temporären Quelle stark schwankte und die Sensoren weit unter der Oberfläche angebracht werden mussten.[28] Die Ergebnisse zeigten eine Verbindung zwischen den Höhlen der Churfirsten, der Rinquelle und Quellen am Nordufer des Walensees, die 2 km westlich von der Rinquelle in Tiefen von 21 bis 36 m liegen. Bis man das gesamte Höhlensystem der Churfirsten von den Oberläufen über die spektakuläre Rinquelle bis zu besagten Unterwasserquellen begehen kann, ist es jedoch noch ein weiter Weg.

Im beeindruckenden Massiv der **Churfirsten** (SG) – hier von Norden aus gesehen – liegen zahlreiche Schachthöhlen. Eine von ihnen speist die mächtige, temporäre Rinquelle, die in den Seerenbach und weiter zum Walensee fliesst.

Hoch- und Niedrigwasser in einem Karstmassiv

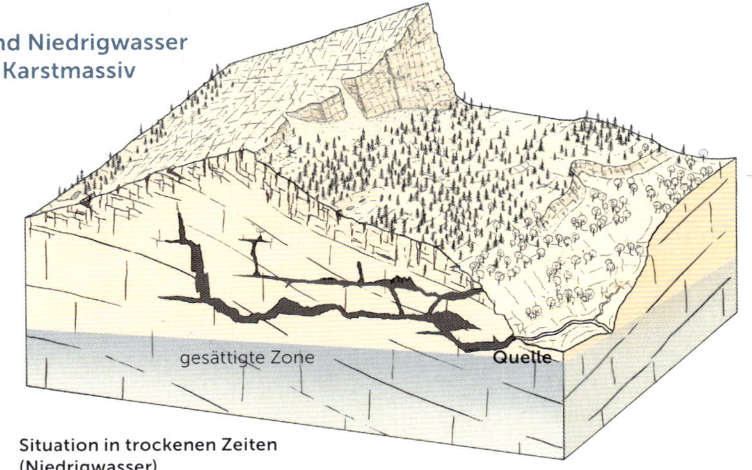

Situation in trockenen Zeiten (Niedrigwasser)

Das Wasser versickert in den Rissen im Kalkstein und wird ins Höhlensystem geleitet.
Je nach saisonalem Niederschlag bleibt das Wasser unter der Erde, tritt aus ständigen Quellen hervor oder fliesst aus Überlaufquellen.

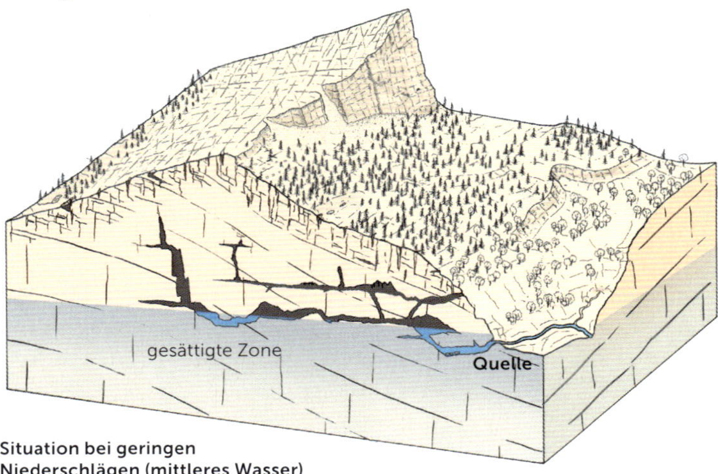

Situation bei geringen Niederschlägen (mittleres Wasser)

Die **Rinquelle** (SG) ist ein schönes Beispiel für den starken Gegensatz zwischen Niedrig- und Hochwasser bei einer Überlaufquelle.

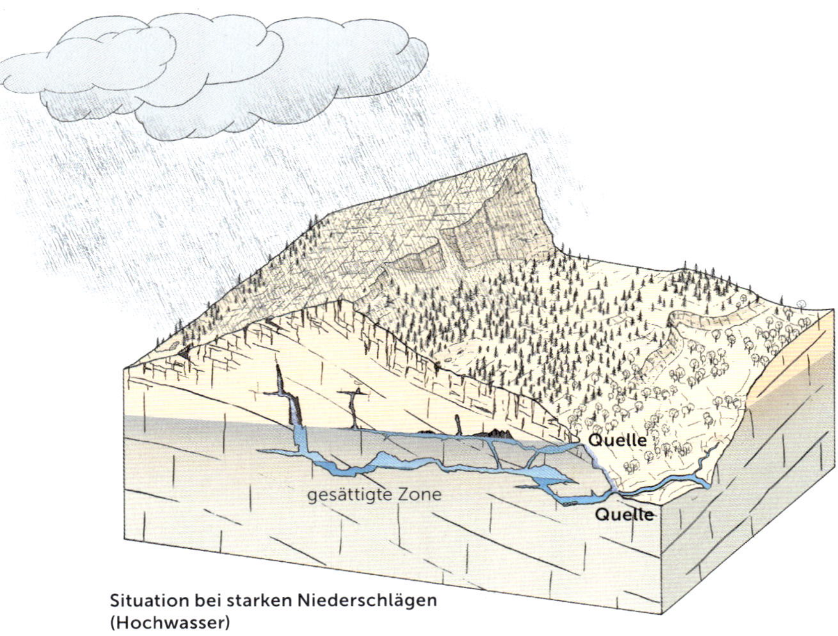

Situation bei starken Niederschlägen (Hochwasser)

Spurenverfolgung

Für Höhlenforscher ist es ein starker Anreiz, dem Geheimnis des Grundwassers und der Karstquellen auf die Spur zu kommen. Sie suchen nach Entdeckungen und Abenteuern, Sport und Wissenschaft in einem. Wenn die Erkundung eines unterirdischen Flusses unmöglich ist, kommen andere Verfahren zum Einsatz, um das Einzugsgebiet einer Quelle zu bestimmen. Beispielsweise verwenden Hydrogeologen eine Reihe von (oftmals farbigen) Grundwassermarkern. Bei so einem Verfahren ist landläufig von einem *Färbeversuch* die Rede, der Fachbegriff ist jedoch *Tracerversuch*. In der Schweiz wurden schon einige grosse Tracerversuche durchgeführt. Es ist nicht verwunderlich, dass die ersten Projekte im Kanton Neuenburg stattfanden, dem Gründungsort des Zentrums für Hydrogeologie und des Schweizerischen Instituts für Speläologie und Karstforschung (SISKA), die in der Schweiz beide einzigartig sind. Bereits 1864 injizierte Édouard Desor 50 kg Stärke in einen Trichter in Les Ponts-de-Martel und bewies, dass dieses geschlossene Tal der Ursprung der Source de la Noiraigue ist, deren kurzer Lauf sich mit der Areuse vereinigt. Ein berühmter Multitracer-Versuch (zehn verschiedene Tracer) ermöglichte es, das Einzugsgebiet der mächtigen Areuse-Quelle genau abzugrenzen: zwei Drittel des Tals von La Brévine und ein Drittel des Tals von Les Verrières, mit einigen Leckagen zu einer anderen Quelle, der von Pont-la-Roche.[29]

Ortswechsel, mit dem gleichen Ziel, die Wege des Wassers zu erforschen: Der Plaine-Morte-Gletscher liegt an der Grenze der Kantone Bern und Wallis und an der Rhein-Rhône-Wasserscheide. Der Gletscher, der sich auf einem Plateau in 2700 bis 2800 m Höhe befindet, ist im Begriff zu verschwinden. Die Wasserversorgung von Crans-Montana (insbesondere die Karstquelle Source de Loquesse) und des Simmentals ist ernsthaft bedroht. Ist dies vielleicht der Moment, an dem die Menschen anfangen, über eine massvollere Nutzung der kostbaren Ressource nachzudenken, die zur Bewässerung des Ackerlands und zur Herstellung von Kunstschnee verwendet wird? Um einzuschätzen, wie viel Wasser verfügbar ist, muss sein Weg durch den gletscherbedeckten Karst ermittelt werden. Daher hat man in den Jahren 2011 bis 2012 eine ehrgeizige Tracing-Aktion durchgeführt (drei verschiedene Farbstoffe und dreissig überwachte Austrittspunkte). Durch Isotopenanalysen und chemische Analysen konnte die Herkunft des Wassers aus den verschiedenen Quellen (Regen, Schnee oder Eis) nachgewiesen werden. Die Studie kam zu dem Schluss, dass die Wasserversorgung im Sommer durch das absehbare Verschwinden des Gletschers bis zum Ende dieses Jahrhunderts gefährdet sein wird und dass das beschleunigte Abschmelzen des Gletschers Überschwemmungen befürchten lässt, vor allem nach Gletscherseeausbrüchen.[30]

Vergessene Sintflut

Bei der sorgfältigen Analyse von Tropfsteinen (für eine der im vorherigen Kapitel besprochenen Studien) stellten die Forschenden fest, dass sich mitunter dünne Schlammfilme in der Mikrostratigrafie einiger Stalagmiten befanden. Diese dünnen Schichten detritischen Ursprungs werden als Spuren eines massiven Hochwassers in der Vergangenheit gewertet. Dabei überspült das Wasser auf seinem Weg durch die Höhle alle Hindernisse, die sich ihm in den Weg stellen, insbesondere die fest im Boden verankerten Stalagmiten. Solche Überschwemmungsspuren wurden in der Schweiz schon mehrfach gefunden, unter anderem in zwei Höhlen, in denen es bekanntermassen häufig Hochwasser gibt: in der Grotte de Milandre (JU) und im Höhlensystem Réseau des Fées oberhalb von Vallorbe (VD). So weit zur Gegenwart, doch wie sieht es mit der Vergangenheit aus? Wir haben bereits gesehen, dass man das Alter von Tropfsteinen mit grosser Genauigkeit ablesen kann: Wenn eine detritische Zwischenlage entdeckt wird, kann sie durch die Analyse der vorausgehenden und nachfolgenden Calciumschichten leicht datiert werden. Auf diese Weise erhält man detaillierte Informationen über Höhlenüberflutungen und damit auch über extreme Niederschläge oder andere hydrologische Ereignisse, die das Hochwasser verursachen. Diese Methode ist in anderen Ländern schon erprobt und praktiziert worden und das SISKA beteiligt sich aktiv und mit vielversprechenden Ergebnissen an der Untersuchung spanischer Stalagmiten. In der Schweiz steckt die Methode noch in den Kinderschuhen, sodass es noch eine Weile dauern wird, bis die Ergebnisse für die beiden eben erwähnten Höhlen vorliegen. Wenn man weiss, wie schnell und intensiv bestimmte unterirdische Abflüsse auf äussere Niederschläge reagieren, verfügt man nicht nur über einen Indikator für Hochwasser, sondern auch für meteorologische Phänomene. Diese Methode kann interessante Ergebnisse liefern, doch sie erfordert technisches Know-how. Immerhin muss man innerhalb des kristallisierten Calcits echte Hochwasserablagerungen von anderen Einlagerungen unterscheiden können, deren Farbe auch im Kontrast zum Weiss des Calcits steht, die aber anderen Ursprungs sind: Ablagerungen aufgrund von Höhlenwind, bakterielle Ablagerungen bei Wachstumsunterbrechungen des Stalagmits usw. •JCL

Unterirdische Überraschungen

Ein vermisstes Fohlen, das nach zwei Tagen in einer Schachthöhle wiedergefunden wird, Bauarbeiten für einen Tunnel, die sich aufgrund eines Wassereinbruchs verzögern, ein Gebäude, das Risse bekommt, ein Traktor, der plötzlich in ein Loch auf einer Wiese einbricht – haben Sie davon schon einmal in der Zeitung gelesen? Solche kuriosen Vorkommnisse lassen sich durchaus erklären: Meist sind sie das Ergebnis einer langsamen Gesteinsauflösung in den Böden.

Wenn der Boden nachgibt

Im Dezember 2021 wäre eine Familienwanderung am Col du Mollendruz fast zu einer Tragödie geworden: Ein zehnjähriges Mädchen, das mit seinen Eltern unterwegs war, fiel in eine Schachthöhle. Glücklicherweise wurde das Kind in rund 3 m Tiefe von Wurzeln aufgefangen und konnte wenige Stunden später gerettet werden. Das Ereignis war keinesfalls auf Unvorsichtigkeit zurückzuführen, weil die Schachthöhle sich erst kurz zuvor geöffnet hatte und ihr Eingang unter einer Schneedecke verborgen lag. Aber war der Vorfall wirklich unvorhersehbar? Ja und nein. Die Gegend rund um den Col du Mollendruz besteht wie der Rest der Jurakette überwiegend aus kalkhaltigem Gestein. Am Ort des Geschehens tritt reiner Kalkstein zutage, der nur von einer dünnen Erdschicht bedeckt ist. Der Untergrund ist also verkarstet. Unter diesen Voraussetzungen kann sich praktisch überall eine Schachthöhle auftun, sei es durch einen Bruch oder den Einsturz einer trichterförmigen Bodensenke (Doline). Im Verhältnis zu der riesigen Fläche, die betroffen ist, kommt so etwas jedoch nur selten vor. Tatsächlich verbirgt sich auf etwa 20 Prozent des Schweizer Territoriums mehr oder weniger von Sedimenten oder Humus bedeckter, instabiler Karst.

Ortswechsel vom Land in die Stadt: La Chaux-de-Fonds im Kanton Neuenburg hat 36500 Einwohner und liegt auf rund 1000 m Höhe mitten im Juragebirge. Jedes Jahr werden hier mehrere Bodenabsenkungen gemeldet: mitten auf der Strasse, auf dem Trottoir, unterhalb einer Kläranlage oder beim Bau einer Tiefgarage. Es gibt unzählige Beispiele für eine Wechselbeziehung zwischen dem Karst und dem menschlichen Treiben. Dem gesunden Menschenverstand ist es zu verdanken, dass sich eine Dokumentationspraxis durchgesetzt hat, die 2021 schliesslich auch offiziell in das Neuenburger Kantonsgesetz aufgenommen wurde. Bei der Entdeckung eines *unterirdischen Hohlraums* werden Höhlenforscher oft zur Hilfe gerufen. Sie vermessen die Höhle und melden Beobachtungen zur Stabilität des Gesteins sowie zu eventuell vorhandenen Wasseradern, Höhlentieren, Knochenfunden usw. Dieses Wissen fliesst anschliessend in Massnahmen ein, die den Höhlen- und Umweltschutz ebenso betreffen können wie Sicherheitsaspekte oder den Schutz von Bauwerken.

Es ist auffällig, dass die Merkmale und die spezifischen Eigenschaften des Karstes nur sehr wenig bekannt sind. Das betrifft auch die Wissenschaften: Selbst im Fach Geologie, das sich seit dem 19. Jahrhundert doch stark weiterentwickelt hat, werden dem Thema Karst nur wenige Stunden zu Beginn der Ausbildung gewidmet. Später können die Studierenden sich dann auf *Strukturgeologie*, *Sedimentologie* oder *Petrologie* spezialisieren, aber nicht auf *Karstologie*. Zumindest in Teilen lässt sich dies damit erklären, dass die Anwendung der Geowissenschaften stark auf die Erschliessung von Erz- oder Ölvorkommen ausgerichtet ist.

Ein Höhleneingang im Massiv der **Siwellen** (GL): Die starke Klüftung im Gestein ist ursächlich für die unterirdische Aushöhlung, aber auch für oberflächliche Einstürze.

La Chaux-de-Fonds (NE) ist eine Stadt auf 1000 m Höhe mitten in der Karstregion des Juras. Wer sich mit Höhlen und Karst auskennt, wird nicht überrascht sein, dass der Boden hier mitunter plötzlich nachgibt, sei es mitten in der Stadt oder auf einem Feld (rechte Seite).

Dennoch wird Karstologie an den Universitäten gelehrt, und zwar traditionell als Teilgebiet der Geografie – wahrscheinlich ein Vermächtnis der Naturforscher des 18. Jahrhunderts und ihrer hervorragenden Beobachtungsgabe. Im 21. Jahrhundert haben Geografen und Geografinnen jedoch nur selten Kontakt mit Ingenieurinnen und Ingenieuren, die für Strassen- oder Tunnelbau zuständig sind. Aktuell fehlt es also an Methoden und Werkzeugen, um vorherzusagen, ob unterirdische Karstgänge vorhanden sind. Das zu ändern ist seit rund zwanzig Jahren das Ziel des Schweizerischen Instituts für Speläologie und Karstforschung (SISKA) in Zusammenarbeit mit zahlreichen Partnern (u. a. dem Zentrum für Hydrologie und Geothermie der Universität Neuenburg, den Kantonsbehörden, dem Bundesamt für Umwelt und dem Bundesamt für Strassen).

Machen wir nun einen Zeitsprung, um einige Auswirkungen von menschlichen Eingriffen in den Karst zu betrachten.

Ein verschwundener Bach

In der Nacht vom 15. auf den 16. Juni 1919 wurden die Bewohner des Dorfes Bergün im Val Tuors in Graubünden nachts um 2 Uhr vom Dorfpolizisten aus den Betten getrommelt. Der Bach, der normalerweise durch das Dorf floss, war plötzlich verschwunden und hatte ein vollkommen trockenes Bett zurückgelassen. Während die Anwohner damit beschäftigt waren, sich samt Hab und Gut in Sicherheit zu bringen – man befürchtete, dass das Wasser sich flussaufwärts aufgestaut haben könnte und dass eine Katastrophe sich anbahnte –, suchte man im Val Tuors nach der Ursache des Phänomens. Zu ihrem grossen Erstaunen stellten Kundschafter, die sich mit dem Velo auf den Weg gemacht hatten, fest, dass der Wasserlauf rund 2 km oberhalb des Dorfes plötzlich aufhörte und das Wasser in einem Felsentrichter (einem sogenannten *Schlucklock* oder auch *Ponor*) verschwand. Die Folgen liessen nicht lange auf sich warten. Sie waren weniger katastrophal als befürchtet, aber dennoch ein Problem. Rund ein Dutzend Quellen begann zu sprudeln. Die ersten befanden sich keine 350 m flussabwärts vom neuen Ponor, die letzten schossen am *Bergünerstein* 1,5 km unterhalb des Dorfes aus dem Boden. Der Wasserfluss des Baches war knapp zwei Stunden lang komplett unterbrochen. Dann kehrte das Wasser nach und nach zurück, bis es zwei Drittel seiner gewohnten Menge erreichte, während das restliche Drittel weiter dem unterirdischen Weg folgte. Die zahlreichen neuen Quellaufstösse, die beträchtliche Wassermengen führten, verursachten Schäden in Form von Erdrutschen, Überschwemmungen und

Erst planen, dann graben

Der Tunnelbau in Karstgebieten führt oft zu Problemen mit kostspieligen Folgen. KarstALEA (frz. *aléa* = Gefährdung) ist eine vom SISKA in Partnerschaft mit dem ASTRA entwickelte Methode.[31] Sie ermöglicht Geologen, die im Untertagebau tätig sind, die praktische Beurteilung von Karstmassiven. Die Ergebnisse werden in einem prognostischen Längsprofil zusammengefasst, das recht detailliert die Wahrscheinlichkeit des Vorkommens von Karstgängen in den verschiedenen Tunnelabschnitten und die Eigenschaften dieser Hohlräume beschreibt.

Mithilfe der Methode werden vier Modelle des Karstmassivs erstellt. Die beiden ersten entsprechen der KARSYS-Methode und betreffen die (hydro-)geologischen Bedingungen. Dazu kommen ein speläogenetisches Modell (insbesondere die Identifikation von Talstufen) sowie ein Modell der stratigrafischen Initialfugen (stark verkarsteten Fugen). Durch die Kombination dieser vier Modelle können besonders verkarstungsanfällige Zonen und ihre Hauptmerkmale bestimmt werden. •PYJ

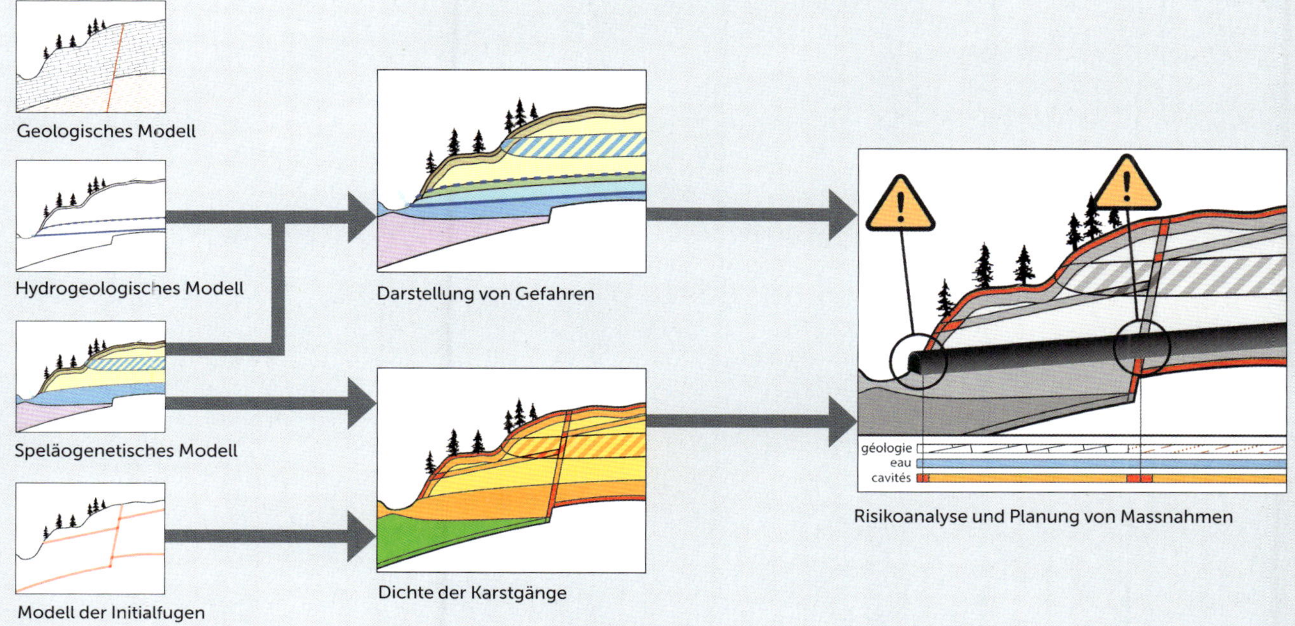

Der **Tuorsbachponor** (GR) ist, wie der Name besagt, ein Ponor (Schluckloch) des Tuorsbaches. Um zu verhindern, dass das Wasser im Boden verschwindet, wurde ein Aquädukt über den Ponor hinweggebaut. Oben: ein Blick in das Innere des Hohlraums.

Blockierung von Strassen. Nach einer ganzen Reihe von Untersuchungen – darunter Versuche, den Flusslauf nachzuvollziehen, wasserchemische Analysen, eine geologische Kartografie und eine Vermessung der Gesteinsfrakturen – wurde beschlossen, einen Überführungskanal aus Beton über den Ponor des Tuorsbaches hinweg zu bauen. Diese Ereignisse wurden von Christian Tarnuzzer in einer Veröffentlichung von 1921 geschildert: *Das Versinken des Tuorsbaches von Bergün im Sommer 1919*. Der Wissenschaftler nutzte die Bachumleitung, um den Versickerungstrichter zu erkunden, und stieg in die Tiefe hinab, um seine Beobachtungen zu vervollständigen. Er beschrieb eine mit Gesteinsbrocken gefüllte Halle von rund 10 m Durchmesser, in die ein mächtiger Wasserfall stürzte. Das Dolomitgestein war stark zerklüftet und der Raum teilweise mit alluvialen Ablagerungen gefüllt. Die Grösse der unterirdischen Kammer liess auf eine alte Höhle schliessen. Nach dem Bau der Überführung versiegten die Quellen bald und der Tuorsbach floss wieder.

Rund einhundert Jahre später, im Frühling 2020, traten an der Strasse zum Dorf Bergün dann erneut Quellen zutage. Winterliche Temperaturen drohten das Wasser in gefährliches Eis zu verwandeln, das mit grossem Aufwand hätte beseitigt werden müssen, um den Verkehr nicht zu behindern. Eine Kontrolle des Baches bestätigte die Vermutungen: Auf der Höhe des Dorfes fehlte ein Drittel der üblichen Wassermenge. Die Betonüberführung, die ein Jahrhundert gehalten hatte, war zusammengebrochen und in den Felstrichter gestürzt, in dem nun wieder grosse Wassermengen verschwanden. Im Zuge einer erneuten Erkundung der Höhle wurde eine klassische zweidimensionale Vermessung durchgeführt, ergänzt durch eine dreidimensionale Vermessung mit LiDAR *(Light Detection and Ranging).* Die Messungen ergaben, dass die Höhle sogar noch über den 1921 von Christian Tarnuzzer beschriebenen Endpunkt hinausreicht. Der Eingangsbereich geht in eine Reihe von Gängen und Hallen über, die von niedrigen Passagen und Vorsprüngen unterbrochen sind. Die Vertikalausdehnung beläuft sich auf 87 m, die Länge auf 479 m. Die Gänge sind von beeindruckenden Ausmassen, und das Sedimentvolumen, das sie versperrt, ist beträchtlich. Die Erkundungen von 2023 endeten an einem unter Wasser stehenden Schacht, der sich nach seiner Entdeckung rasch mit Sediment füllte. Die Höhle ist sehr aktiv und präsentiert sich bei jeder Befahrung anders. Die Forschungsgemeinschaft hofft, eines Tages ihre Fortsetzung erkunden zu können, und schliesst wie ihr Vorgänger von dem Volumen der Karsthöhle auf einen seit langer Zeit bestehenden Hohlraum. Die kantonalen Dienststellen sichern vorsorglich einen Zugang zum Tuorsbachponor sowie zur neuen Überführung, um das Bauwerk, das diesen problematischen Abschnitt des Wasserlaufes überspannt, überwachen zu können.

Ereignisse dieser Art sind in Karstgebieten nicht selten. Der Fall von Bergün ist speziell, da die regionalen Gegebenheiten grundsätzlich nicht allzu günstig für die Entstehung von Höhlen sind. Daher gingen die Nachforschungen auch nicht sofort in Richtung einer Karsthöhle, die dem Tuorsbach als Abfluss dient. Dass bei dieser Gelegenheit eine Höhle entdeckt wurde, war eine recht grosse Überraschung.

Den Einheimischen zufolge soll es bereits um 1800 herum ein ähnliches Ereignis gegeben haben. Diese Aussagen, für die es jedoch keine handfesten Beweise gibt, deuten darauf hin, dass der Tuorsbach nunmehr bereits zum dritten Mal im Boden verschwunden ist.

Unbekannte Höhlen

Ein Grossteil der Höhlen verfügt über keinen bekannten oder einfachen Zugang von aussen. Sie werden zufällig bei menschlichen Eingriffen in das sogenannte *Festgestein* entdeckt (das Gegenteil ist *Lockergestein* aus Sand, Schotter und Gesteinsbruchstücken). Zu solchen Entdeckungen kommt es typischerweise beim Bau von Tiefgaragen, beim Ausheben des Fundaments für ein Gebäude oder bei Bohrarbeiten für einen Tunnel. Diesbezüglich liefert der Kanton Neuenburg mehrere interessante, amüsante und auch beeindruckende Beispiele. Zu den bedeutendsten unterirdischen Höhlen in Neuenburg zählt die Höhle des TM 800, eines Strassentunnels in der Nähe von La Vue-des-Alpes (siehe Abb. S. 146). Im Rahmen der 1987 begonnenen Tunnelbaustelle stiess man auf mehrere Karstgänge. Was angesichts des Gebirgsstocks, der in dieser Gegend aus mehreren Hundert Metern dickem, löslichem Kalk- und Mergelkalkstein besteht, nicht hätte überraschen dürfen, versetzte den Bauarbeiten einen herben Rückschlag. Der mit dem Bohrer vorgetriebene Pilotstollen mit einem Durchmesser von 3 m traf zunächst auf eine Sedimentverfüllung. Die riesige, zum Teil leere Höhle dahinter kam erst zum Vorschein, als der Stollen auf seine endgültige Grösse mit dreimal so grossem Querschnitt ausgeweitet wurde. Dieses Aufeinandertreffen eines unterirdischen Bauwerks und einer grossen Karsthöhle erforderte spezielle Vorkehrungen, um die Sicherheit der zukünftigen Tunnelnutzer zu gewährleisten. Um den Fortschritt der Baustelle nicht zu sehr zu verzögern, galt es, die Arbeiten schnellstmöglich durchzuführen. Man baute also eine Überführung im Tunnel. Ebenso wie der Tuorsbachponor in Bergün wurde die Höhle zunächst von Ingenieuren und Fachkräften erkundet. Bei dieser ersten Befahrung waren der Kantonsgeologe und ein Höhlenforscher vom Spéléo-Club du Val-de-Travers vor Ort. In einem zweiten Schritt nahm die Groupe Spéléo Troglolog, noch ein Neuenburger Verein, auf Initiative des kantonalen archäologischen Museums und des Instituts für Geologie der Universität Neuenburg eine Vermessung der Höhle vor. Die Forschenden waren begeistert von der Gelegenheit, die grösste Höhle in ihrem Kanton zu erkunden und zu dokumentieren. Die Ingenieure, die für die *Spezialarbeiten*, d. h. die *unterirdischen* Arbeiten, zuständig waren, müssen die Erkundung dagegen eher sorgenvoll verfolgt haben. Schliesslich sollte die Expedition helfen,

Die Bauarbeiten am Strassentunnel unter der **Vue des Alpes** (NE) wurden 1991 unterbrochen und beeinträchtigt, als eine grosse unterirdische Halle von rund 20 m Durchmesser angeschnitten wurde, deren Decke aus einer monolithischen Platte bestand. Diese spektakuläre Höhle, die sich mitten im Gebirge befindet, hat von aussen keinen anderen Zugang als durch den Tunnel.

die Entstehung der Höhle besser zu verstehen, um beurteilen zu können, ob andere Gänge derselben oder einer benachbarten Höhle den weiteren Verlauf des Tunnels beeinträchtigen würden.

Die Höhle ist ein Gang von rund 100 m Länge mit beeindruckendem Volumen. Ihre Morphologie, insbesondere ihr Deckenprofil, deutet darauf hin, dass sie unter Wasser entstanden ist und dass der Grundwasserspiegel im Zuge der Entwicklung der umliegenden Täler absank.[32] Der ursprüngliche Gang muss kleiner gewesen sein. Nach dem Trockenfall trug die Schwerkraft über einen *Inkasion* genannten Vorgang dazu bei, die Höhle auf ihre heutige Grösse zu erweitern: Gesteinsbrocken fielen von der Decke, da der Hohlraum zu gross geworden war, um sie an Ort und Stelle zu halten. Während der Hohlraum immer grösser wurde, muss noch Wasser am Boden vorhanden gewesen sein, das die Kalksteinblöcke auflöste und so ein Auffüllen des Ganges verhinderte. Heute ist der Gang fossil – das Wasser hat sich aus diesem Bereich zurückgezogen und ein Teil der Höhle ist mit Sedimenten gefüllt.

Überschwemmungen von Bahnlinien

Das Aufeinandertreffen von Karst und grossen unterirdischen Baumassnahmen hat in der Schweiz schon zu dramatischen Vorfällen geführt, die langfristige Konsequenzen an der Oberfläche hatten. Bei den Bauarbeiten für den Eisenbahntunnel des Mont d'Or zwischen Vallorbe (VD) und Longevilles-Mont-d'Or (Frankreich) zu Beginn des letzten Jahrhunderts stiessen die Arbeiter, die gerade ganz neu mit Pressluftbohrern ausgerüstet worden waren, auf einen mit Wasser gefüllten unterirdischen Gang. Wassermassen von bis zu 10000 Litern pro Sekunde ergossen sich in den Tunnel und rissen 20000 m^3 Material (den Inhalt von 200 Sattelschleppern), Gleise und Schotter mit.[33] Eugène Fournier, Geologe und Pionier der Höhlenforschung aus der Franche-Comté, hatte im Vorfeld davor gewarnt, dass Quellen versiegen könnten. Dennoch wurde mit den Arbeiten begonnen – die Geologie hatte damals Mühe, die Beobachtungen der Karstforscher anzuerkennen. In diesem Fall hatte der Tunnel des Mont d'Or, dessen Röhre in Richtung Schweiz abschüssig ist, Gänge unterhalb des Niveaus mehrerer Quellen angeschnitten und Leckagen in einem wichtigen Wasserreservoir verursacht. Dieser Unfall hatte nicht nur die Unterbrechung der Bauarbeiten zur Folge, sondern wirkte sich auch auf die Region aus, da gleich mehrere Quellen versiegten; darunter auch die von Le Bief Rouge, die zuvor vier Fabriken im Département Doubs mit Wasserkraftstrom versorgt hatte. Auf Schweizer Seite kam es zu Strassensperrungen und zur Überschwemmung eines Bauernhofs. Der Tunnel konnte 1915, fünf Jahre nach Beginn der Arbeiten, mithilfe von Staudämmen und eines Aquäduktes in Betrieb genommen werden, der einen Teil des Wassers auf die französische Seite des Berges zurückführte. Die Quelle von Le Bief Rouge hat jedoch nie wieder so viel Wasser gespendet wie vor 1910. Zwar gab es die Höhlenforschung auch damals schon, doch man hatte sie nicht mit der Erkundung und der Dokumentation der unterirdischen Gänge beauftragt. Interessant ist jedoch, dass es auch unter den Geologen, die sich für den Tunnel interessierten, eine Kontroverse um die Probleme gegeben hatte, die der Karst machen würde – gerade im Hinblick auf Wassereinbrüche.

Wasser- und Gesteinsfluten

Vor nicht allzu langer Zeit sind in der Zentralschweiz beim Bau des Engelberg-Tunnels (OW) ähnliche Schwierigkeiten aufgetreten. Ein vor den Bohrungen durchgeführtes geologisches Gutachten hatte auf das Risiko eines Wassereinbruchs hingewiesen, da die Überlaufquellen etwa 350 m höher lagen als die perennierende Quelle. Da die Bahntrasse durch den Karstgrundwasserleiter führte, war die Wahrscheinlichkeit hoch, auf einen Wasserlauf zu stossen. Und genau das passierte: Die im Jahr 2000 in Angriff genommenen Arbeiten lösten im August 2005 eine spektakuläre Überschwemmung aus. Eine riesige Höhle, durch die grosse Mengen an Wasser flossen, wurde angeschnitten. Ausser dem Wasser, das unter Kontrolle gebracht werden musste, gab es noch ein weiteres Phänomen, das sich störend auf die Bauarbeiten auswirkte. Die Wände der Höhle waren instabil, sodass grosse Gesteinsblöcke die Infrastruktur des Tunnels zu beschädigen drohten. Die *Höhlenforscher-Gemeinschaft Unterwalden* wurde damit beauftragt, Pläne von dieser *Klufthöhle* zu erstellen und die für die Verstärkung des Bauwerks notwendigen Erkenntnisse zu liefern. Dadurch verzögerten sich die Bauarbeiten um zwei Jahre und die Mehrkosten für die zusätzlichen Untersuchungen beliefen sich auf einen zweistelligen Millionenbetrag.

Wie praktisch wäre es doch, wenn es eine Brille gäbe, mit der man durch Felsen hindurchschauen und Höhlen erkennen könnte! Nicht wenige im Höhlenforschungs- und Ingenieursmetier haben diesen Gedanken bereits gehabt. Doch so erstaunlich es klingen mag: Obwohl wir heute technologisch in der Lage sind, Wasser unter der Oberfläche des Planeten Mars zu erkennen, verfügen wir nur über indirekte Verfahren, den Untergrund zu sondieren, und sei es auch nur einige Hundert Meter tief. •AP

Die Bauarbeiten für den **Tunnel du Mont d'Or** (1910–1915) an der französisch-schweizerischen Grenze wurden durch Wassereinbrüche stark erschwert. Die Baustelle wurde überflutet, während andere Quellen versiegten. Aufgrund des Tunnelgefälles in Richtung Schweiz wurden zahlreiche Anlagen zerstört.

Unvermutetes Leben

Im Jahr 1831 wurde in der Höhle von Postojna (Slowenien) der erste höhlenbewohnende Organismus der Welt entdeckt, ein Käfer. Derzeit sind dort etwa 100 Arten inventarisiert, darunter auch der unter Höhlenfans berühmte Grottenolm *Proteus*, eine pigment- und augenlose Höhlenamphibie. Die Balkanregion verfügt im weltweiten Vergleich über die grösste unterirdische Artenvielfalt – wobei die Schweiz dem kaum nachsteht und in diesem Bereich ebenfalls als Hotspot bezeichnet werden kann.[34] Die ersten Arbeiten zur unterirdischen Biodiversität in unserem Land verdanken wir Pionieren wie Villy Aellen, Pierre Strinati und Reno Bernasconi. Villy Aellen war Direktor des Naturhistorischen Museums in Genf, ein Spezialist für Fledermäuse. Diese beobachtete er natürlich gern in Höhlen und erforschte zudem die gesamte Wirbellosenfauna.[35] Pierre Strinati erstellte in seiner Doktorarbeit 1966 den ersten vollständigen Katalog der unterirdischen Fauna in 341 Höhlen der Schweiz.[36] Reno Bernasconi war Spezialist für Weichtiere und veröffentlichte 2010 den letzten verfügbaren Überblick über die Höhlenfauna der Schweiz.[37] Er zählte 139 Arten der unterirdischen terrestrischen Lebensräume und 49 Arten der unterirdischen aquatischen Lebensräume, darunter 52 terrestrische Troglobionten (Lebewesen, die an den unterirdischen Lebensraum gebunden sind) und 35 aquatische Troglobionten (Lebewesen, die an das Grundwasser gebunden sind), d. h. insgesamt 87 Arten, die ausschliesslich in Höhlen leben. Von diesen Höhlenbewohnern werden 45 als endemisch eingestuft, d. h., sie sind nur aus begrenzten Regionen der Schweiz bekannt. Diese Zusammenfassung zeigt deutlich, wie reich die unterirdischen Lebensräume unseres Landes sind.

Vielfältige Biotope

Das unterirdische Ökosystem besteht aus mehreren terrestrischen und aquatischen Lebensräumen, die zwar weniger zahlreich sind als in einem oberirdischen Ökosystem, sich aber dennoch voneinander unterscheiden. So bietet der unterirdische Lebensraum zahlreiche ökologische Nischen, die von charakteristischen Organismen auf teilweise recht aussergewöhnliche Art und Weise besiedelt werden. Auf dem Boden und an den Wänden von Höhlen leben Weichtiere, Krebstiere, Spinnentiere und Insekten wie die berühmte Höhlenpilzmücke *Speolepta leptogaster*, deren Larve Seidenfäden spinnt, um sich in Höhlenritzen fortzubewegen.[38] Auch das in Mäandern abgelagerte Sediment enthält Organismen wie Bakterien oder Protisten (Einzeller). Unterirdische Flüsse, in denen auf dem Balkan auch der berühmte *Proteus anguinus* lebt, sind der Lebensraum vieler typischer Weich- und Krebstiere.

Der Ursprung der Besiedlung unterirdischer Lebensräume liegt manchmal mehrere Millionen Jahre zurück und hängt mit den klimatischen Veränderungen zusammen, denen die Erde unterworfen war. Da die aufeinanderfolgenden Kaltzeiten das Wasser in Form von Eis stark mobilisierten, sank der Meeresspiegel mehrmals, wodurch viele Organismen strandeten und verschwanden. Einige von ihnen fanden einen Ausweg, indem sie in die Karstgrundwasserleiter eintauchten. Geschützt vor der Trockenheit, passten sich diese Organismen an die Umweltbedingungen ihres neuen Lebensraums an, insbesondere an das fehlende Licht und die geringe Zufuhr von organischem Material von aussen. In terrestrischen Ökosystemen führten Vereisungen auch dazu, dass Organismen in Höhlen eindrangen, um der

Ein Tausendfüsser der Gattung *Glomeris* ist von einer Spinne gefangen und zum Verzehr aufbewahrt worden: gefunden in der **Grotte de Saint-Martin** (VS).

Höhleneingänge stellen für zahlreiche Tierarten Zufluchtsorte dar, die Schutz vor widrigen Witterungsbedingungen bieten.

Die Wände und Böden von Höhlen sind ein Lebensraum für spezialisierte terrestrische Arten. Sie ernähren sich von organischer Materie, die z. B. durch Tierkadaver, Luftströmungen oder die Entwicklung von Mikroorganismen in die Tiefe gelangen.

In unterirdischen Sinterbecken, Seen und Bächen lassen sich aquatische Troglobionten beobachten. Sie besiedeln den gesamten unter Wasser stehenden Karst, der tausendmal grösser ist als der trockene Teil.

Kälte zu entgehen. Dabei passten sie sich wie die Wasserorganismen an die Lebensbedingungen unter der Erde an. Da die Bewegungsmöglichkeiten in dieser beengten Umgebung für kleine Organismen mit einer niedrigen Reproduktionsrate eingeschränkt sind, entwickelten sie sich in unterschiedlichen Höhlenbereichen unabhängig voneinander. So entstanden die endemischen Arten, die wir heute erforschen.

Zahlreiche Arten

Im letzten Überblick von 2010 machen das Gros der terrestrischen höhlenbewohnenden Wirbellosen in der Schweiz Insekten wie Springschwänze (Collembolen, 44 Arten, davon 24 troglobionte und 12 endemische Arten), Käfer (12 Arten, davon 6 troglobionte und 6 endemische Arten) und Doppelschwänze (Dipluren, 6 Arten, alle troglobiont) aus.[37] Ausserdem finden sich einige Zweiflügler (Dipteren) und andere Gruppen, die weniger stark vertreten sind. Auch Spinnentiere gibt es in der unterirdischen Welt, insbesondere Spinnen (11 Arten, darunter eine echte troglobionte Art), Pseudoskorpione (7 Arten, darunter 5 troglobionte und 4 endemische Arten) und Weberknechte (Opilionen, eine Art). Milben sind ebenfalls gut vertreten (14 Arten, darunter 3 troglobionte und 5 endemische Arten). Auch andere terrestrische Wirbellose sind recht zahlreich, etwa die Gruppe der isopoden Krebstiere (10 Arten, davon 2 troglobionte und 4 endemische Arten) oder Tausendfüsser wie die Doppelfüsser (Diplopoden, 8 Arten, davon 4 troglobionte und 5 endemische Arten), die Hundertfüsser (Chilopoden, 3 Arten) und die Zwergfüsser (Symphyla, eine endemische Art). Schliesslich gibt es noch Weichtiere (2 Schneckenarten) und Würmer (2 Oligochaeten-Arten, davon eine endemisch). Schmetterlinge erwähnen wir hier nicht, da sie keine Höhlenbewohner im eigentlichen Sinne sind. Sie suchen zwar oftmals Zuflucht in Höhlen, kommen aber auch in Kellern, Tierbauen und verschiedenen Zwischenräumen an der Oberfläche vor.

Unter den terrestrischen Wirbellosen gibt es einige Käfer, die im Tertiär in die unterirdische Welt gelangt sind, als die Kalkgesteine zerklüftet wurden und sich aus dem Meer erhoben. Dies trifft z. B. auf *Trichaphaenops jurassicus* zu, der als prioritäre Art zur Erhaltung der Biodiversität in der Schweiz gelistet ist – ein Endemit, der 2023 im Neuenburger Jura von Denis Blant beobachtet wurde (siehe Abb. S. 153).

Doppelfüsser, Pseudoskorpione, Milben und verschiedene Insekten nahmen in der langen Periode vor den Kaltzeiten des Quartärs denselben Weg. Bis Anfang der 2000er-Jahre wurden viele solcher Höhlentiere entdeckt, z. B. der Doppelfüsser *Niphatrogleuma wildbergeri* aus den Walliser Alpen, eine neue Gattung und Art, die 1986 beschrieben wurde und zu einer höhlenbewohnenden Artengruppe aus Europa, Nordamerika, Asien und Australien gehört.[39] Die Verbreitung des endemischen Doppelfüssers ist auf das rechte Ufer des Rhônetals beschränkt. Er wurde noch nie am linken Ufer beobachtet, wo sein naher Verwandter *Broelemanneuma gayi* anzutreffen ist, der wiederum am rechten Ufer fehlt.[40] Diese beiden Arten sind ein gutes Beispiel für das Phänomen der Artbildung und des Endemismus: Zwei Populationen haben sich in natürlicherweise abgegrenzten geografischen Bereichen zu unterschiedlichen Arten mit strikt getrennten Verbreitungsgebieten entwickelt.

Die Larve des Zweiflüglers *Speolepta leptogaster* fängt ihre Beute mit Seidenfäden, die sie an den Wänden anheftet.

Typische aquatische höhlenbewohnende Wirbellose in der Schweiz sind Krebstiere wie Flohkrebse (Amphipoden, 11 Arten, alle troglobiont), Ruderfusskrebse (Copepoden, 14 Arten, davon 9 troglobionte und 2 endemische Arten), Asseln (Isopoden, 5 Arten, alle troglobiont, eine davon endemisch), Muschelkrebse (Ostracoden, 2 Arten) und Syncariden (2 Arten, alle troglobiont, davon eine endemisch). Weichtiere sind mit der Gruppe der Vorderkiemerschnecken (Prosobranchien, 8 Arten, davon 6 troglobiont und 3 endemisch) gut vertreten. Plattwürmer (Turbellarien) zählen 2 Arten und Rundwürmer 3 Arten (ein Polychaet und zwei Oligochaeten). Ein Blutegel und eine Milbe wurden ebenfalls als Bewohner der unterirdischen Gewässer erfasst.

Der Weberknecht *Ischyropsalis* wurde 1994 im **Unteren Böllenloch**, im **Schiltloch** und in der **Wengenhöhle** (OW) entdeckt. Er war bereits in Vorarlberg und im Tessin bekannt, im Norden der Schweizer Alpen jedoch noch nicht beobachtet worden. Vermutlich überlebte er die letzte Eiszeit, indem er Zuflucht unter der Erde suchte.

Unter den Wasserorganismen sind die Höhlenflohkrebse der Gattung *Niphargus*, von denen die ersten bereits 1904 im Hölloch gesichtet wurden, vielleicht die bekannteste Art. Diese kleinen, 0,5 bis 2 cm langen Krebstiere finden sich in unterirdischen Flüssen, Sinterbecken und Quellen in allen Karstgebieten der Schweiz (siehe Abb. S. 155). Sie werden selten im offenen Wasser, sondern eher von Tauchern auf dem Grund oder an Höhlenwänden beobachtet. So gelangen sie wahrscheinlich in ruhigere Bereiche und können sich in Ritzen flüchten, wenn die Strömung stärker wird und sich ein Hochwasser ankündigt.

Troglobionten, Troglophile und Trogloxene

Nicht alle Organismen der unterirdischen Welt leben am selben Ort. **Troglobionte** Arten, die ausschliesslich in Höhlen leben und sich entsprechend angepasst haben (Verlust der Augen, depigmentierte Haut), halten sich in der Regel in den tieferen Bereichen auf. **Troglophile** Arten mögen unterirdische Lebensräume, kommen aber auch oberflächennah vor. Sie sind häufig in Eingangsbereichen anzutreffen. **Trogloxene** Arten leben zufällig oder nur einen Teil des Jahres in Höhlen. Dazu gehören z. B. Fledermäuse, die sich hauptsächlich ausserhalb aufhalten. Eine Höhle suchen sie nur zum Schwärmen oder Überwintern auf. •MB

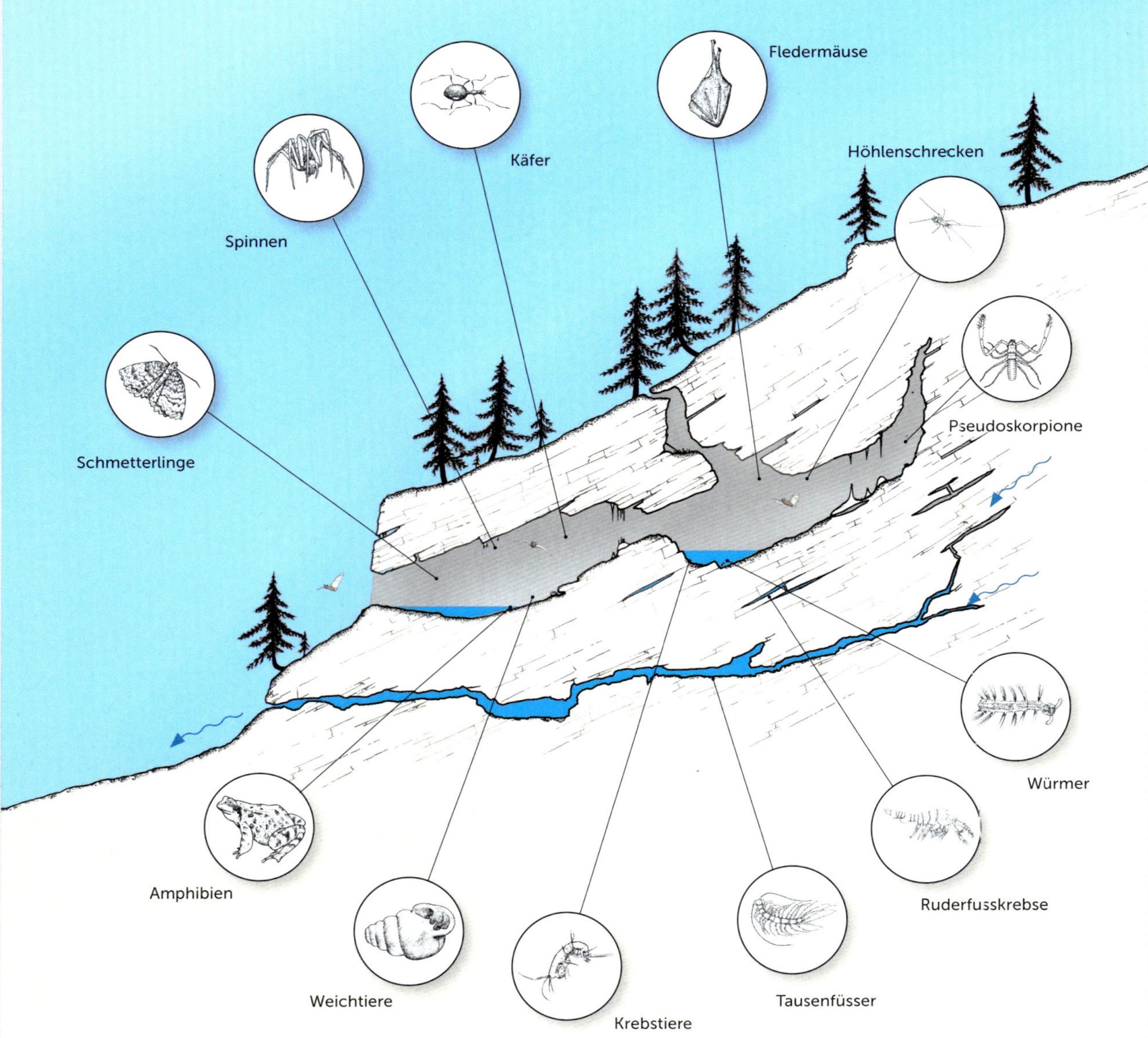

Beim Filtrieren von Grundwasser werden manchmal unerwartete Entdeckungen gemacht, Pascal Moeschler stiess in den 1980er-Jahren beispielsweise auf *Stygepactophanes jurassicus*. Für diesen seltsamen, bis dahin völlig unbekannten Ruderfusskrebs musste sogar eine neue Gattung geschaffen werden.[41]

Im Grundwasser der gesättigten Zonen kommen auch extrem seltene, endemische, winzig kleine Krebstiere vor, die nur sichtbar sind, wenn sie in einen Wasseraustritt gespült werden, z. B. der Ruderfusskrebs *Gelyella monardi*, den Pascal Moeschler 1985 bei der Filtration von Grundwasser entdeckte (siehe Abb. S. 155).[42] Der besondere Stellenwert dieser Art zeigt sich darin, dass sie in die Liste der National Prioritären Arten in der Schweiz aufgenommen wurde. Als Nachkomme von Ahnen, die vor 20 Millionen Jahren im Miozän noch im Meer lebten, wurde dieses kleine Krebstier bisher nur in der Areuse-Schlucht (NE) im Jura gefunden.

Entdeckung immer neuer Arten

In den letzten zehn Jahren wurden in der Schweiz mehrere neue Höhlentiere entdeckt und beschrieben. Der Pseudoskorpion *Pseudoblothrus infernus*, eine Art, die 2011 von Volker Mahnert beschrieben wurde, erregte im Hölloch (SZ) die Aufmerksamkeit von Höhlenforschern, als das winzige Tier auf ihrem Müll herumkrabbelte.[43] Diese troglobionte Art und andere Pseudoskorpione sind auch in den Zentralalpen heimisch. In der Riedschwandhöhle (OW), ebenfalls in der Zentralschweiz, wurde 2009 der Höhlenstrudelwurm *Dendrocoelum nekoum* entdeckt. Er wurde 2012 als neue Art identifiziert und beschrieben.[44] Dieser erstaunliche endemische Plattwurm konnte bisher nur in dieser einen Höhle nachgewiesen werden. Er ist ein naher Verwandter von zwei anderen unterirdischen Arten aus Rumänien. Auch bei den Schmetterlingen wurden neue Arten entdeckt, darunter eine in der Schweiz bislang unbekannte Art der Gattung *Triphosa*.[45]

Der einheimische Käfer *Tricaphaenops jurassicus*, der 2023 in der **Grotte de Vers chez le Brandt** (NE) gefunden wurde.

Der Pseudoskorpion des **Höllochs:** eine neue Tierart, die zufällig und ganz unerwartet in einem Biwak entdeckt wurde.

Ein Doppelschwanz der Gattung *Plusiocampa*, von der vier troglobische Arten in den Höhlen des Juras und der Schweizer Alpen vorkommen.

Die troglobionten Springschwänze haben weder Farbe noch Augen. Ein *Furca* genannter Fortsatz am Hinterleib ermöglicht es ihnen, sich wie eine Feder zusammenzuziehen und mehrere Meter weit zu springen.

Die Gletscher-Glasschnecke *Eucobresia glacialis* lebt an den feuchten Wänden hoch gelegener Höhlen, wie hier im **Mondmilchloch** (OW).

Eine Schnecke der Gattung *Oxychilus* in der **Grotte du Chemin de Fer** (NE).

Eine kürzlich durchgeführte Revision der Gattung *Niphargus* erhöhte die Zahl der Höhlenflohkrebsarten auf 18; vier davon gelten als einheimisch.[46] Durch genetische Analysen konnten auch im Hölloch drei neue Arten identifiziert werden. Untersuchungen der Eawag haben ergeben, dass mehrere Arten auch im Grundwasser vorkommen.[47] Sie wurden bei der Filtration zur Trinkwasseraufbereitung nachgewiesen. In Zusammenarbeit mit den Brunnenmeistern der jeweiligen Pumpstationen wurden 2021 insgesamt 313 Stellen beprobt. Man fand acht *Niphargus*-Arten, von denen zwei erstmals in der Schweiz auftauchten, sowie eine Art, die der Wissenschaft völlig neu war.

Diese Funde zeigen, dass unser Wissen über das unterirdische Leben gerade mit Blick auf die Wirbellosen noch sehr lückenhaft ist. In naher Zukunft werden wahrscheinlich noch weitere endemische Arten entdeckt werden, insbesondere in alpinen Gebieten, die durch grosse Flusstäler voneinander getrennt sind. Für den Erhalt der biologischen Vielfalt ist die Höhlenfauna sehr wichtig. Zudem ist eine Höhle wie das Hölloch (SZ) aufgrund ihrer endemischen *Niphargus*-Arten aus phylogenetischer Sicht von Bedeutung. Ihre funktionelle Morphologie zeigt, dass sie unterschiedliche Nischen im Ökosystem besetzen. Die unterirdische Welt stellt somit eine Art Labor dar, in dem die Entwicklungsgeschichte von Arten nachvollzogen werden kann. In dieser geschützten und stabilen Umgebung bleiben Relikte erhalten, die Klimakatastrophen überlebt haben – im Gegensatz zu Organismen, die oberirdisch lebten und während dieser Katastrophen ausstarben.

Auch Säugetiere

Dieser Überblick über die unterirdische Wirbellosenfauna lässt sich durch die Wirbeltierfauna vervollständigen. In der Schweiz gibt es 30 Fledermausarten, von denen vier erst seit etwa 20 Jahren bekannt sind: die Mückenfledermaus *(Pipistrellus pygmaeus)*, das Alpen-Langohr *(Plecotus macrobullaris)*, die Nymphenfledermaus *(Myotis alcathoe)* und das erst 2019 entdeckte Kryptische Mausohr *(Myotis crypticus)*.[48] In der Zeit der Winterruhe sind Fledermäuse in der Schweiz natürlich stark an Höhlen gebunden. Nur eine Art kann jedoch als troglophil bezeichnet werden, nämlich die Langflügelfledermaus *(Miniopterus schreibersii)*, die im Schweizer Jura auch in der Sommerzeit Höhlen aufsucht.[49] Diese Art kommt heute leider nur noch selten vor. Der Grossteil der anderen 22 Arten überwintert in mehr oder weniger tiefen Höhlen und gilt als subtroglophil, wie z. B. die Grosse Hufeisennase *(Rhinolophus ferrumequinum)*. Nur sieben Arten sind als interstitiell zu betrachten, da sie eher in geringer Tiefe in Spalten und Fugen im Fels überwintern.

Unterwasserwelt ohne Licht

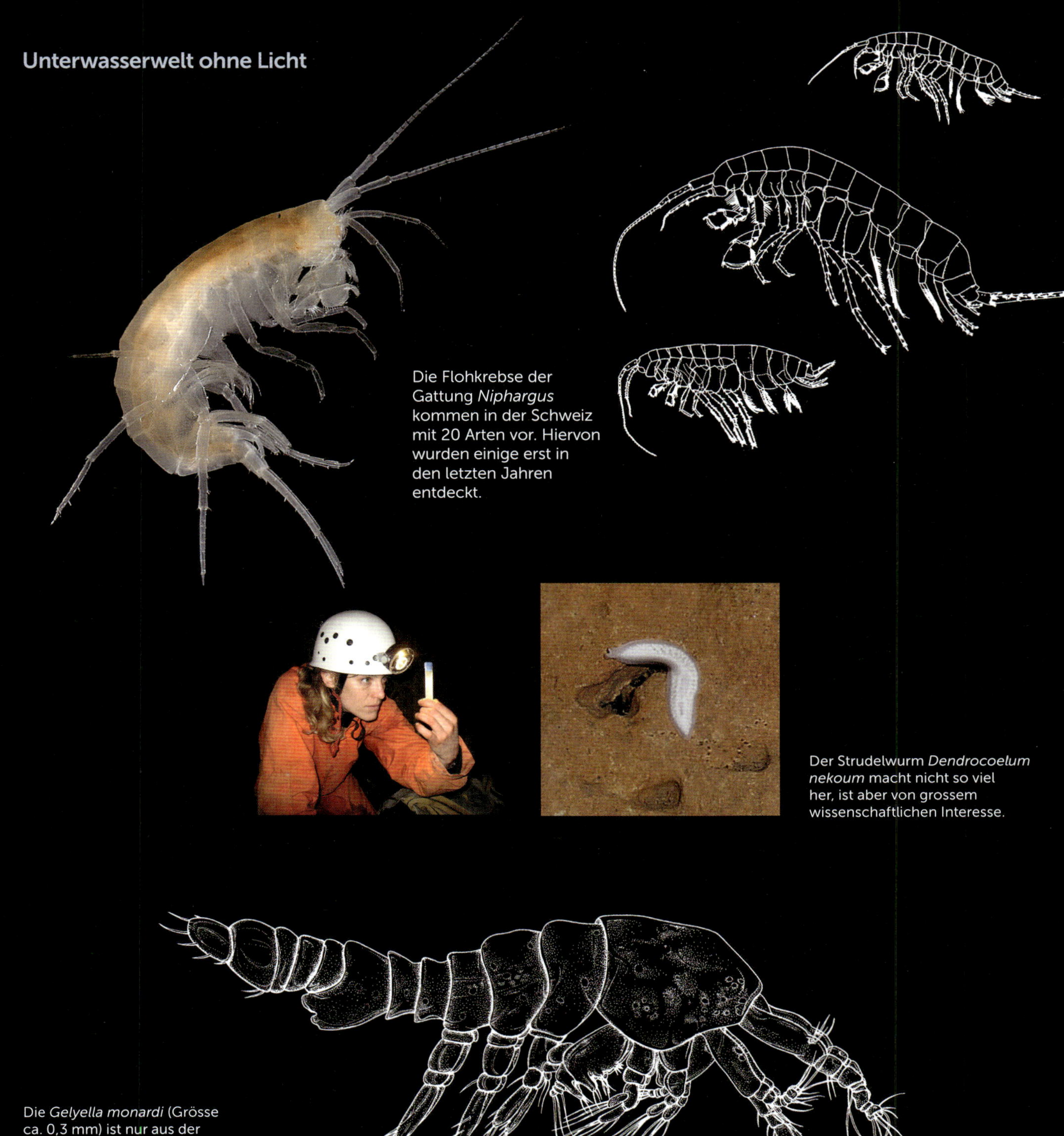

Die Flohkrebse der Gattung *Niphargus* kommen in der Schweiz mit 20 Arten vor. Hiervon wurden einige erst in den letzten Jahren entdeckt.

Der Strudelwurm *Dendrocoelum nekoum* macht nicht so viel her, ist aber von grossem wissenschaftlichen Interesse.

Die *Gelyella monardi* (Grösse ca. 0,3 mm) ist nur aus der Areuseschlucht (NE) bekannt. Sie wurde bei der Filtration von Höhlenwasser entdeckt.

Mücken *(Culex pipiens)* und andere Insekten sind in Höhleneingängen zahlreich zu finden. Spinnentiere ebenfalls ...

Fledermäuse überwintern nicht nur in Höhlen, sondern sind auch während der sogenannten Schwarmzeit auf sie angewiesen. Im Herbst kommen Weibchen und Männchen zusammen, um sich vor dem Winterschlaf zu paaren. Zu dieser Jahreszeit verlassen die Fledermäuse ihre Sommerreviere, die manchmal kilometerweit entfernt liegen. In einer Saison besuchen oft mehrere Tausend Fledermäuse einer einzigen Art eine Paarungsstätte und paaren sich mehrmals mit verschiedenen Partnern. Dieses Verhalten fördert die genetische Durchmischung und verhindert, dass die genetische Vielfalt der Fledermäuse in einer Region verarmt. Für diese Arten bilden die Höhlen ein unverzichtbares Biotop, das sie benötigen, um ihren Fortpflanzungszyklus zu durchlaufen. Die bekanntesten Schwarmplätze in der Schweiz befinden sich in einem Gebiet von etwa 20 km Länge im Waadtländer Hochjura mit 11 Höhlen und Schachthöhlen.[50] Sie bilden das grösste bekannte Netz von Schwarmplätzen in Europa.

Spinnen wie die Grosse Höhlenspinne (*Meta menardi*) fangen Insekten und Schmetterlinge, die in Höhleneingängen Unterschlupf suchen.

Die Langflügelfledermaus ist die einzige Art in der Schweiz, deren Brutkolonien sich in Höhlen befinden.

Das Braune Langohr (links) ist während der Schwärmzeit in grosser Zahl in den Höhlen des Juras anzutreffen.
Die Grosse Hufeisennase überwintert oft tief im Höhleninneren.

Triphosa sabaudiata, Scoliopteryx libatrix und *Triphosa dubitata* (von links nach rechts) sind typische Schmetterlinge in den Schweizer Höhlen. Man kann ihnen bis zu 20 m vom Eingang entfernt begegnen.

Wandernde Amphibien wie die Erdkröte (*Bufo bufo*) fallen hin und wieder in kleinere Schachthöhlen, aus denen sie nicht wieder hinausklettern können. Sie überleben dort aber manchmal mehrere Jahre – dank der Insekten, die in den Höhlen Unterschlupf suchen.

Der Feuersalamander (*Salamandra salamandra*, hier ein Exemplar aus den südlichen Alpen) nutzt die recht gleichbleibenden Temperaturen in Höhlen, um zu überwintern.

Für andere Wirbeltiere, insbesondere Amphibien, sind Höhlen vorübergehende Zufluchtsorte, die u. a. in der kalten Jahreszeit genutzt werden. Einige Säugetiere (Fuchs, Dachs und Wildkatze) nutzen Höhlen auch als Unterschlupf, um Junge zu bekommen und aufzuziehen. Und nicht zuletzt gibt es auch noch einen Zweibeiner, der mitunter Höhlen aufsucht ...

Was ist mit der Flora?

Pflanzen kommen in Höhlen in der Regel nur im Eingangsbereich vor, weil sie Licht brauchen, um zu gedeihen. Es handelt sich dabei vor allem um Farne, Moose und wenige grössere Pflanzen, die in Felsspalten wurzeln. Einigen Moosen und Farnen reicht die künstliche Beleuchtung in Besucherhöhlen für die Photosynthese. Auch Pilze können in einer gewissen Tiefe wachsen, falls dort organisches Material vorhanden ist. Schimmelpilze können sich z. B. auf toten Tieren oder Abfällen entwickeln, die in der Höhle zurückgelassen wurden oder auf natürliche Weise hineingelangt sind.

In den St. Beatus-Höhlen (BE) hat man nicht weniger als 39 Pflanzenarten gezählt, darunter etwa 30 Moose und 4 Farne. Im Jahr 1924 wurde dort die Alge *Cystococcus humicola* bekannt.[51]

Höhlengewässer sind der Lebensraum für speziell angepasste Bakterienarten, die auf eine bestimmte Qualität des durchfliessenden Wassers und seine physikalisch-chemischen Eigenschaften angewiesen sind. Im Bärenschacht (BE) bevölkern mikrobielle Gemeinschaften sowohl die unterirdischen Becken, die von dem von der Decke tropfenden Wasser gespeist werden, als auch die Becken, deren Wasser sich bei Hochwasser erneuert. Diese Gemeinschaften sind nicht mit den typischen bakteriellen Gemeinschaften in Oberflächengewässern verwandt. Die Populationen von unterirdisch lebenden Mikroorganismen werden daher in hohem Masse von Hochwasser, der Latenzzeit zwischen der Erneuerung der Becken und dem saisonalen Durchfluss durch den Karst beeinflusst.[52] •MB

ECKE DER WISSENSCHAFT

Die schwierige Suche nach Höhlenfauna

Das Studium der unterirdischen Fauna ist eine komplexe, mit grossen Schwierigkeiten behaftete Disziplin. Es erfordert viel Geduld, mit blossem Auge an den Wänden und auf dem Boden von Höhlen nach Arten zu suchen, da diese nicht sehr häufig sind. Manchmal versucht man, die am Boden krabbelnden Tiere durch Bodenfallen (Barber-Fallen) anzulocken, in denen ein Köder (z. B. verdorbenes Fleisch) Duftstoffe freisetzt. Die Tiere müssen den Duftstoff allerdings erkennen und sich dann über Gesteinsbrocken, Risse und andere natürliche Fallen im Untergrund in seine Richtung bewegen. Die Fauna in unterirdischen Gewässern ist oft ebenso selten. Planktontiere wie *Gelyella* kommen erst zum Vorschein, wenn Hunderte von Kubikmetern Quellwasser filtriert werden. Glücklicherweise haben die ersten Biospeläologen ungewöhnlichen Mut und viel Geduld bewiesen – zwei Tugenden, ohne die sich das Wissen über die unterirdische Fauna nicht hätte entwickeln können. Neue Methoden wie die Amplifikation von eDNA-Strängen (Umwelt-DNA: freie DNA in Wasser oder Boden) werden wahrscheinlich zu Fortschritten in diesem Bereich führen, da die Untersuchung der aquatischen Ökosystemte vereinfacht wird. •MB

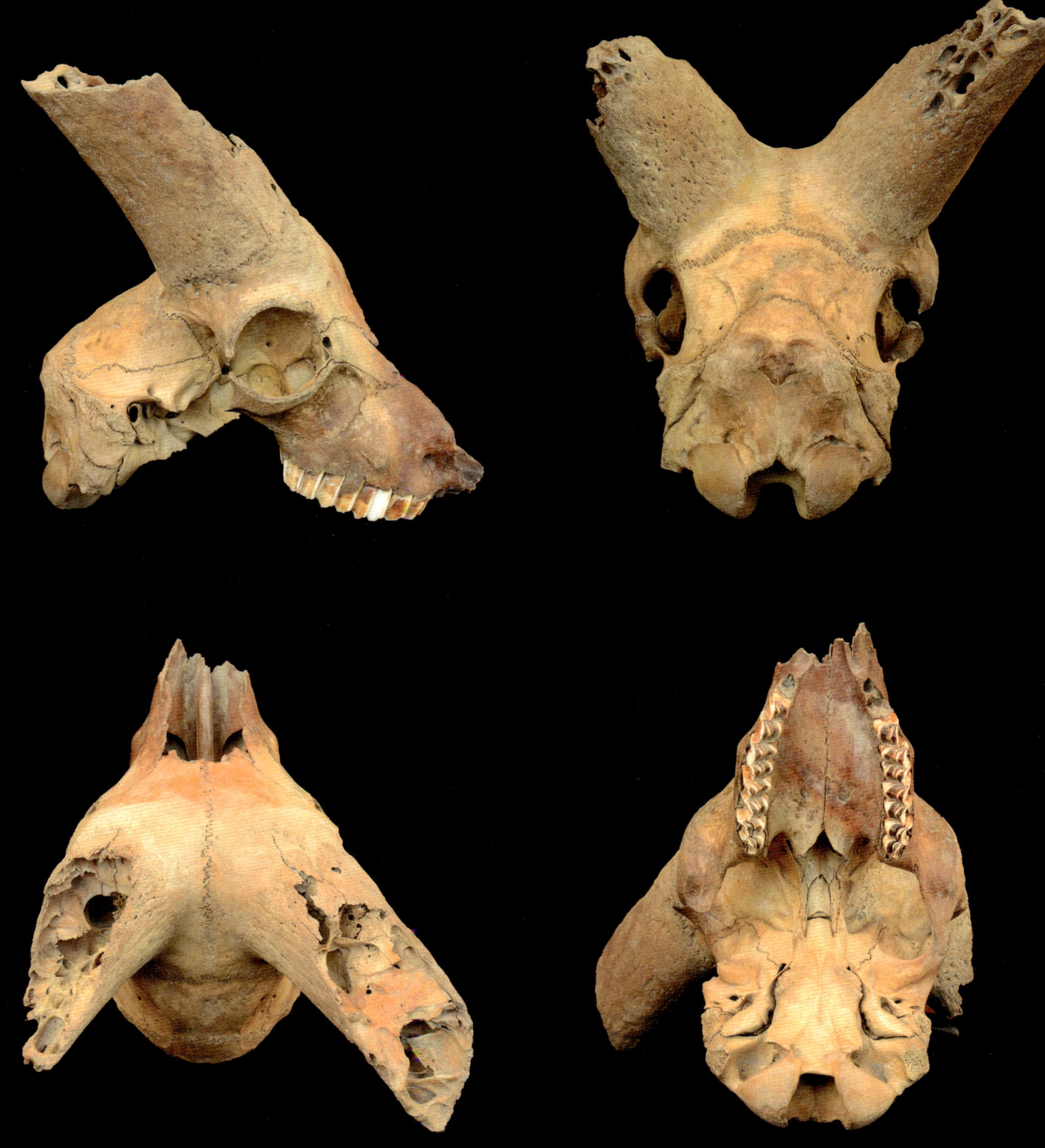

Knochenfunde in Höhlen

Auf die Frage, was sie motiviert, sich unter die Erde zu begeben, antworten Höhlenforscher und Höhlenforscherinnen häufig, dass sie unbekanntes Terrain entdecken wollen – ähnlich wie ein Astronaut, der seinen Fuss zum ersten Mal auf den Mond setzt. Diese Einstellung haben die meisten Forschenden, während sich die übrigen Gäste in einer Höhle meist lieber auf vorgezeichneten Wegen bewegen. Doch neben dem Wunsch, *Terra incognita* zu betreten, gibt es einen weiteren Grund für die Höhlenforschung: die Entdeckung von Spuren längst vergangener Zeiten. Das Freilegen von mehr oder weniger versteinerten, vor Umwelteinflüssen geschützten Knochen unter der Erde kann wertvolle Aufschlüsse über die Vergangenheit oder gar ausgestorbene Tierarten geben. Massengräber, die entstanden sind, weil nachlässige Viehzüchter Höhlen als Müllhalden nutzten, wollen wir beiseitelassen. Stattdessen sprechen wir über die Freilegung uralter Knochen, die in Schachthöhlen mit unauffälligem Eingang liegen, und das manchmal schon seit Jahrtausenden.

Die Zeit der Steinböcke

Im Sommer 2017 entdeckt der Hirte Simon Richard auf der Alp Giétroz-Devant eine kleine Öffnung. Wir befinden uns auf 2178 m Höhe im Vallon de Susanfe oberhalb von Champéry (VS). Das Gelände, das von den imposanten Dents du Midi überragt wird, ist hier weitgehend verkarstet und der Eingang einer Höhle ein seltenes, aber normales Phänomen. Der Hirte schlüpft in die enge Öffnung. Als er feststellt, dass er sich am Anfang eines recht breiten Schachts befindet, wendet er sich an einen befreundeten Bergführer, um gemeinsam die Schachthöhle zu erkunden. Ein bequemer, 10 m langer Schacht, der an seiner Basis etwa 15 m^2 gross ist, führt über einen wenige Meter langen Gang in eine zweite, länglichere Halle. Es handelt sich um eine kleine Höhle, von denen es in dieser Gegend viele gibt – aber hier ist der Boden mit Knochen übersät, von denen die meisten wahrscheinlich schon alt sind. Den beiden Entdeckern fällt noch etwas anderes auf: Während der Boden der zweiten Halle in 17 m Tiefe durch eine Verengung versperrt ist, stösst man bei einer kleinen Kletterpartie durch einen Riss an der Decke auf sorgfältig angeordnete Felsblöcke. Der Zugang ist offensichtlich durch menschliches Eingreifen versperrt worden. Der «zugemauerte» Gang und die Verengung in der Tiefe befinden sich in der Nähe einer kleinen Felswand, die im Süden an die Höhle angrenzt. Es handelt sich dabei sicher um alte Ausgänge.

Als unsere beiden Forscher nach ihrem unterirdischen Streifzug wieder ans Tageslicht kommen, informieren sie ein Archäologiebüro und das Institut für Speläologie und Karstforschung (SISKA). Im darauffolgenden Herbst untersuchen Archäozoologen die zahlreichen, bemerkenswert gut erhaltenen Knochen und bekunden grosses Interesse an dem Zufallsfund. Die Knochen stammen grösstenteils von Steinböcken, aber auch von Schafen, Gämsen, Braunbären und Schneehasen. Einige Vögel und Kleinsäugetiere sind ebenfalls in der Höhle verendet. Schädel gibt es besonders viele. Die ersten Datierungen – eine Gämse, die vor 2100 Jahren starb, und ein Steinbock mit einem Alter von 7300 Jahren – zeigen, dass diese natürliche Falle zu Zeiten, als die natürlichen Eingänge in der Felswand noch offen waren und der heutige Zugang noch nicht existierte, mindestens 5000 Jahre bestand.[53]

Schädel eines Steinbocks, der vor 8300 Jahren lebte, gefunden im **Gouffre de Giétroz-Devant** (VS).

In den folgenden Jahren werden die Untersuchungen ausgeweitet und vertieft. Sie führen zu den in der Abbildung unten dargestellten Ergebnissen, die einige Rückschlüsse zulassen. Unter den 800 gesammelten Knochen zeigen sechs 2220 bis 2070 Jahre alte Schafknochen, dass die Alp während der Eisenzeit mindestens 150 Jahre lang als Weideland genutzt worden sein muss. Steinböcke müssen dagegen über 4000 Jahre lang in diesen Bergen gelebt haben (11 Datierungen von −8300 bis −4200), wenn auch vielleicht nicht kontinuierlich.[53]

Aber wie gelangten diese Tiere in die Höhle und warum kamen sie nicht mehr heraus? Der obere Eingang in der Felswand war für Wildtiere – Steinböcke und Gämsen –, aber auch für Schafe zugänglich, was die einheimischen Hirten natürlich dazu veranlasste, diesen Zugang zu versperren und eine Schutzmauer zu bauen. Schliesslich drohte unvorsichtigen Tieren an diesem Schachtfenster der

Gouffre de Giétroz-Devant (VS): die Entdeckung des oberen Eingangs.

Heutiger Eingang
7469–2580 Jahre v.Chr.
Felswand
1870–1613 Jahre v.Chr.
Zugemauerter Gang
200 Jahre v.Chr. – 9 Jahre n.Chr
129–310 Jahre n.Chr.
17 m
1870–1627 Jahre v.Chr.
6742–6588 Jahre v.Chr.
153 Jahre v.Chr. – 9 Jahre n.Chr.
6460–2580 Jahre v.Chr.
1744–1613 Jahre v.Chr.
196–54 Jahre v.Chr.
200–46 Jahre v.Chr.
−17 m

Gefangen im Gouffre de Giétroz-Devant

In der Höhle fanden die Forschenden zahlreiche Knochen.

Schafschädel und Unterkiefer in **Giétroz**.

tödliche Sturz in die Tiefe. Was die Bären – allesamt Jungtiere – angeht, ist anzunehmen, dass die Engstelle hinten in der Höhle das Loch am Fuss der Felswand nicht immer verschlossen hat und dass während der Winterruhe der Weibchen der eine oder andere Jungbär seinem Entdeckerdrang zum Opfer fiel und in die Falle tappte.

Die Knochen der Steinböcke liefern uns umfangreiche Informationen, wenn man die gemessenen Todesdaten auf die Klimaskala des Holozäns überträgt. Aktuelle Analysen zeigen, dass die Männchen im Sommer Höhenlagen über 2400 m aufsuchten und im Winter auf 2200 m abstiegen. Obwohl es sich um gewandte Kletterkünstler handelt, lassen sich die sterblichen Überreste am Höhlenboden leicht dadurch erklären, dass eine Schneebrücke unter dem Gewicht einiger Tiere eingestürzt sein muss.

Eine verschwundene Tierwelt

Eine weitere Frage stellt sich: Können Knochen in Höhlen uns verraten, ob es in der Vergangenheit eine andere Artenvielfalt gab? Die Antwort lautet Ja und betrifft bisweilen frühe tierische Bewohner unseres Landes, deren Anwesenheit unter der Erde für Erstaunen sorgt.

Ein heute eher seltenes Tier, der majestätische Rothirsch, durchstreifte nach den grossen Kaltzeiten weitläufig die Mischwälder an den Ausläufern des Juras. Die Combe des Amburnex ist eine bemerkenswerte Karstformation im Waadtländer Jura und steht gleich aus mehreren Gründen im Fokus der Höhlenforschung im Vallée de Joux. Zum einen bildet der Karst einen Teil des Einzugsgebiets für die Quellen der Flüsse Aubonne und Toleure in der Nähe des Genfersees. Zudem interessieren sich lokale Forschungsteams für die Luftströmungen, die den Schnee an manchen Stellen schmelzen

Grotte du Chalet à Roch-Dessus (VD): Nur wenige Meter vom Eingang entfernt hat man 4500 Jahre alte Knochen von Bison und Elchen gefunden.[54]

Detail: Röhrenknochen eines Elches, der sich in einem Geröllfeld verfing.

7000 bis 7300 Jahre altes Schädelfragment eines Rothirsches, entdeckt im **Gouffre des Perséides** unweit des Col du Marchairuz (VD).

lassen, weil sie hoffen, einen neuen Zugang zum unterirdischen Fluss im Gouffre de Longirod zu finden. In allen bislang erfassten, wenn auch kleinen Eingängen fanden Grabungsarbeiten statt. In der Nähe der Alp La Rionde Dessus, wo der Eingang einer Schachthöhle zugeschüttet worden war, um das Vieh vor dem Absturz zu bewahren, zahlten sich die Geduld und die Ausdauer schliesslich aus. Die Räumung war heikel und man musste sowohl abstützen als auch graben, um ins Zentrum der Felsverengung zu gelangen, doch es kam ein hübscher Schacht zum Vorschein, der in eine 45 m tiefe Höhle führte: eine weitere der vielen Schachthöhlen in dieser Region. Was den Gouffre des Perséides jedoch interessant machte, war der Fund eines beeindruckenden Hirschgeweihs. Bei den sorgfältigen Räumarbeiten rund um die Trophäe mit acht oder zehn Enden wurden noch Überreste eines jüngeren Rothirschs *(Cervus elaphus)* und zweier Rehe sowie ein durchlöchertes Hirschgeweihstück aus der Jungsteinzeit entdeckt. Es stammte von einem alten Männchen, das vor 7000 Jahren gelebt hat.[55]

In den Berner Voralpen wurden in zwei kleinen Schachthöhlen nahe der Gemeinde Habkern Überreste von Elchen *(Alces alces)* gefunden. Der Elch ist unter der Erde nicht selten – zumindest nicht in Knochenforrm. Einst bevölkerte er weite Gebiete der Berner und Luzerner Voralpen sowie des Juras (heute: Waadt, Neuenburg, Bern, Jura und Baselland)

Arche Noah der frühen Schweiz

Verschiedenste Epochen, Regionen und Tiere. Diese Fundstücke vermitteln einen Eindruck, welche paläontologischen Entdeckungen schon in Schweizer Höhlen gemacht wurden.

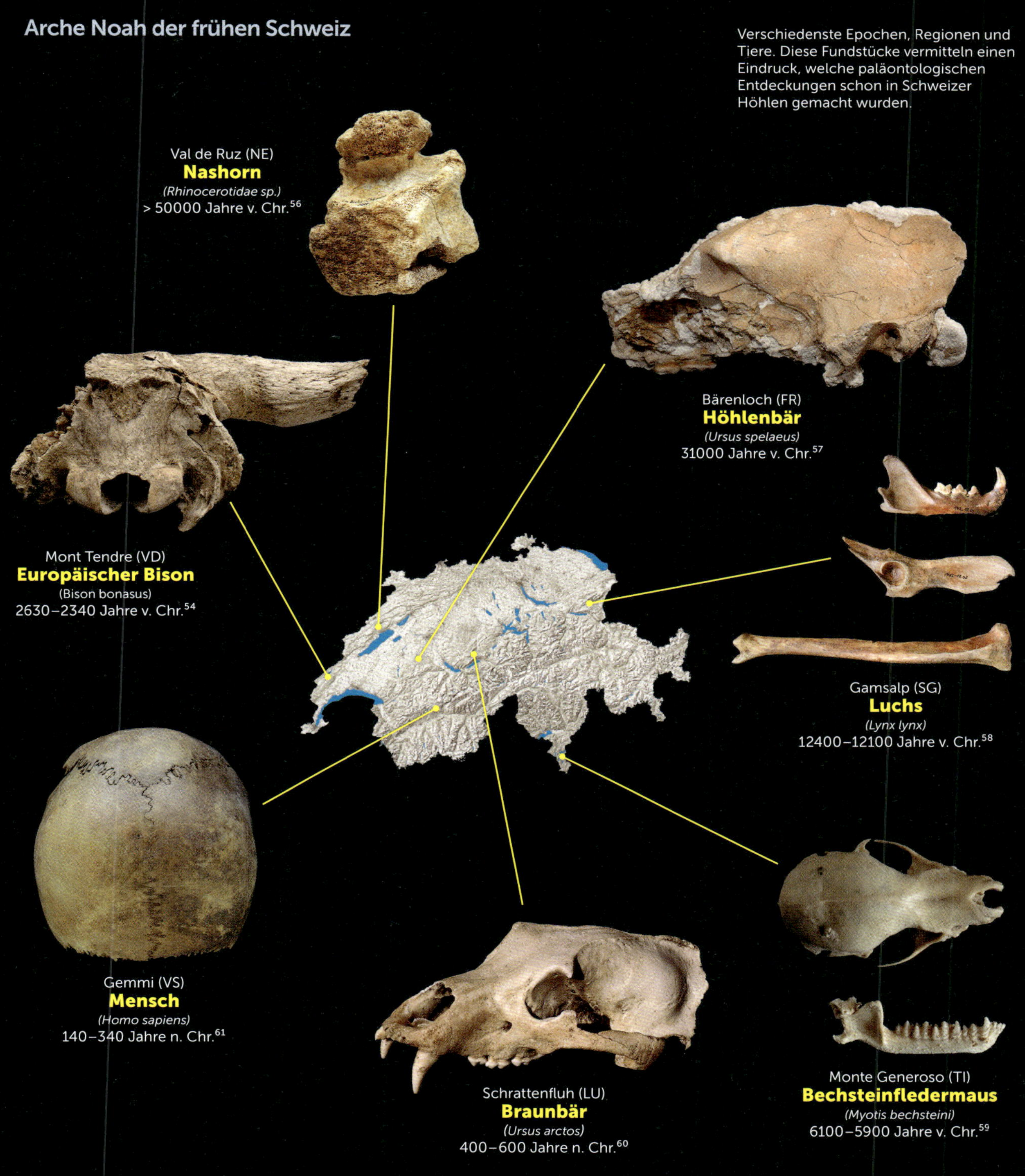

Val de Ruz (NE)
Nashorn
(Rhinocerotidae sp.)
> 50000 Jahre v. Chr.[56]

Bärenloch (FR)
Höhlenbär
(Ursus spelaeus)
31000 Jahre v. Chr.[57]

Mont Tendre (VD)
Europäischer Bison
(Bison bonasus)
2630–2340 Jahre v. Chr.[54]

Gamsalp (SG)
Luchs
(Lynx lynx)
12400–12100 Jahre v. Chr.[58]

Gemmi (VS)
Mensch
(Homo sapiens)
140–340 Jahre n. Chr.[61]

Schrattenfluh (LU)
Braunbär
(Ursus arctos)
400–600 Jahre n. Chr.[60]

Monte Generoso (TI)
Bechsteinfledermaus
(Myotis bechsteini)
6100–5900 Jahre v. Chr.[59]

Klimawandel und Veränderungen der Fauna

Die Kurve der Durchschnittstemperaturen im Spätpleistozän und Holozän (vor –150000 Jahren bis zum Jahr 0) zeigt Klimaschwankungen während des Riss/Würm-Interglazials und vom späten Pleistozän (Würm-Kaltzeit) bis zur Gegenwart. Die Klimaänderungen beeinflussten wiederum die Fauna in Mitteleuropa. Hier ein Überblick über die Auswirkungen des Klimawandels auf typische Tierarten dieser Epochen, die anhand von Knochenfunden in Höhlen ermittelt wurden:

Arten, die ausstarben

Der Höhlenbär war eine grosse Bärenart, die in den Bergen Europas lebte. Zu seinen Besonderheiten zählte, dass er sich vegetarisch ernährte. Das Tier starb während des letzten Pleniglazials endgültig aus, also vor etwa 25000 Jahren. Man nimmt an, dass der Bär aufgrund der kürzeren Sommer und längeren Winter nicht mehr genügend Fettreserven für die Winterruhe in Höhlen bilden konnte – auch nicht in Südeuropa, wo er ebenfalls vorkam. Sein Verschwinden ist also auf knappe Nahrungsressourcen während der Kaltzeit zurückzuführen.

Obwohl sie sich anders ernährten, fielen andere Arten wahrscheinlich dem gleichen Schicksal zum Opfer. So verschwanden zur gleichen Zeit auch der Höhlenlöwe, die Höhlenhyäne und das Wollnashorn. Das Wollmammut konnte im äussersten Norden Europas länger überleben, doch wurde seine Population in der Kälteperiode stark dezimiert, bevor es vor 4000 Jahren endgültig ausstarb.

Arten, die dem Eis auswichen

Die meisten Gebirgstiere, von denen man Überreste aus dem Interglazial in Höhlen gefunden hat, sind während des letzten Pleniglazials nach Süden gewandert. Dies gilt z. B. für den Steinbock, der bis ans Mittelmeer abwanderte, um diese Kälteperiode zu überleben. Man hat Steinbockknochen in einer Höhle im Südtessin am Fusse des Monte Generoso gefunden, die auf 18000 Jahre zurückdatiert wurden – eine Zeit, als sich die Gletscher zurückzogen.[62] Die Steinböcke sind also den zurückweichenden Gletschern gefolgt. In der Nordschweiz hat die Art nicht überlebt, da in der Jurakette keine Überreste aus der Zeit nach dem Gletscherrückzug gefunden werden konnten, obwohl sie dort vorher vorkam.

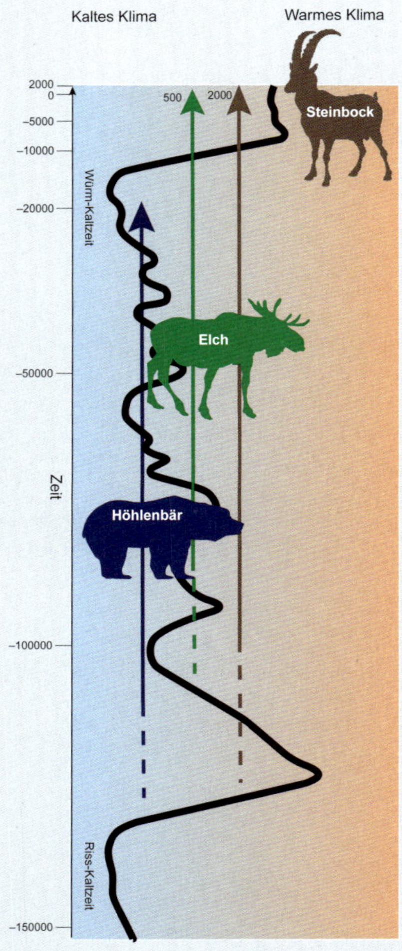

Andere Steppenarten verhielten sich ähnlich, um zu überleben, z. B. das Murmeltier. Dieses hat jedoch nördlich des Juras überlebt, was Funde in einer Schachthöhle im Berner Jura belegen, die auf 10000 Jahre zurückdatiert werden konnten. Die Veränderung des Lebensraums und die Abholzung der Wälder während der Erwärmung zu Beginn des Holozäns überstand das Murmeltier jedoch nicht, denn nach diesem Datum konnten keine weiteren Anzeichen für eine Präsenz nachgewiesen werden.

Arten, die auswanderten

Andere Tiere, die im Interglazial vorkamen, vertrugen ein kaltes Klima. Das gilt z. B. für den Polarfuchs und den Vielfrass. Diese beiden Arten flüchteten nach Nordeuropa und haben das europäische Gebirge nicht wiedererobert, sondern sind in den Heiden der Tundra und den Wäldern der Taiga geblieben. Obwohl der Elch auch nach dem Jahr 0 noch in den Schweizer Bergen vorkam, wie Knochenfunde im Berner Oberland belegen, ist er nach der Kaltzeit teilweise in die nördlichen Regionen abgewandert, wobei sich einige Populationen in den mitteleuropäischen Bergregionen niederliessen. Dort wurden sie wahrscheinlich vom Menschen verdrängt. •MB

Zwei Eingänge zu Schachthöhlen im **Creux d'Enfer de Druchaux** im Waadtländischen Jura.
Solche Öffnungen, mehr oder weniger von der Vegetation oder im Winter von Schnee verdeckt, stellen für zahlreiche Tiere perfekte Fallen dar.

in Höhenlagen von 384 m bis 2150 m in den Glarner Alpen. Bemerkenswert an den Habkern-Funden ist, dass die Datierungen von einem Höchstalter von über 4000 Jahren bis zu einem Exemplar aus dem Mittelalter (5. bis 7. Jahrhundert) reichen und damit die lang anhaltende Präsenz eines Tieres in der Region belegen, das heute nur noch in Skandinavien heimisch ist.[63]

Eine andere Höhle auf der Gamsalp in den Churfirsten (SG) auf 1787 m Höhe ist bemerkenswert, weil sie lange Zeit als Falle fungierte und eine Fülle von Tierknochen birgt. Das älteste Exemplar ist ein Luchs, der vor mehr als 14000 Jahren lebte und eines der ersten bekannten Exemplare dieser Art nach dem letzteiszeitlichen Maximum war. Ausserdem fanden sich Luchsüberreste, deren Alter auf 5000 bis 850 Jahre datiert wurde. Daneben wurden in derselben Schachthöhle Reste von Braunbären, Gämsen, Wildkatzen, Bisamtieren und Hasen gefunden, nebst verschiedenen kleinen Nagetieren und Nutzvieh.[58]

Der König unserer Tiere

Unter den archäologischen Funden aus Höhlen nimmt der Höhlenbär einen ganz besonderen Platz ein.

Die ersten Knochenfunde dieses in unserem Land ausgestorbenen Sohlengängers wurden in den 1920er- und 1940er-Jahren in den Kantonen St. Gallen, Appenzell und Basel-Landschaft gemacht. Bis zur Jahrtausendwende fand man Bärenreste auch in den Kantonen Freiburg, Neuenburg, Jura, Solothurn, Bern und Graubünden. Nach 2000 stellt das Höhlensystem Réseau des Fées in der Nähe von Vallorbe die erste Fundstelle im Waadtländer Jura dar; hier waren die Knochenfunde aussergewöhnlich ergiebig. Die Grotte aux Fées, eine bescheidene Höhle, die schon seit Langem bekannt war, entpuppte sich 2004 als Eingang eines riesigen

Das **Bärenloch** oberhalb von Jaun (FR) hat sich als wichtige paläontologische Fundstätte erwiesen. Man hat dort zahlreiche Knochen von Höhlenbären entdeckt, die rund 30000 Jahre alt sind.[64]

Im Bärenloch, zwischen Jaun und Schwarzsee (FR), liegen die Funde schon länger zurück. Die Höhle, die auf 1645 m Höhe am Fuss einer Felswand der Spitzflue liegt, wurde 1991 entdeckt und 1996 freigeräumt – glücklicherweise mit Feingefühl, denn die paläontologischen Funde waren unter Steinen begraben und teilweise mit Schlamm bedeckt. In einem 20 m langen Schacht wurden Wolfsreste gefunden und auf den Stufen eines kleinen, schmalen, 15 m langen Schachts entdeckte man Zähne und Schädelfragmente eines Höhlenbären. Im Zuge weiterer Erkundungen (2003–2008) tauchten zwei vollständige Bärenskelette, mehrere Schädel sowie das Skelett eines Jungtieres auf, was das Bärenloch zu einer wichtigen Fundstelle auf europäischer Ebene machte. Die Datierungen ergaben ein Alter zwischen 40000 und 20000 Jahren. Es gelang, ein 24000 Jahre altes Skelett teilweise wieder zusammenzusetzen; dabei handelt es sich um eines der jüngsten bisher bekannten Exemplare des alpinen *Ursus spelaeus*. Die Hoffnung, dass das Geröll unterhalb der Felswand noch weitere Knochenreste beherbergen könnte, bleibt.

Höhlensystems, das mit über 35 km langen Gängen derzeit das längste im Juramassiv ist (siehe Kapitel *Ad augusta per angusta*). Ein Forschungsteam entdeckte dort nicht nur einen unterirdischen Fluss, sondern auch Skelettteile am Boden und eingeklemmt in Felsspalten. Sieben Jahre später und einen Kilometer weiter unter der Erde wurde ein weiteres Vorkommen entdeckt. Die vielen Fragmente wurden von den Fluten des Höhlenflusses mitgeschwemmt und es ist bis heute nicht klar, woher sie kamen und auf welchem Weg die Bären einst in den Untergrund gelangten. Das Alter der Knochen reicht von 30000 bis 40000 Jahren. Hier steht man vor vielen Fragen, einem Rätsel, das man eines Tages vielleicht noch lösen wird …

Es war einmal …

In den Wäldern des Juras hat es noch eine spannende Begebenheit gegeben, bei der Braunbären eine Rolle spielen. Kurz vor dem Jahr 2000: Höhlenforscher aus dem Vallée de Joux erkunden den Gouffre de Longirod bis zu einer Tiefe von 500 m, folgen dem sogenannten *Rivière des mille et une Nuits* und finden heraus, dass die Schachthöhle die derzeit tiefste des Juramassivs ist. Anfang des Jahrtausends: Dieselben Forschenden versuchen, «ihren» Fluss abwärts wiederzufinden. Dabei entdecken sie eine neue Höhle mit einem furchtbar engen Eingang. Doch darunter verbirgt sich eine neue, über 200 m tiefe Schachthöhle – der Gouffre du Narcoleptique (siehe Abb. S. 170) –, der mit einer Reihe von Überraschungen aufwartet. In 40 m Tiefe liegen die Knochen von zwei erwachsenen Bären und drei Jungtieren am Boden. In 70 m Tiefe identifizieren die Forschenden einen

Die Karren der **Schrattenfluh** (LU) waren und sind der Ort zahlreicher speläologischer Entdeckungen, aber auch der Knochenreste von Elchen, die seit Langem aus unseren Regionen verschwunden sind.

Bären und ein Junges und etwas tiefer einen erwachsenen Bären samt schlecht erhaltener Überreste von einem weiteren erwachsenen Bären und Jungtieren. Noch weiter unten, in 90 m Tiefe, erkennt man ein Bärenjunges im Lehm eines Mäanders. Nach einigen Metern eines besonders engen Abschnitts geht die Schachthöhle über grosse Schächte hinweg weiter. In einem dieser Schächte, auf –160 m, taucht noch ein gut erhaltenes Skelett eines erwachsenen Tieres auf, gefolgt von einem letzten Skelett auf –175 m. Ein unglaublicher Bärenfriedhof, in dem mindestens 15 Tiere verendet sind! Die C14-Datierung dieser Funde betrifft einen Zeitraum von mehr als 10000 Jahren (ca. –13400 bis –3400) und Perioden, die abwechselnd kälter oder wärmer waren als die heutige.[65] Im Zuge der Untersuchungen lässt sich das Schicksal zweier einzelner Bären rekonstruieren. Diese Geschichte ist es wert, aus der Perspektive der Hauptdarsteller erzählt zu werden.

Im **Gouffre du Narcoleptique** (Waadtländer Jura) hat man in bis zu 175 m tiefen Schächten eine unglaubliche Menge von Braunbärskeletten entdeckt, die rund 3400 bis 13400 Jahre alt sind. Die Falle hat also mindestens 10000 Jahre lang funktioniert.

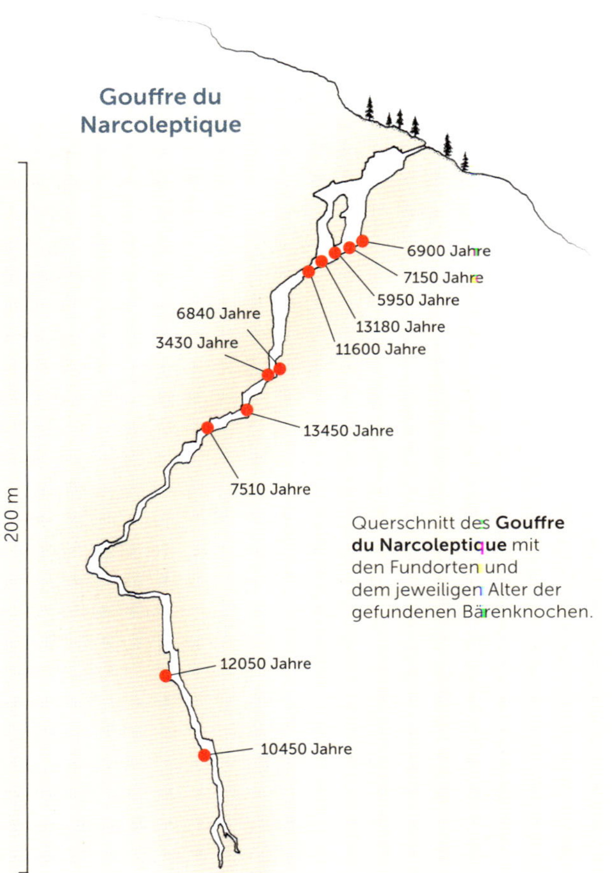

Querschnitt des **Gouffre du Narcoleptique** mit den Fundorten und dem jeweiligen Alter der gefundenen Bärenknochen.

«Vor 10300 Jahren entdeckt eine siebenjährige Bärin, die den Herbst über reichlich gefressen hat, den Eingang zum Gouffre du Narcoleptique und überlegt, sich den Winter über dort niederzulassen. Neugierig klettert sie den Geröllhang hinunter, rutscht aus – und ist am Grund des ersten Schachtes gefangen. Zum Glück dämpft ihr im Herbst aufgebautes Fett den Aufprall, und sie kommt schnell wieder zu sich. Sie arbeitet sich weiter nach unten vor, in der Hoffnung, einen Ausweg aus der Falle zu finden. Der Gang neigt sich, die Bärin verliert den Halt und rutscht erneut in einen Abgrund. Diesmal sind es 15 m im freien Fall, eine schmerzhaftere Erfahrung: sie bricht sich zwei Rippen. Um sich von dem Unfall zu erholen, beschliesst sie, die Winterruhe in der Schachthöhle zu halten. Bald bringt sie einen kleinen, 350 g schweren Bären zur Welt. Das Junge ernährt sich während der vier langen Wintermonate von ihrer Muttermilch. Voller Tatendrang macht es sich daran, die Umgebung zu erkunden. Seine Neugierde lockt es zu einem Gang, der allmählich nach unten führt. Plötzlich stürzt es und stöhnt vor Schmerzen am Boden des nächsten Schachts. Seine Mutter, die durch das Wehklagen ihres Jungen aus ihrer Schläfrigkeit gerissen wird, eilt ihm zu Hilfe. Ihre Knochenbrüche sind geheilt, sie ist wieder voll beweglich. Sie bahnt sich einen Weg zu ihrem Jungen am Ende des 7 m hohen Abhangs. Der Überlebensdrang leitet beide zu einem weiter nach unten führenden Gang. Sie hoffen, dass der Luftzug

darin auf einen nahen Ausgang hindeutet. Doch zu ihrem Unglück tauchen weitere Stufen auf, und das Bärenjunge wird durch aufeinanderfolgende Stürze sehr geschwächt. Die Bärin muss ihr entkräftetes Junges schliesslich am Fuss einer 6 m hohen Felsstufe zurücklassen. 10000 Jahre später wird das Skelett des Bärenjungen hier von Höhlenforschern ausgegraben werden. Die unglückliche Bärenmutter hat noch etwas Energie und versucht, die eigene Haut zu retten. Obwohl sie von den Strapazen abgemagert ist, gelingt es ihr, einen Mäander zu überwinden, indem sie sich auf Lehmbänken abstützt. Dahinter folgen einige kleine Stufen, die sie zu einem engen, mit Schlamm gefüllten Schlauch führen. Sie zögert nicht, ins kalte, lehmige Wasser zu springen, und findet sich bald am oberen Ende eines Schachtes wieder. Sie stürzt erneut und fällt plump auf den felsigen Boden. Knochenbrüche schwächen sie, aber sie findet noch die Kraft, sich aufzurichten und zu versuchen, die Wand hochzuklettern. Ihre Krallen finden in dem getrockneten Schlamm keinen Halt und sie rutscht ab. Aus Verzweiflung nagt sie an den Knochen einer Artgenossin, die vor 1500 Jahren an derselben Stelle gestrandet ist, und unternimmt dann einen letzten Versuch, den nächsten Schacht hinabzusteigen. Doch sie ist zu geschwächt und kann ihren Fall nicht mehr bremsen. Bei diesem Sturz aus 23 m Höhe bricht sie sich alle Knochen. Sie lehnt sich an die Felswand des Schachts, um zu sterben. Am 26. Februar 2000 wird *Bärin 7* von Höhlenforschern an Ort und Stelle entdeckt.»
[Perrin, J., Spéléo Club de la Vallée de Joux, 2003. *La tragédie des ours du Narcoleptique : un compte-rendu.* Nicht publiziert]

Ein Nashorn im Val de Ruz

Bei einem weiteren kuriosen Fund wurden 2010 im Gouffre de la Biche (Dombresson, Neuenburger Jura) zufällig Nashornwirbel entdeckt, weil Bauarbeiten in der Nähe stattfanden.[66] Der Schacht des Gouffre öffnet sich in 1000 m Höhe und ist 52 m tief. Knochen und Knochenfragmente lagen in verschiedenen Tiefen verstreut und wurden wahrscheinlich durch Wasserströmungen in der Höhle verschoben. Ihr Zustand liess keine Rückschlüsse auf verschiedene Arten zu; C^{14}-Datierungen waren aufgrund von Kollagenmangel nicht möglich. In diesem Zustand lässt sich nicht herausfinden, ob zu Lebzeiten des Tieres ein mildes oder eisiges Klima herrschte, man vermutet jedoch ein respektables Alter der Knochen von über 50000 Jahren.

Die Paläontologie – oder Archäozoologie – macht in Höhlen ebenso unterschiedliche wie erstaunliche Entdeckungen. Die genannten Fälle verdeutlichen die fruchtbare Zusammenarbeit zwischen Höhlenforschungsteams, die Fundmaterial liefern, und Menschen aus der Wissenschaft, denen die Überreste zur Untersuchung anvertraut werden. Da sie so gut erhalten sind, verraten die Knochenfunde uns viel über die Entwicklung des Tierlebens an der Oberfläche und manchmal auch über die Veränderung des Klimas. •JCL

Aus dem **Gouffre de la Biche** im Val de Ruz (NE) wurden Knochenreste von Nashörnern geborgen.

Von Höhlen und Menschen

Die Erkundung einer unbekannten Höhle löst intensive Gefühle aus. Was erwartet mich hinter der nächsten Biegung des Ganges? Ist da das Rauschen eines unterirdischen Flusses, das sich in der Ferne erahnen lässt? Wohin wird mich der Luftzug führen, dem ich seit einigen Stunden folge? Diese Fragen gehen einem mehr oder weniger bewusst durch den Kopf, wenn man hofft, aller Welt eine neue, bemerkenswerte Höhle zeigen zu können. Man denkt über die Länge, die Tiefe und die Höhe der Hohlräume nach ... Und noch etwas weckt grosse Emotionen unter der Erde: eine Begegnung mit unseren frühen Vorfahren. So entdeckte Norbert Casteret, ein Begründer der Höhlenforschung, etwa schnorchelnd und nur spärlich bekleidet in einem Siphon der Grotte de Montespan in den französischen Pyrenäen Tontiere, die vor etwa 15000 Jahren geschaffen worden waren. Ohne auf eine ähnliche Offenbarung zu spekulieren, hatten einige Forschende schon das grosse, meist ihrer Hartnäckigkeit zu verdankende Glück, unter der Erde archäologische Funde zu machen, obwohl sie selbst keine Archäologen waren.

Tragischer Jagdunfall im Azilien

Im Frühjahr 1956 besuchten die Neuenburger Höhlenforscher Raymond Gigon und François Gallay die kleine Grotte du Bichon (NE) oberhalb des Doubs. Gallays Körperfülle veranlasste ihn, einen schmalen Gang zu vergrössern, indem er den lockeren Boden aufkratzte. Dabei kamen ein menschlicher Schädel und einige andere Knochen zum Vorschein.

Am linken Ufer der Areuse-Schlucht liegt die **Grotte de Cotencher**, in der ein Kieferknochen eines Neandertalers entdeckt wurde: der bislang älteste menschliche Überrest in der Schweiz.

Die beiden Freunde legten ihre Entdeckung Sachverständigen vor, deren Urteil eindeutig war: prähistorischer *Homo sapiens* und *Ursus arctos*. Mit einer Genehmigung und vielen guten Ratschlägen ausgestattet, verbrachten die Freunde dann über zwei Jahre mit der systematischen Ausgrabung der Fundstelle. In 23 Ausgrabungstouren legten sie 180 Knochenreste und 9 Feuersteine frei.[67] Obwohl die mühsam in Bauchlage erbeuteten Knochenfunde zunächst wenig beachtet wurden, lohnte sich die Arbeit: Der Schädel war einer der ältesten, die zum damaligen Zeitpunkt in der Schweiz entdeckt worden waren, und das Skelett der Braunbärin war fast vollständig. Anhand der Feuersteine konnten die urmenschlichen Höhlenbesuche zeitlich eingeordnet werden, wenn auch nicht sonderlich genau. Aufgrund der mangelnden Begeisterung der Fachwelt und vielleicht auch der damaligen Mittelknappheit der Neuenburger Archäologie kehrte an der Fundstelle bald wieder Ruhe ein.

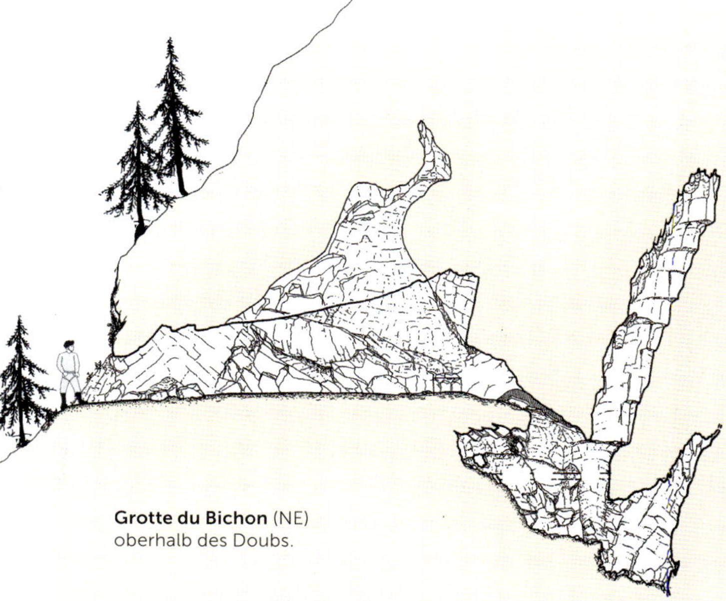

Grotte du Bichon (NE) oberhalb des Doubs.

Eine gut organisierte Gruppe

Seit rund zwanzig Jahren widmet sich eine Gruppe der Arbeitsgemeinschaft Höllochforschung AGH unter der Leitung von Walter Imhof der paläontologischen und archäologischen Forschung im Muotatal sowie in den Karrenfeldern und Höhlen des Silberensystems (SZ). Die Gruppe hat auch eine Ausbildungsfunktion in den Disziplinen der Prospektion, Archäozoologie, Archäologie, Palynologie und Dendrochronologie: eine vorbildliche Zusammenarbeit zwischen Wissenschaft und Höhlenforschung.

Im Muotatal konnte die Anwesenheit von Menschen seit dem Spätpaläolithikum (Azilien) vor etwa 13000 Jahren nachgewiesen werden. Die ältesten Zeugnisse sind Ritzungen in Braunbären- und Rothirschknochen sowie Holzkohlebetten, die man bei Sedimentbohrungen fand. Die ältesten in den Höhlen gefundenen Tierknochen stammten von Höhlenbären (bis zu 37000 Jahre alt) und Braunbären (bis zu 32000 Jahre alt).

Im Bisistal, dem oberen Teil des Muotatals, wurden bei Grabungen an Höhleneingängen mehrere urzeitliche Feuerstellen entdeckt. Diese gaben Aufschluss darüber, *welches Holz unsere Vorfahren sammelten, um sich zu wärmen*: nachweislich Kiefer, Wacholder, Weide und Hagebutten. In grösserer Tiefe wurde ein aussergewöhnlicher Fund gemacht: Zwei Fragmente eines Hirschgeweihs, die so geschnitzt waren, dass sie sich ineinanderfügten, und die mit Zickzack-Verzierungen mit kleinen Punkten verziert waren. Dieser in Europa seltene Gegenstand mit unbekannter Funktion hat ein Alter von 12540 bis 10320 Jahren, stammt also aus dem Azilien oder dem Frühmesolithikum.[68]

In einigen Höhlen kam Fundmaterial zum Vorschein, das von der Art und vom Alter her sehr unterschiedlich war. Dies zeigt, dass sich ganze Generationen von tierischen Bewohnern am selben Ort abgewechselt haben. Die Funde reichen von den genannten Bärenarten über den Rothirsch bis hin zum Steinbock. Ausserdem wurden Spuren von Haustieren (Ziegen, Schafen, Schweinen, Rindern, Hunden ...) entdeckt, die bis zu 3000 Jahre alt waren. •JCL

Philippe Morel ist einige Jahre nach dieser Entdeckung geboren worden und besuchte die Grotte du Bichon von klein auf Bevor er ein namhafter Archäozoologe wurde – der z. B. in der berühmten Chauvet-Höhle in Frankreich forschte –, verfasste Morel für die Zeitschrift des örtlichen Höhlenforschervereins den fantasievollen Text *Le Crime du Bichon: 15000 ans après, les 5 dernières minutes*. Darin scheint er das Jahr 1991 vorwegzunehmen, in dem er selbst in einem Halswirbel der Bärin Bruchstücke eines Feuersteins entdeckte. Philippe Morel hat nicht nur die jahrzehntelang unterbrochenen Ausgrabungen in der Grotte du Bichon wieder aufgenommen, das menschliche Skelett vervollständigt und die frühere Nutzung der Höhle dokumentiert, sondern in seinem Beitrag auch einen prähistorischen Jagdunfall beschrieben. Wir übernehmen seine Erzählung hier ergänzt um Erkenntnisse, die durch mehrfache Datierungen der Knochen und der Kohle aus der Ausgrabung gewonnen wurden.

«Vor 13700 Jahren erscheint am Flussufer des Doubs ein junger, hartnäckiger Jäger (etwa 20 Jahre alt, 1,60 m gross, 60 kg schwer). Er verfolgt eine Bärin durch Weiden und Waldkiefern hindurch. Mehrmals hat er sie schon mit seinen Pfeilspitzen aus Feuerstein verletzt. Die geschwächte, 5 Jahre alte Bärenmutter flüchtet sich in eine kleine Höhle. Als der Mann merkt, dass ihm seine Beute entwischt, versucht er, sie durch Ausräuchern aus der Höhle zu holen, was jedoch nicht gelingt. Überzeugt, dass von der tödlich verletzten Bärin keine Gefahr mehr ausgeht, geht er in die Höhle hinein, um seine Beute zu erledigen. Doch sein Mut wird ihm zum Verhängnis. Die Bärin geht zwar nicht mehr zum Angriff über, verteidigt sich aber mit aller Kraft. Der Mann und die Bärin sterben in einer tödlichen Umarmung. Mehrere Jahrtausende liegen sie so umschlungen da, begraben unter lehmigen Sedimenten, die Rinnsale nach und nach auf dem Höhlenboden abgelagert haben, und bedeckt mit Mondmilch.»

Diese beiden Darstellungen der **Grotte de Tanay** (VS) im *Mittelpaläolithikum* verdeutlichen, dass Menschen und Bären normalerweise nicht miteinander in Berührung kamen. Sie vermieden es meist, dieselben Höhlen aufzusuchen. Falls doch, nutzten die Menschen sie eher im Sommer und die Bären im Winter.

In Philippe Morels köstlicher Geschichte vermischen sich die Zeitebenen: ein Unfall, der nur wenige Minuten dauert, und Knochen, die Tausende von Jahren alt sind.

Zu jener Zeit war unser Jäger nicht der Einzige, der sich in der wildreichen, bewaldeten Gegend am Fluss aufhielt, obwohl die damaligen Siedlungen abseits der Bergkette lagen. Am Ende seiner waghalsigen Unternehmung war er vielleicht allein, im Alltag aber sicher nicht. Man kann davon ausgehen, dass seine Artgenossen ihn in den Pranken seines rachsüchtigen Opfers fanden. Es ist auch anzunehmen, dass die Höhle als letzte Ruhestätte für den Jäger zugemauert wurde. Wie sonst liesse sich erklären, dass in der langen Zeit zwischen dem Unglück und der Verschüttung der Überreste unter einer Schlammschicht keine Aasfresser kamen, um sich an der üppig gefüllten Speisekammer gütlich zu tun? So blieb die Jagdszene für heutige Beobachter nachvollziehbar. Entsprechend hatten die Entdecker dieser beiden Skelette auch den Eindruck, die Höhle sei eine Grabstätte für Mensch und Tier.

Wissenschaftliche Untersuchungen von geschliffenen Feuersteinen aus azilianischen Fundstätten im französischen und Schweizer Jura haben ergeben, dass die steinzeitlichen Jäger Bergregionen wie den Bichon wahrscheinlich nur kurz zur Jagd aufsuchten und sich ansonsten in Lagern aufhielten, die sie in niedrigeren Höhenlagen auf der heutigen französischen Seite errichteten.[67] Kann das von Philippe Morel konstruierte Szenario, das verschiedene Beobachtungen in der Grotte du Bichon elegant miteinander verbindet, sich

Die **Grotte des Dentaux** in der Nähe von Villeneuve (VD) ist ein problematischer prähistorischer Unterschlupf: Die Funde aus den 1920er-Jahren, die schnell dem Magdalénien zugeschrieben wurden, gingen verloren; die Ausgrabungen der 1940er-Jahre zeigten Höhlenbären; am Ende der rund 100 m langen Höhle fand man eine neolithische Pfeilspitze.

Die wichtigsten prähistorischen Höhlen der Schweiz

Die Karte der maximalen Ausdehnung der Würmgletscher erklärt die Lage der Fundstellen des Mittelpaläolithikums und des frühen Jungpaläolithikums.

tatsächlich so zugetragen haben? Dazu lassen wir den Autor noch einmal selbst zu Wort kommen, der weise schliesst: «Welche Vermutungen man auch hat: Klar ist, [dass die Geschehnisse in der Grotte du Bichon] niemals im Detail nachvollzogen werden können. […] Manche Fragen werden immer offen bleiben …»

Jäger auf der Pirsch

Mehrere Fundstellen in der Schweiz bestätigen die Bedeutung der Jagd im Jungpaläolithikum. Die Menschen schätzten zu dieser Zeit Felsunterstände oder höher gelegene Höhlen, weil sie dort vorbeiziehende Tiere beobachten konnten, die sie später erlegten. Schöne Beispiele für solche Orte sind das Kesslerloch bei Thayngen (SH), die Rislisberghöhle in der Balsthaler Kluse (SO), die Kohlerhöhle im Kaltbrunnental (BL), Schweizersbild (SH) … Grosse Beutetiere waren nicht immer so gefährlich wie ein Bär und ein Nahkampf wie in der Grotte du Bichon war selten. Das zeigen auch die berühmten Fundstücke aus dem Kesslerloch (siehe Abb. S. 179). In einer nacheiszeitlichen Tundralandschaft hatten es Pferde, Rentiere und Steinböcke schwer, den Speerschleudern der Jäger zu entkommen, die den Wurfarm verlängerten. So konnten unsere Vorfahren ihre Beute aus grösserer Distanz erreichen und mit mehr Wucht treffen.

Armreif aus Bronze, gefunden in der **Grotta Veri** (Monte Generoso, TI): 3500 bis 3800 Jahre alt und damit aus der frühen Bronzezeit.[69]

Diese Knochennadeln mit Öhr gehören zu den umfangreichen Funden der systematischen Ausgrabungen in der **Rislisberghöhle** (SO).

Ein weidendes oder brünstiges Rentier?

Im Kesslerloch fanden Ende des 19. und Anfang des 20. Jahrhunderts Grabungsarbeiten mit den damaligen Methoden statt. Sie führten zu zahlreichen archäologischen Funden, die uns die Menschen des Magdalénien ein wenig näherbringen. Ein Stück Rentiergeweih trägt die bekannte Ritzzeichnung eines Rentiers, das nach Meinung der einen weidet, nach Meinung der anderen wittert und nach neuesten Erkenntnissen vielleicht sogar brünstig ist.[70] Doch dies war nicht der einzige Fund: Man entdeckte auch einen durchbohrten Stock mit eingraviertem Pferd, ein Stück Speerschleuder mit Pferdekopf und einen aus Rentiergeweih geschnitzten Moschusochsenkopf. Zu den Hunderten von Fundobjekten gehörten auch Speere, perforierte Knochenscheiben und halbrunde Stäbe, möglicherweise Geschosse für Speerschleudern. Das im Kesslerloch gefundene Kieferstück eines Haushundes ist einer der ältesten Nachweise für die Domestizierung des Wolfs in der Schweiz. Leider wurden die Grabungen im Kesslerloch noch nicht mit der heutigen Gründlichkeit durchgeführt, sodass nicht jeder Fund stratigrafisch erfasst, d. h., einer bestimmten Phase des Magdalénien zugeordnet werden kann.

In der Kohlerhöhle wurden mehrere Tausend Feuersteine und Knochenreste aus einer 0,5 m dicken Schicht geborgen.[70] Dies machte die Höhle zu einer der wichtigsten steinzeitlichen Fundstellen in der Schweiz. Sie zeigt Spuren mehrfacher Nutzung, wobei die älteste Fundschicht aus der Zeit vor 22000 Jahren stammt. Die Fundstelle liegt nur wenige Kilometer von einem Gletscher entfernt, der während seiner maximalen Ausdehnung vor 24000 Jahren einen grossen Teil des Schweizer Bodens bedeckte. Wie andere Höhlen war die Kohlerhöhle wahrscheinlich nur saisonal bewohnt, vor allem im Winter, während im Sommer Siedlungsplätze unter freiem Himmel genutzt wurden.

Die kleine Rislisberghöhle (SO) hat 15 m^2 Fläche, ist nur 1,20 m hoch und liegt 15 m über dem heutigen Talboden. Ihre 50 cm dicke Sedimentschicht wurde bis zum Felsuntergrund durchsucht. Dabei wurden 723 Rückenklingen, 294 Meissel, 206 Bohrer, 47 Nadeln, 199 Schaber und über 2000 Schnittsplitter, darunter 129 Kernsteine, gefunden. Ausserdem hat man drei Feuerstellen und drei kleine Gruben entdeckt. Eine solche Fundstelle ist aufgrund der grossen Anzahl an Objekten interessant, die Rückschlüsse auf die Nutzung des Ortes zulassen: Reparatur von Jagdwaffen, Verzehr von Kleinwild, Verarbeitung von Häuten, Näharbeiten ...[70]

Ein ganz besonderer Fund in einer kleinen Höhle in Basel-Landschaft, dem Büttenloch, verdient noch eine Erwähnung. Bei Grabungen im Jahr 1918 wurden im Büttenloch sehr viele Überreste von Schneehühnern gesammelt. Davon weisen 65 Spuren abgerissener Flügel auf, jeweils am Unterarm, wo die Handschwingen zu jeder Jahreszeit weiss bleiben. War das Gefieder ein Utensil, um Kleidungsstücke zu befestigen? Oder ein Schmuck? Das Rätsel bleibt ungelöst ...

Welt aus Eis

Bis vor etwa 15000 Jahren war das heutige Schweizer Territorium grösstenteils vereist. Während der letzten maximalen Vergletscherung vor 24000 Jahren gab es nur wenige Inseln inmitten der Vereisung. Daher ist es nicht verwunderlich, dass entlang eines Teils des Jurabogens Spuren einer menschlichen Präsenz gefunden wurden.

Die Menschen im Magdalénien – das früher einmal «Rentierzeit» genannt wurde – jagten Pferde, Steinböcke, Moschusochsen und Rentiere und trafen gelegentlich auch auf Höhlenlöwen, Wollnashörner oder die letzten Mammuts. Die Flora im Alpenvorland glich der in der heutigen skandinavischen Tundra. Die Temperaturen lagen 10 °C unter den heutigen Durchschnittswerten. Zwar liess die Kälte viele Flüsse zufrieren, doch es schneite wenig: Dies ist dadurch belegt, dass die Spuren grosser saisonaler Wanderungen von Pflanzenfressern fehlen.

Prähistorische Funde aus dem Kesslerloch

1

Der grosse Abri des Kesslerlochs unweit von Thayngen (SH) lockte bereits gegen Ende des 19. Jahrhunderts viele Interessierte an. Man grub, was das Zeug hielt, und machte zahlreiche Entdeckungen, die jedoch aufgrund fehlender stratigrafischer Methoden schlecht dokumentiert wurden. Die grossartigen Funde an diesem Ort, die typisch für das Magdalénien in der Schweiz sind, bleiben dennoch erhalten und die Methoden haben sich seitdem zum Glück geändert.

2

4

1. Harpunenspitze mit Widerhaken (Länge: 15 cm)
2. Rengeweih mit Gravur eines (wahrscheinlich brünftigen) Rentiers
3. Knochenstück mit eingraviertem Pferd
4. Speerschleuderhaken mit geschnitztem Tierkopf (vermutlich ein Pferd)
5. Aus Rentiergeweih geschnitzter Kopf eines Moschusochsen

3

5

Die menschliche Bevölkerung war auf die eisfreien Räume angewiesen, ernährte sich fettreich und zeigte Jagdgeschick: Nach den Speeren, die durch die Erfindung der Speerschleuder effizienter wurden, ging man in der folgenden Epoche (Mesolithikum) zu Pfeil und Bogen über. Diese Jagdmethode hinterliess leider viel weniger archäologische Spuren, selbst in so gut erhaltenen Umgebungen wie Höhlen und Felsunterschlüpfen (Balmen).

Versteckte Kunst

Wie steht es um die steinzeitliche Kunst in Höhlen? Weit entfernt von den berühmten Höhlenmalereien von Lascaux, Chauvet oder Cosquer, muss sich die Schweiz mit kleinen künstlerischen Zeugnissen begnügen. Gründe dafür sind wahrscheinlich das raue Bergklima und die Vergletscherung zu einer Zeit, als in anderen Teilen Europas ein milderes Klima herrschte. Die einzigen bislang gefundenen Tierdarstellungen sind dem Kunsthandwerk zuzuordnen und verraten uns mehr über die Tierwelt und damalige Jagdgewohnheiten als über künstlerische oder spirituelle Erfahrungen. Es gibt Objekte aus geschnitztem Horn oder Elfenbein sowie die azilianischen bemalten Kiesel aus der Höhle Birseck-Ermitage. Die verschiedenen Tiergravuren sagen manchmal viel über die Fähigkeiten unserer Vorfahren zur Naturbeobachtung; gerade das Kesslerloch ist in dieser Hinsicht voller kleiner Wunder.

Bemerkenswert ist ein Schieferplättchen aus dem Fundort Schweizersbild, in das fünf Pferde eingraviert sind und das möglicherweise ein einziges Pferd in Bewegung darstellt. Es zeigt aber auch, wie bescheiden die Entdeckungen paläolithischer Kunst in unserem Land sind. Ein faszinierender Fund aus dem Kesslerloch ist das Fragment eines Pferdeknochens, das mit 21 parallelen Einschnitten markiert ist: «auf dem fehlenden Teil würden 7 Striche desselben Typs und im selben Rhythmus angeordnet Platz finden, was [...] eine Interpretation als Mondkalender zulassen würde».

[D. Leesch, J. Bullinger, W. Müller (2019): *Vivre en Suisse il y a 15000 ans: Le Magdalénien*. Basel, Archäologie Schweiz (Urgeschichte der Schweiz)]

Kalksteinplättchen mit fünf eingravierten Pferden, gefunden im Balm von **Schweizersbild** (SH), oder, vielleicht besser, ein Vorläufer des Comics, um ein galoppierendes Pferd darzustellen.

Schulterblattfragment (vermutlich vom Büffel) mit graviertem männlichem Steinbock, gefunden bei Ausgrabungen in der **Rislisberghöhle** (SO).

Bleibt noch die problematische *Gravur* (?) eines Tierkopfes auf einer abgelegenen Wand einer ansonsten gut erschlossenen Höhle im Jura. Das Mikrorelief am Boden des Eingangsschachts, der in eine grosse Halle führt, könnte vor langer Zeit angefertigt worden sein, wenn es sich tatsächlich um eine Gravur handelt – derzeit ist weder seine Echtheit bestätigt noch wurde es als Fälschung entlarvt. Dieser Schacht, der temporär mit Firn gefüllt ist, hätte damals ohne besondere Ausrüstung begangen werden können. Ein bisschen zu viele Ungewissheiten, um daraus *die* (oder *die erste* ...) Schweizer Höhlengravur zu machen. Trotzdem besteht hier die Möglichkeit (oder die Hoffnung?), dass künstlerische Darstellungen unserer Vorfahren, die in französischen, italienischen und deutschen Höhlen so produktiv waren (um nur von den Nachbarländern zu sprechen), auch in Schweizer Höhlen vorkamen. Dass paläolithische Höhlenmalerei in der Schweiz fehlt, ist angesichts der Menge an beweglichen Objekten aus der gleichen Epoche jedenfalls erstaunlich. Ein Grund könnte das strenge Klima der damaligen Zeit in unserem Land

Problematische Gravur eines Tierkopfes auf einer Höhlenwand: die erste Entdeckung einer paläolithischen Gravur in einer Schweizer Höhle oder einfach nur der Zufall natürlicher Unregelmässigkeiten auf einer Felswand?

Hielten sich die Steinzeitmenschen häufig in Höhlen auf? Das kann man nicht behaupten. Dieses Buch über Höhlen und Karstregionen enthält nicht deswegen ein Kapitel über Archäologie, weil unsere Vorfahren sich nachweislich für Höhlen interessierten, sondern vielmehr deshalb, weil der unterirdische Lebensraum konservierende Eigenschaften hat. Wie in anderen Bereichen zeigt sich auch hier, dass Höhlen Archive der Vergangenheit sind, die das Verschwinden vieler archäologischer Hinterlassenschaften im Freien aufwiegen. •JCL

sein, ein Klima, das mögliche Überreste verändern oder verschwinden lassen kann. Und schliesslich fehlen auf dieses Gebiet spezialisierte Fachkräfte, die Spuren identifizieren könnten. Die Hoffnung auf neue Entdeckungen hält sich jedoch hartnäckig und bekommt Aufwind durch die grossen Ähnlichkeiten zwischen der beweglichen prähistorischen Kunst aus der Schweiz und Objekten, die im Umkreis der Höhlenmalereien in Frankreich oder Spanien gefunden wurden.

Neandertaler in der Schweiz

Im Mittelpaläolithikum wurden einige Schweizer Höhlen, wie das Wildkirchli (AI) und die Grotte des Plaints (NE), von Jägern und Sammlern aufgesucht. Die Grotte de Cotencher über der Areuse-Schlucht (NE) gehört zu den Orten, von denen aus man gut nach Wildwechseln Ausschau halten konnte (siehe Abb. S. 172). Im Tal der Areuse – das im Übrigen für seine hydrogeologischen Phänomene berühmt ist, die wir in den Kapiteln *Flüsse ohne Himmel* und *Tauchen unter der Erde* besprechen – zieht die majestätische Eingangshalle von Cotencher die Archäologen schon seit dem Ende des 19. Jahrhunderts an. In einem kurzen Gang hinter dem Eingang stiess man auf eine mehrere Meter dicke Sedimentschicht mit vielen Knochenresten und Steinwerkzeugen. Dies führte zu neuen Erkenntnissen über die Naturgeschichte des Moustérien und die Kultur der Neandertaler (zwischen 40000 und 7000 v. Chr.). Als Krönung wurde 1964 zufällig der Oberkiefer eines Neandertalers freigelegt, der bis heute der älteste menschliche Überrest in der Schweiz ist. Ein weiterer Vorzug dieser archäologischen Fundstelle ist das 2014 initiierte *Projekt Cotencher*, das die Relikte schützen und der Forschung dienen soll, vor allem aber das Bewusstsein der Bevölkerung für diese besondere Höhle stärken möchte.[71]

Das **Wildkirchli** (AI) wurde vom 17. bis ins 19. Jahrhundert von Einsiedlern bewohnt. Lange Zeit zuvor hielten sich hier jedoch bereits Neandertaler auf.

ABENTEUER
UNTER DER ERDE

Wassergeschichten

Als wir uns mit den Anfängen der Höhlenforschung und der Entstehung der Speläologie befasst haben, wurde bereits deutlich, dass es den einzelnen Etappen nicht an erzählenswerten Ereignissen gefehlt hat. Grundsätzlich stellen die Abenteuer der Forschenden eine Auseinandersetzung mit den grossen und oft unerwarteten Schwierigkeiten dar, die sich bei der Erkundung eines unbekannten Lebensraums ergeben. Die dunkle Welt unter der Erde hat sich nach und nach denjenigen offenbart, die ihr das fehlende Licht brachten – und feststellen mussten, dass Finsternis hier nicht die einzige Herausforderung ist. Zunächst einmal hat man gelernt, sich in den teils labyrinthartigen Höhlen zu orientieren. Darauf folgten, je nach Region und Höhlenart in unterschiedlicher Reihenfolge, herausfordernde Begegnungen mit Wasser unter der Erde, die Befahrung von Schachthöhlen, die Überwindung von Engstellen sowie der Kampf gegen Kälte und Müdigkeit während der immer länger werdenden Expeditionen.

Höhlen verdanken ihre Existenz dem Einsickern von Oberflächenwasser in die Tiefe. Wenn man die kathedralenartigen Dimensionen einiger Hallen betrachtet, kann man sich vorstellen, welche Wassermengen notwendig waren, um die Gesteinsmassen aufzulösen. Diese Wassermengen sind das Ergebnis zweier Parameter: der Zeit und der Durchflussrate. Während sich die unendlich langen Zeitspannen, die für die Entstehung mancher Höhlen nötig waren, über theoretische Berechnungen hinaus unserer Vorstellungskraft entziehen, kann die Durchflussmenge des Wassers bei einer Erkundung zu einer überaus konkreten Erfahrung werden. Im Kapitel *Flüsse ohne Himmel* war schon von den Eigenschaften der unterirdischen Wasserläufe die Rede. Erinnern wir uns an eine von ihnen: die extreme Variabilität der Durchflussmengen. Ein kleiner, harmlos erscheinender Höhlenbach, dessen Wasser uns lediglich frieren lässt, wenn es uns in den Nacken tropft, kann sich unversehens in einen tosenden Sturzbach verwandeln. In Karstgebieten variiert die Durchflussmenge einer Quelle oder eines unterirdischen Flusses zwischen dem Faktor 1 und dem Faktor 50, manchmal sogar noch stärker. Diese hydrogeologische Besonderheit hat natürlich erhebliche – mitunter sogar dramatische – Folgen für die Höhlenerkundung.

In der Höhle gefangen

Die Erforscher des Höllochs im Muotatal (SZ) können von einigen nassen Abenteuern berichten (siehe Abb. S. 190). Dieses riesige Höhlensystem, das einige Zeit lang als das längste der Welt galt, ist anfällig für starke Hochwasser. Zahlreiche Untersuchungen des Höllochs haben gezeigt, dass der Wasserspiegel bei Hochwasser um mehr als 200 m, sogar um 300 m ansteigen und Gänge kilometerweit fluten kann. Wir könnten nun ausführlich erzählen, wie Alfred Bögli und seine drei Leidensgenossen 224 Stunden lang – vom 15. bis zum 24. August 1952 – in dem Höhlensystem eingeschlossen waren. Die Gruppe musste also fast zehn Tage in ihrem unterirdischen Biwak ausharren und Essen rationieren, bevor das Wasser wieder zurückging und sie aus eigener Kraft zurück an die Erdoberfläche steigen konnten. Von diesem Abenteuer ist in den Medien aber oft schon berichtet worden. Daher ziehen wir es vor, André Grobet mit der Schilderung einer Expedition von 1951 zu zitieren. Damals teilte man die Erkundungen einvernehmlich untereinander auf – an Platz mangelte es schliesslich nicht! –, und zwar zwischen einem Westschweizer Team mit Wallisern, Genfern und Lausannern, angeführt von einem späteren Ehrenpräsidenten der SGH, und einem Deutschschweizer Team der Sektion *Pilatus* des Schweizer Alpen-Clubs.

Vorherige Doppelseite:
Im **Hölloch** ist das Wasser allgegenwärtig.

Der unterirdische Fluss Milandrine stürzt in der **Grotte de Milandre** (JU) in die Tiefe.

In den **Grottes de Vallorbe** (VD) ergiessen sich manchmal plötzlich Fluten aus einem Gang in die *Kathedrale*, einen hohen Saal am Ende des Besucherbereichs.

«Oben am Wasserfall angekommen, auf der von Sieger befestigten Leiter, stelle ich fest, dass ich ein stärkeres Rauschen höre als gewöhnlich. Oder bilde ich mir das nur ein? Meine Befürchtungen bestätigen sich jedoch, und ich weiss, dass wir sofort wieder nach draussen gehen müssen. Ohne meinen Begleitern zu sagen, wie besorgt ich bin, beschleunige ich meine Schritte. Eine Stunde später – ich bin den anderen einige Meter voraus – vernehme ich ein dumpfes Grollen, das mich überrascht und stark beunruhigt. Ich befinde mich nicht weit von der *Alligatorschlucht* und bemerke sofort, dass Wasser auf die Leiter tropft, die wenige Stunden zuvor noch trocken war. Ich eile voraus und stelle fest, dass sich die gesamte Senke vor dem Wasserfall in einen See verwandelt hat.

Meine Vorahnung hat mich also nicht getäuscht: Eine Flutwelle rollt heran, und das Tosen des vom Gewölbe herabstürzenden Wassers beunruhigt mich aufs Äusserste. Ich kehre um, mahne zur Eile. In wenigen Minuten erreichen wir das Seeufer. Ausser Ruedin und mir ahnt niemand etwas von der Gefahr, und wir hüten uns davor, sie anzusprechen. Ich treibe die anderen an, und wir kraxeln rechts am Wasser vorbei die Leiter hinauf. Oben bietet sich uns ein furchterregender Anblick: Das Wasser fällt sturzartig in den Durchgang – das wird lustig, hier durchzukommen! Die Frage, ob wir trocken bleiben können, stellt sich nicht mehr. Wir müssen um jeden Preis so schnell wie möglich nach draussen. Ich werfe den Sack aus dem Boot, weise die Kameraden an, sich nach mir zu erkundigen, bevor sie sich selbst an den Abstieg machen, und klettere in Windeseile die *Alligatorschlucht* hinunter, während mir Wasser auf den Kopf prasselt. Ich habe grosse Angst, dass der untere Siphon unter Wasser steht. In dem Fall wäre unsere einzige Chance, zurück ins Lager zu klettern und auf den Rückgang des Wassers zu warten, was Wochen dauern könnte.

Zum Glück bleibt uns noch ein kleiner Durchgang. Das Wasser steigt stetig, hat die Decke aber noch nicht erreicht. Ich klettere schnell wieder hinauf und rufe meinen Kollegen zu, dass sie sich beeilen sollen. Unsere Karbidlampen sind erloschen, sodass wir im schwachen Licht unserer elektrischen Notlampen den Schacht hinabsteigen – und dabei einen Geschwindigkeitsrekord aufstellen. Als wir den Siphon hinter uns gelassen haben, stimme ich zusammen mit Ruedin ein heiteres Lied an, um die anderen zu beruhigen. Doch wir wissen beide, dass zwischen uns und dem Ausgang noch eine ganze Reihe von Siphons liegen. Ob sie wohl schon unter Wasser stehen? In dem Fall sitzen wir in der Patsche, gefangen zwischen zwei Siphons, und müssen einen möglichst hoch gelegenen Ort finden, der trocken bleibt. Weiter singend und scherzend gebe ich das Tempo vor. Ein rasantes, das können Sie mir glauben! Zum Glück ist wieder Ruhe eingekehrt, die nur von uns gestört wird. Der grosse Siphon am Fuss der *Böse Wand* ist noch trocken, auch wenn sich aus einer Deckenöffnung ein kleiner Wasserfall ergiesst. Wir sind gerettet und kommen um 12.30 Uhr wieder ans Tageslicht. Es regnet in Strömen, und ein heftiger Föhn weht durchs Tal. Wir sind knapp davongekommen.» [André-H. Grobet: *Dans les cavernes du Hölloch*; Beilage Nr. 17 zu *Stalactite*, 2007]

Hochwasser überleben

Das Höhlensystem von Covatannaz im Waadtländer Chasseron-Massiv besteht aus mehreren miteinander verbundenen Höhlen und hat eine Gesamtlänge von über 5 km. Die Covatannaz-Schlucht, in die vier Eingänge des Systems münden, wurde seit prähistorischer Zeit als Durchgang im Gebirge genutzt und hat eine beeindruckende Menge an Nägeln aus römischer Zeit zum Vorschein gebracht. Die Höhlen tauchen bereits in den kantonalen Archiven von 1742 auf, wobei zwei davon den Vermerk tragen: *Quellen, wenn das Wasser hoch ist.* Man weiss also schon lange, dass es sich um ein wasserführendes System handelt. Die gut sichtbaren Eingänge lockten zwar bereits zu Beginn des 20. Jahrhunderts schon Neugierige an (eine Ansichtskarte von 1910 zeigt eine Höhle von innen), doch ernsthafte Erkundungen gab es erst nach dem Zweiten Weltkrieg. In jeder der Höhlen gibt es Siphons (unter Wasser stehende Gänge), die eine Erkundung stark erschweren und zum Tauchen zwingen. Das System ist schon recht gut erforscht,

Der **Fontanet de Covatannaz**, auch **Grotte du Vertige** genannt, ist der Überlauf für Hochwasser aus dem Höhlensystem von Covatannaz (VD).

Der Gang am Grund der Schächte der **Grotte des Rutelins** (NE), der zum oberen Siphon führt, wird bei starkem Hochwasser vollständig überflutet. Beim Ablaufen hinterlässt das Wasser feine Tonsedimente an den Wänden. Hier sollte man sich besser nicht aufhalten, wenn das Wasser steigt.

doch es sind noch nicht alle Verbindungen bekannt, als vier Freunde im Jahr 1992 hören, dass ein Hochwasser den Lehmpfropf hinten in der Grotte du Vertige (oder Fontanet de Covatannaz, siehe Abb. S. 187) fortgeschwemmt hat. Sie dringen an einem Nachmittag bei Sprühregen in die Höhle ein, ohne zu ahnen, dass in den Bergen ein Hagelgewitter naht. Mit von der Partie ist die Crème de la Crème der Schweizerischen Gesellschaft für Höhlenforschung: ihr Zentralpräsident, ihr Bibliothekar, der Leiter der Tauchkommission und ein Clubpräsident. Der Wasserstand ist hoch, sodass Neoprenanzüge erforderlich sind, doch die Wassermenge des austretenden Wasserfalls erscheint den Forschern nicht alarmierend. Einer von ihnen hat eine Pressluftflasche für den Fall dabei, dass sie bei der Erkundung auf einen Halbsiphon (einen Höhlenteil, in dem das Wasser fast bis zur Decke reicht) stossen. Der Lehmpfropf ist in der Tat verschwunden. Vor ihnen öffnet sich ein Gang, der möglicherweise eine Verbindung zur benachbarten Grotte des Lacs darstellt. Der Gang ist recht eng und matschig, doch sie kommen gut voran und erreichen nach rund 100 m das obere System der Grotte des Lacs. Auf dem Rückweg machen sie sich als gewissenhafte Forscher die Mühe – und nehmen sich Zeit dabei! –, die neue Verbindung zu vermessen. Zurück im Gang der Grotte du Vertige, stossen sie dann auf einen reissenden Fluss, der ihnen den Weg zum Ausgang versperrt. Sie machen es sich so gut wie möglich in dem eben erst erkundeten Gang «bequem» und warten darauf, dass das Wasser zurückgeht. Damit ist jedoch erst in den frühen Morgenstunden zu rechnen, wenn Kälte die Wasserzirkulation abschwächt.

Draussen machen sich die Rettungskräfte, die nach Ablauf der vereinbarten Rückkehrzeit von einer Kontaktperson alarmiert wurden, unter erschwerten Bedingungen bereit: Der Experte, der die Höhle am besten kennt, befindet sich unter den Eingeschlossenen, ebenso wie der Verantwortliche für die Tauchrettung ... Ausserdem weist der Höhlenplan, über den die Rettungskräfte verfügen, angesichts des aussergewöhnlich hohen Wasserpegels keine möglichen Zufluchtsbereiche aus. Das Wasser strömt so stark aus der Höhle, dass es mehrere Meter vom Felsen entfernt in die Tiefe stürzt, und macht es den Rettungskräften extrem schwer voranzukommen, ohne selbst mitgerissen zu werden. Mithilfe von quer durch den Gang gespannten Seilen und Eisenmasseln, die sie mühsam vor sich herschieben, arbeiten sich einige Taucher Meter für Meter voran – abwechselnd, denn die Erschöpfung lässt nicht lange auf sich warten. Nach einer dramatischen Phase, in der die Eingeschlossenen befürchten, im ansteigenden Wasser zu ertrinken, stabilisiert sich ihre Lage ein wenig. Nach einer unendlich langen Wartezeit beschliessen sie, jemanden mit der Pressluftflasche auf den Weg zu schicken, um die Aussenwelt zu informieren, dass sie leben. Für dieses hochriskante Unterfangen wählen sie den besten Taucher unter ihnen aus, der – zur allgemeinen Überraschung – plötzlich unter den Rettungskräften auftaucht, als deren Stimmung auf dem Nullpunkt angekommen ist. Das spornt die Retter erneut an und so gelingt es schliesslich zwei Tauchern, nacheinander zu den Eingeschlossenen vorzudringen. Diese sitzen fast vollständig im Dunkeln, weil ihre Lampen ausgehen. Mithilfe des mitgebrachten Materials können sie tauchend evakuiert werden; für einen der Forscher ist

Mit lautem Getöse fliesst ein unterirdischer Bach durch die **Grotte du Poteu** (VS).

Bei Hochwasser können sich die schmalen Passagen im **Hölloch** in tödliche Fallen verwandeln.

es eine erste Taucherfahrung. Als nach 24-stündiger Gefangenschaft endlich alle wieder im Freien sind, macht sich eine Mischung aus Erleichterung und Wut breit, die sich schwer vermeiden lässt, wenn man zuvor geglaubt hat, dass vier Kameraden ertrunken sind. Nach diesem nervenaufreibenden Erlebnis wird der Gang des Geschehens *Galerie des 24 Sauveteurs* getauft («Gang der 24 Retter»). Das Jahrhunderthochwasser, das zu dieser verheerenden Situation führte, wurde wahrscheinlich durch die Ansammlung grosser Mengen von Hagelkörnern in den Dolinen des darüberliegenden Berges verursacht. Als es anfing zu regnen, schmolzen die Hagelkörner und sorgten für ein gewaltiges Hochwasser, das die Höhlenforscher, die sich allzu zuversichtlich noch Zeit für die Vermessung nahmen, statt die Höhle in aller Eile zu verlassen, unvorbereitet traf.

Unterirdische Sintflut

Ein weiteres, ebenso aussergewöhnliches wie zerstörerisches Hochwasser machte im Jahr 1987 von sich reden. Zwei belgische Höhlenforscher, die an den Erkundungen in der *Zone Profonde* des Höhlensystems Siebenhengste-Hohgant teilgenommen hatten, berichteten in der Zeitschrift *Stalactite*, dem Publikationsorgan der SGH, von den Ereignissen.

«Das neue Biwak auf –700 m befindet sich in einem Gangkomplex, der seit geraumer Zeit fossil ist, wie Tropfsteine und Ablagerungen am Boden belegen. [Ein fossiler Gang ist ein Gang, in dem grundsätzlich kein Wasser mehr fliesst.] Diese Gänge liegen 200 m über dem tiefsten Punkt des Höhlensystems und 150 m oberhalb des Hochwasserausflusses. Am 4. Juli 1987 zerriss ein lautes Geräusch die Stille des Biwaks, das aus der 50 m weiter vorn gelegenen *Hydrogène*-Halle stammte. Dieses Geräusch kommt anfangs überraschend, ist aber bekannt: Es handelt sich um das Phänomen der sogenannten *Turbine*, das schon zweimal beobachtet wurde. Der Ton entsteht bei sehr starkem Hochwasser, wenn die *Rivière du Polonais* in der *Pony-Express*-Halle auf –600 m überläuft und die gesamte Zone der *Touaregs* auf –840 m flutet. Um abfliessen zu können, muss das Wasser mehr als 40 m ansteigen und strömt mit der Geschwindigkeit eines galoppierenden Pferdes in den 100 m unter dem Biwak liegenden *Incrédule*-Gang. Die Wassermassen schieben die Luft im Gang vor sich her. Dieser bildet weiter unten einen Siphon. Der Luft bleibt nichts anderes übrig, als durch Risse im Gestein, von denen manche bis in die Halle vor dem Biwak reichen, nach oben zu entweichen. Normalerweise hört das laute Geräusch nach zwei bis drei Minuten wieder auf, doch im Biwak kehrte dieses Mal nur vorübergehend Ruhe ein. Der vorherrschende leichte Luftzug wurde heftig, ein Knall ertönte – und eine gewaltige Schlammwelle ergoss sich über das Biwak! Die Hängematten wurden losgerissen, alles wurde innerhalb von Sekunden buchstäblich weggefegt. Plötzlich stand der Gang 10 m unter Wasser. All dies hätte ein neugieriger Höhlenforscher in der Nacht vom 3. auf den 4. Juli 1987 beobachten können, wenn er hoch oben im Gang gesessen hätte. Die Wahrheit war aber wahrscheinlich noch erschreckender. [...] Ein Jahr später sprach man noch immer von DEM HOCHWASSER. [...] Erst im Nachhinein und dank einiger Untersuchungen vor Ort war es möglich, die Ursachen und Auswirkungen dieses Jahrtausendhochwassers zu klären. [...] Ein enormes

Gewitter hatte sich über dem Massiv entladen, als der letzte Schnee noch nicht geschmolzen war. [...] Das Gewitter war von einer Heftigkeit, die die Einheimischen noch nie erlebt hatten. Spuren des Hochwassers an der Oberfläche und die verursachten Schäden zeugen noch davon. [...] Die *Zone Profonde* ist für ihre Hochwasser bekannt, doch dieses Mal war das Gewitter so stark, dass die Folgen katastrophal waren. [...] Kurz hinter dem Biwak *Amalec* auf −340 m wurde im Zufluss zur Rivière du Polonais eine Leiter auf rund 6 m Höhe in einem Mäander [einem hohen, engen, meist gewundenen Gang] eingeklemmt, in dem bei Niedrigwasser nur wenige Liter pro Sekunde fliessen. Im *Canyon* auf −370 m wurde etwas Ähnliches auf einer Höhe von 10 m beobachtet. An dieser Stelle wurde ein 5 m langes und 2 m tiefes Becken mit Kies zugeschüttet. [...] In der Kluft vor dem *Aurore*-Schacht fand man Überreste des gleichnamigen Biwaks 10 m über dem ursprünglichen Standort (−500 m) wieder. Die spektakulärste Veränderung wurde in der *Pony-Express*-Halle beobachtet, in der normalerweise nur ein schmales Rinnsal fliesst. [...] Diesmal war das Hochwasser so enorm, dass das Geröll am Boden der Halle ins Rutschen geriet. Hunderte von Kubikmetern Gestein wurden auf diese Weise in Bewegung gesetzt

Die Milandrine in der **Grotte de Milandre** kann auf einer Länge von 3 km flussaufwärts begangen werden.

Warum der Halbsiphon in der Berlinerschlucht im **Hölloch** den Namen «Todeszone» trägt, erklärt sich von selbst!

und haben eine Stufe gebildet [...] Ausgehend von dem nachgewiesenen Hochwasserpegel von rund 150 m muss die Durchflussmenge 20 m^3/s überstiegen haben.»

Wie zuvor schon erwähnt, hatte dieses aussergewöhnliche Hochwasser aber auch einen positiven Effekt: Es brachte die Forschung voran, indem es einen mit Lehm gefüllten Gang leerte und eine Verbindung zwischen dem Höhlensystem Siebenhengste-Hohgant und dem nahen Faustloch schuf. •JCL

Tauchen unter der Erde

Wenn die Wassermenge plötzlich und unvorhergesehen schwankt, kann Wasser zur Gefahr werden; es kann die Erkundung jedoch auch unterbrechen oder unmöglich machen, wenn es einen Gangabschnitt komplett füllt. Das Vorhandensein einer «Wassersperre» hat die Höhlenforscher und Höhlenforscherinnen bisher jedoch nicht davon abgehalten, alles zu tun, um das Hindernis zu überwinden. Dazu mussten zunächst einmal eine angepasste Tauchausrüstung, eine spezielle Ausbildung und neue Tauchmethoden entwickelt werden. Ein *Siphon* – so nennt man in der Höhlenforschung einen mit Wasser gefüllten Gang – kann nur von Tauchern bezwungen werden, die mit einem Druckluftgerät für dieses heikle Vorhaben ausgestattet sind.

Homo aquaticus

Manchmal begegnet man einem Siphon erst, wenn man eine mehr oder weniger lange Höhle schon mehr oder weniger trockenen Fusses durchquert hat. Dann geht es ums Höhlentauchen, eine Tätigkeit, die meist von Höhlenforschern ausgeübt wird, die ihre Erkundungsgänge um eine Taucherfahrung erweitern wollen. In anderen Fällen befindet sich der Siphon direkt am Höhleneingang: Dabei handelt es sich um eine Quelle. Höhlenquellen sind nicht nur ein Ziel für die Höhlenforschung, sondern auch für Menschen mit Taucherfahrung in Seen oder im Meer, die das Gewässer gegen die Strömung erkunden wollen. Sogar Hobbytauchgänge sind möglich, bei denen es gar nicht darum geht, den Siphon zu durchqueren, sondern nur um das Taucherlebnis. Für Hobbytaucher ist das Unfallrisiko allerdings hoch. Denn auch wenn sich Höhlentauchen und Freiwassertauchen auf den ersten Blick zu ähneln scheinen: Es sind zwei unterschiedliche Disziplinen, die jeweils eine andere Ausrüstung, andere Techniken und eine andere Geisteshaltung erfordern. In einem See muss man lediglich die Dekompressionszeit einhalten, damit das im Körpergewebe gebundene Gas langsam wieder abgeatmet werden kann. Der Rückweg kann mit Zwischenstopps, aber in direkter Linie und ohne Umwege zurückgelegt werden, wenn man das Risiko einmal beiseitelässt, dass man sich im offenen Wasser verirren kann.

In einer Höhle kommen einige Herausforderungen hinzu, die viel damit zu tun haben, wie der Körper mit den im Gewebe gelösten Gasen umgeht. Der Rückweg ist der umgekehrte Hinweg, einschliesslich der Umwege, die der unter Wasser stehende Gang vorgibt. Es gibt also keine Abkürzungen, und die Tauchenden müssen ihren Atemgasvorrat streng einteilen. Sie müssen den Weg zurück finden, ohne zu

Tauchgang im **Creugenat** (JU) 1934. Damals tauchte man mit Helmtauchgeräten. Die Luftversorgung funktionierte per Oberflächenverbindung.

Die **Source de la Chaudanne** in der Nähe von Rossinière (VD) ist Schauplatz für die tiefsten Höhlentauchgänge, die in der Schweiz durchgeführt werden.

Taucher im Eingangssiphon zu den **Grotten von Vallorbe** (VD), aus denen die Orbe an ihrer zweiten Quelle (Resurgence) auftaucht.

zögern oder Zeit zu verlieren. Wie der kleine Däumling oder besser gesagt wie Theseus im Labyrinth des Minotaurus, entrollt der Höhlentaucher auf dem Hinweg seinen *Ariadnefaden*, damit er sich auf dem Rückweg daran orientieren kann. Bedenkt man nun noch die Wassertemperatur und die häufige Trübung des Wassers – die auf dem Hinweg vom Taucher selbst verursacht wird – sowie die Enge mancher Passagen, bekommt man einen ersten Eindruck von den Problemen, die beim Tauchen unter der Erde auftreten können. All dies hat dazu geführt, dass die vorhandene Tauchausrüstung angepasst und das Prinzip des Alleintauchens eingeführt wurde, also genau das Gegenteil zu der Tauchpraxis im Freiwasser, wo ein Team, das zur Not helfen kann, immer der Sicherheit dient. Leider hat der Versuch, einem Kameraden in einem Siphon zu helfen, das Unfallrisiko schon allzu oft erhöht. Beim Höhlentauchen hat man eine in allen Teilen redundante Ausrüstung dabei: Druckluftflaschen, Atemregler und Taucherlampen sind mindestens doppelt vorhanden, um einen Geräteausfall kompensieren zu können. Die Notwendigkeit, allein zu tauchen, erfordert absolute Eigenständigkeit und ist, wie ein grosser Schweizer Höhlentaucher einmal sagte, «eine Durchtrennung der Nabelschnur und des Bandes der elterlichen Fürsorge, die uns zu mündigen Erwachsenen macht».

Die Orbe-Quelle: Von den Anfängen bis zur Gegenwart

Da es solche Prinzipien und Ausrüstungsgegenstände in den Anfängen des Höhlentauchens noch nicht gab, werden wir zunächst von Erkundungen der unterirdischen Orbe (siehe Höhlenplan S. 132) bzw. ihres Austritts berichten. Wie bereits erwähnt, fliesst die Orbe durch das Vallée de Joux, bevor sie sich im Lac Brenet verliert und dann in der Nähe von Vallorbe wieder ans Tageslicht kommt. Die ersten Vorstösse in die Source de l'Orbe unternahm 1893 ein Taucher mit schwerem Helmtauchgerät, der den überlebenswichtigen Schlauch – über eine Handpumpe mit Luft von draussen versorgt – hinter sich herziehen musste. Dieser Pionier erreichte eine Tiefe von 11 m.

Siebzig Jahre später waren die Zeiten andere und die Ausrüstung auch, weil Jacques-Yves Cousteau und Émile Gagnan inzwischen die sogenannte Aqualunge entwickelt hatten. Nun konnte man beim Tauchen ungehindert vorankommen, ohne auf dem Höhlenboden laufen zu müssen. Anfang der 1960er-Jahre legten drei Taucher vom Genfer Centre de Sports Sous-marins 70 m in dem Siphon zurück und streckten den Kopf am unterirdischen *Lac du Silence* wieder aus dem Wasser. Im darauffolgenden Jahr legte dasselbe Team dank besserer Beleuchtung 140 m unter Wasser zurück, mit einer Passage in 25 m Tiefe, und landete in der sogenannten *Kathedrale* vor der Engstelle *Bouche d'Ombre* («Schattenmaul»). Der Erfolg, der die spätere touristische Erschliessung der Höhle ermöglichte, wurde letztlich jedoch einem anderen Team zuteil: Es tauchte am Fusse einer riesigen Halle auf, die zu einer weiteren Erkundung einlud, dem Aufstieg kaskadierender Wildbach. In den 1970er-Jahren wurde das ehrgeizige Tourismusprojekt verwirklicht, das es später einmal 65000 Besuchern pro Jahr erlauben sollte, gefahrlos die andere Seite der Quelle zu betreten. Jahr für Jahr drangen Forschende tiefer in den Berg ein und erkundeten abwechslungsreiche Gänge, bis neue Siphons erreicht wurden, die das Tragen von immer mehr Ausrüstung erforderten. Das grösste Hindernis war der etwa 1 km vom Eingang entfernte *Siphon du Désespoir* («Siphon der Verzweiflung»), dessen tiefster Punkt eine Engstelle in 57 m Tiefe ist. Hier stiess man in der damaligen Zeit (1991) an Grenzen. Problematisch war vor allem die Tiefe in Kombination mit den weiten Strecken, über die man die schwere Ausrüstung in trockenen Gängen tragen musste. Fortschritte sind seitdem eine Frage der Geduld und des technischen Know-hows. Menschen, die mit einem Kreislaufgerät tauchen können und zudem körperlich wie geistig in der Lage sind, sechs aufeinander folgende Siphons zu bezwingen und zwischendurch die schwere Ausrüstung durch lange Gänge oder riesige Hallen aus rauem Fels zu tragen, sind rar gesät. Heute dringt man immer weiter in Richtung des Lac Brenet vor, aus dem das meiste Wasser kommt. Bis heute sind etwa 5 km der Höhle erforscht.

Rinquelle: so weit wie möglich

Ein Tauchgang in einer Quelle, der wie in Vallorbe zur Entdeckung einer Höhle mit einem unterirdischen Fluss führt, ist ein Glanzstück der Höhlenforschung und hat einen besonderen Reiz. Manchmal muss man sich jedoch mit Tauchen begnügen, ohne in einer Höhle zu landen. Das war bei einer Reihe von Tauchgängen in der Rinquelle (SG) der Fall, die in Höhlenforscherkreisen legendär sind. Die Rinquelle (siehe Höhlenplan S. 196) befindet sich zwischen den Churfirsten und der Talschaft Toggenburg, wo sie einer Felswand als temporärer Wasserfall entspringt. Das Wasser vereint sich sofort mit den Seerenbachfällen und fliesst in den Walensee.
Die gefährliche Erkundung der Quelle sorgte in den 1970er-Jahren für Schlagzeilen. Nach ersten Tauchvorstössen in den 1950er- und 1960er-Jahren, die mit einem tödlichen Unfall endeten, wagten sich Zürcher Taucher an die schwierige Aufgabe. Sie wurden von einem der weltbesten Höhlentaucher abgelöst: dem Deutschen Jochen Hasenmayer, den sein Zürcher Freund Bruno Klingenfuss herbeirief. «Klifu» eilte der Ruf eines genialen Erfinders voraus, während «der Jochen» eine Kapazität auf dem Gebiet der hochriskanten Solotauchgänge

Tauchen auf dem Grund der **Grottes de Vallorbe**: der *Siphon Noir*.

war. Beide nutzten ihr Ingenieurstalent, um eine spezielle Ausrüstung zu entwickeln, die den Anforderungen des Höhlentauchens gerecht wurde. Die Tauchgänge führten zunächst durch einen 240 m langen überfluteten Gang bis zu einer Kreuzung, die in 20 m Tiefe in die eigentliche, permanente Wasserader des Systems mündet. Hier trifft der Gang, der bei Hochwasser in der Rinquelle überläuft, auf einen gefluteten Hauptgang mit einem Ober- und einem Unterlauf. Beim Siphontauchen steigt man in den meisten Fällen eine Wasserader hinauf. Demgegenüber ist es mit erheblichen Risiken verbunden, der Strömung in einem gefluteten Gang zu folgen – es wird daher auch nur selten versucht. Wenn man auf dem Hinweg gegen die Strömung anarbeitet, hat man eine Art Rückversicherung, die es beim Tauchen stromabwärts nicht einmal annähernd gibt. Bei jener aussergewöhnlichen Erkundung, die einen Rekord als längster Vorstoss in eine Unterwasserhöhle aufstellen sollte, bedienten sich die Taucher beider Möglichkeiten. Zu den 240 m des Eingangsbereiches kamen noch 850 m flussabwärts und 930 m flussaufwärts hinzu, sodass sie insgesamt mehr als 2 km unter Wasser zurücklegen mussten, sowohl auf dem Hin- als auch auf dem Rückweg. Am Ende gibt es nach einer heiklen Engstelle zwei Optionen: «Die Decke senkt sich und der Gang wird durch eine Kiesschicht unpassierbar. Seitlich führt ein Nebengang zu einem Trichter und einer absolut tödlichen Saugdüse.» [Klifu, 1977] Diese Beobachtung wurde 2011 von dem englischen Taucher John Volanthen und seinem Team bestätigt, die feststellten, dass man an der Stelle besser abbricht oder sein Leben verliert. Flussaufwärts ist das Ende ebenfalls zweigeteilt: Auf der einen Seite befindet sich eine undurchdringliche Versturzhalle, wo das Wasser wahrscheinlich herkommt, und auf der anderen Seite der *Donnersee*: ein See, aus dem der Taucher endlich aus dem Wasser steigen kann, um die Erkundung (hoffentlich) ohne Tauchflaschen fortzusetzen. Das taten zwei Taucher aus dem Kanton Waadt Ende der 1970er-Jahre, indem sie einen wilden Gang 40 m hinaufkletterten und einen neuen Siphon fanden. Aus einem Zweig dieses Siphons tauchten sie nach 120 m wieder auf und erreichten einen schwer zugänglichen, trockenen

Die sehr tiefen Tauchgänge in der **Source de la Chaudanne** sind technisch extrem anspruchsvoll und erfordern viel Material, um die Sicherheit der Tauchenden zu gewährleisten.

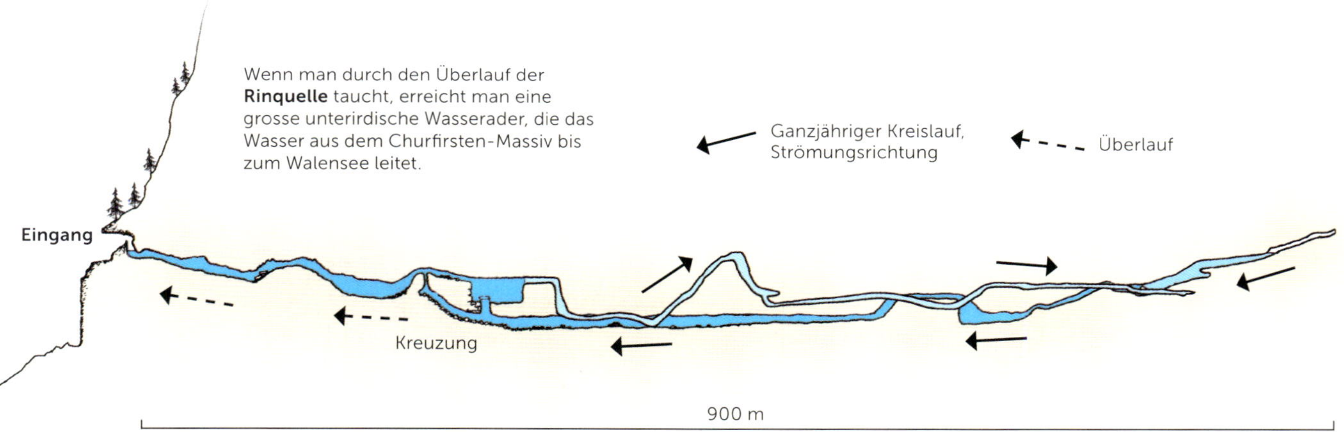

Wenn man durch den Überlauf der **Rinquelle** taucht, erreicht man eine grosse unterirdische Wasserader, die das Wasser aus dem Churfirsten-Massiv bis zum Walensee leitet.

Gang, nachdem ein anderer enger, trüber Zweig des Siphons sie 28 m in die Tiefe geführt hatte. Im Jahr 2009 machten John Volanthen und sein Landsmann Rick Stanton sich noch einmal flussaufwärts ein Bild von der Lage. Ihre Schlussfolgerung war eindeutig: Die Höhle hat keine Fortsetzung.

Chaudanne: am tiefsten Punkt

Noch geringer ist die Hoffnung, eine Höhle bei einem Tauchgang zu entdecken, in der Source de la Chaudanne bei Rossinière (VD). Tauchen hat an diesem Ort etwas von der *Reise zum Mittelpunkt der Erde*, mit einem bodenlosen überfluteten Schacht anstelle des Vulkans von Jules Verne. Aber fangen wir von vorn an: Im 19. Jahrhundert drehte diese Quelle im Pays d'Enhaut, die in die Saane fliesst, erst ein Mühlrad; dann wurde sie von der Société électrique Vevey-Montreux erworben, um Strom für den Trambetrieb zu produzieren. Zunächst interessierte man sich also nur für die Quelle, um Energie zu erzeugen. Später wollten einige Neugierige wissen, woher das Wasser eigentlich kam – eine Frage, auf die Tracer keine schlüssigen Antworten geliefert hatten. Im Winter 1964 gingen zwei Lausanner in der Quelle auf Tauchgang und konnten unter Wasser trotz geringer Erfahrung im Höhlentauchen erstaunlich weit vordringen. Sie überwanden kleine Schächte und einen Durchgang in 28 m Tiefe, stiegen bis zum *Col* auf –14 m auf, nachdem sie eine Engstelle, die durch eine Felsplatte versperrt war, passiert hatten – doch dann ging es wieder abwärts. Ein Tauchgang von über 200 m mit dem tiefsten Punkt auf –30 m war mit der damaligen Ausrüstung nicht zu bewältigen, obwohl diese es bereits ermöglicht hatte, die erste Wassersperre in Vallorbe zu überwinden. Im nächsten Jahrzehnt machten sich andere Lausanner an die Arbeit und vermassen einen 365 m langen Siphon, dessen Endpunkt in 70 m Tiefe lag. In den Erkundungsberichten tauchen zwei Namen besonders häufig auf: Cyrille Brandt und Olivier Isler. Die beiden gaben sich eine Zeit lang «die Klinke in die Hand» und übertrafen die Erfolge des jeweils anderen. In den 1980er-Jahren waren die gleichen Leute wieder da, aber besser ausgerüstet: wasserdichte Anzüge und neue Atemgemische ermöglichten den Zugang zu neuen Tiefen. Der lange Tiefpunkt *La Banane* auf –75 m, deren Boden mit Kieselsteinen bedeckt ist, ermöglichte den Zugang zum *Balcon* – dann ein weiterer Aufstieg auf –60 m, der die Dekompressionsstopps erschwerte, bevor der grosse Sprung in zwei parallele Schächte bis auf 100 m unter dem Quellniveau erfolgte. Noch ein Aufstieg, bis es in einen wahren Abgrund von 143 m Tiefe ging ... Doch die Schacht-Rutsche geht noch weiter: Nach der Jahrtausendwende und dank der Entwicklung neuer Kreislauftauchgeräte schaffte Michael Walz erst –149 m, dann –160 m und erhoffte, –170 m zu erreichen. Schliesslich erreichte Samuel Vurpillot –193 m. Der technische Fortschritt war gross und erweiterte die Grenzen dessen, was der menschliche Körper ohne Folgeschäden verkraften kann. Man entwickelte Heliumgasgemische, um die Stickstoffnarkose in grossen Tiefen zu vermeiden, sauerstoffangereicherte Gemische – oder sogar reinen Sauerstoff – für den Einstiegsbereich und die Dekompressionsstopps auf dem Rückweg. Hinzu kamen Relaisflaschen, die unterwegs

Erste Tauchgänge in der Source de la **Chaudanne** im Winter 1965 mit einfacher Ausrüstung: Am Werk sind André Piguet, Claude Schmidt, Dominique d'Arman und Michel Liberek aus Lausanne. An diesem 12. Januar herrschte Tauwetter, sodass das Vermessungsprojekt wegen Hochwasser abgebrochen wurde.

Die **Sorgente Bossi** (TI) ist so gross, dass Unterwasserscooter beim Tauchen unerlässlich sind.

von Hilfstauchern abgesetzt werden können, Dekompressionsglocken in der Nähe des Einstiegs und Tauchscooter, um die Tauchzeiten zu verkürzen, indem man schneller ans hintere Ende gelangt. Nicht zu vergessen die Kreislaufgeräte, mit denen man weniger Atemgas und weniger Kalorien verbraucht, und Anzüge, die der Kälte bei achtstündigen Tauchgängen standhalten. Trotz dieser Errungenschaften, für die *La Chaudanne* – zusammen mit einigen anderen Siphons ausserhalb der Schweiz – als Versuchslabor diente, darf man die mentalen Anforderungen solcher Expeditionen nicht unterschätzen. Die Tauchenden befinden sich ausser Reichweite und müssen ihr Überleben allein sichern. Sie müssen besonnen handeln und zuversichtlich bleiben – trotz des Drucks, dem der Organismus ausgesetzt ist, und ohne Zeit zu verlieren, denn jede Minute in der Tiefe wird durch die Dauer der Dekompressionsstopps teuer erkauft. Wie ein Höhlentaucher einmal treffend gesagt hat, geht es darum, «sich zu Hause zu fühlen, obwohl man ganz weit weg ist». Hier kommen wir auf die wichtigste Eigenschaft eines Höhlentauchers zu sprechen: die Autonomie. Nicht nur Autonomie in Bezug auf Atemgas und Licht, sondern vor allem geistige Autonomie – die zuvor erwähnte Durchtrennung der Nabelschnur ist eine Schule des Lebens.

Böss: Tiefe und Kletterpartien

In der hier vorgestellten Auswahl, die keinen Anspruch auf Vollständigkeit erhebt, wäre es falsch, nicht ein paar Worte über die mächtige Sorgente Bossi zu verlieren. Die von den Einheimischen *Böss* genannte Quelle sprudelt am Fusse des Monte Generoso (TI) aus dem Boden. Hier ist alles gross: Ein breites Eingangsbecken wird von einem geräumigen Gang gefolgt, der es mehreren Tauchern ermöglicht, gemeinsam (wenn auch unabhängig voneinander) vorzudringen. Weiterhin gibt es eine grosse Unterwasserhalle in 60 m Tiefe, wo ein enger, aufsteigender Gang mit oft trübem Wasser abzweigt, der in eine kleine Höhle mündet. Der Hauptgang führt über eine Engstelle in 89 m Tiefe in eine grosse Trockenhöhle, in der die Höhlenforschung im Herzen des Monte Generoso weitergeht. Die kleine Höhle, die man über den engen Gang erreicht, liegt nah an der Bergwand, ist aber eine Sackgasse. Die Sorgente Bossi kann betaucht werden, die Frage ist nur, zu welchem Preis! Bei der Erkundung des aufsteigenden Systems muss man sich von einem Tauchgang auf −89 m erholen und genügend Kraft und Klarheit für den Rückweg unter Wasser haben. Die Unternehmung erfordert auch das Tragen von schwerem und sperrigem technischem Gerät (Klettermast, Bohrmaschine usw.) durch den Siphon und extreme Vorsichtsmassnahmen: Selbst bei einem kleinen Unfall könnte ein Unfallopfer nicht durch einen Anruf bei der Rega evakuiert werden! Die Sonde, die in einem der erforschten Schächte hinter dem Hauptsiphon installiert wurde, hat innerhalb von drei Stunden einen Anstieg des Wasserspiegels um 27 m registriert – das gibt zu denken. Die Erkundungen führen zu einer höher gelegenen Zone, 37 m unter der Oberfläche, in einen unüberwindbaren Versturz. Das erforschte System hat eine Gesamtlänge von 2750 m bei einem Höhenunterschied von 122 m hinter dem tiefen Siphon. Damit ist die *Böss* das zweitgrösste unterirdische Höhlensystem am Monte Generoso.

Die unterirdische Areuse: eine Jahrhundertsuche

Im Kanton Neuenburg befindet sich eine spektakuläre Quelle, die seit über einem Jahrhundert erforscht wird. Das Einzugsgebiet dieser Quelle, die bei Niedrigwasser eine Schüttung von weniger als 300 l/s und bei Hochwasser von mehr als 50 m³/s hat, liess sich mit Tracerverfahren ermitteln. Es hat eine Gesamtfläche von 110 km² und liegt zu zwei Dritteln im Vallee de la Brévine, zu einem Drittel im Vallée des Verrières. Für Schlussfolgerungen fehlte den Hydrogeologen jedoch die Möglichkeit, den unterirdischen Verlauf durch Höhlenforscher zu erkunden. Man kann sagen, dass die Suche nach dem Verlauf der unterirdischen Areuse für einige Neuenburger zur Suche ihres Lebens wurde, eine Art Gralsuche der Höhlenforschung. Das Unterfangen zog in den 1970er-Jahren mehrere Höhlentaucher an. Am Fusse der Felswand tritt das Wasser jedoch nicht in einem bequemen Becken zutage, sondern quillt aus engen Rissen, in die sich der oder die Tauchende hineinzwängen muss, wobei man eine Druckluftflasche vor sich herschieben und durch das Verschieben von Felsblöcken einen Durchgang freimachen muss. Es schien, als sei der Austritt von einer Geröllhalde verschüttet worden, die vom Wasser durchdrungen werden kann. Drei aufeinander folgende Tauchversuche auf −3 m, −6 m und −9 m machten deutlich, dass es dort, wo sich das Wasser seinen Weg bahnte, kein Durchtauchen gab. Einige Jahre später wurde noch ein Versuch mit Presslufthammer und Sprengstoff im Auftrag der Électricité neuchâteloise SA unternommen und bei einer Tiefe von 18 m abgebrochen.

Das war das Ende dieses Kapitels – auf das vierzig Jahre nichts folgte. Im Jahr 2013 gibt es dann eine Fortsetzung, die ebenfalls mit Zeichen von Presslufthämmern und Sprengstoff zu tun hat: Beim Bau des Strassentunnels *Bois des Rutelins* wird 100 m oberhalb der Quelle von der Tunnelbohrmaschine eine Höhle angebohrt. Die Erkundung der Grotte des Rutelins führt nach 100 m Schächten in einen breiten Gang, der Überschwemmungsspuren aufweist. Die Erfahrung lehrt, dass das Wasser hier bis zu 40 m steigen und die Höhle fluten kann, weshalb Vorsicht geboten ist. Flussaufwärts werden die Tauchenden in einem kritischen Siphon nach 1 km gestoppt; flussabwärts lädt das grüne Wasser eines anderen Siphons zum Tauchen ein. 2019 wird das Jahr spektakulärer Entdeckungen hinter diesem kleinen, stromabwärts gelegenen Siphon: Dort entdeckt man grosse, von kurzen Siphons unterbrochene Gänge mit einer Länge von mehr als 1 km, in denen zahlreiche Schlote erklommen werden können. Sie stehen derzeit im Fokus der Bemühungen. Man hofft, auf den Felsen oberhalb der Quelle der Areuse einen weiteren Eingang zu entdecken, der das Tauchen überflüssig und die Höhle für alle Forschenden zugänglich machen könnte. Die an verschiedenen Punkten der Höhle durchgeführten hydrogeologischen Messungen zeigen, dass die Höhle mit der unterirdischen Areuse in Verbindung steht und dass die beiden Zweige, die von Les Verrières und La Brévine kommen, hier zusammenfliessen. •JCL

Grotte des Rutelins (NE): Der Eingang des Siphons, der zu den weiten Gängen des Höhlensystems der unterirdischen Areuse führt, ist eng.

Vertikale Abenteuer

Unter der Erde herumzuspazieren, ist die ureigene Aufgabe der Höhlenforschung, wobei Spazieren hier meist ein Kriechen, Sich-Krümmen und Sich-Durchschlängeln ist; in Stundenkilometern ausgedrückt kommt man also nur unglaublich langsam voran, gerade im Vergleich zu einer Bergwanderung. Im Laufe der Zeit sind die Erforscher der Unterwelt bei ihren Expeditionen zunehmend auf Hindernisse gestossen, die es hinabzuklettern galt: *umgekehrte Berge* sozusagen. Die Befahrung von Schachthöhlen stellte eine weitaus grössere Herausforderung dar als die Erkundung anderer Höhlen. Technisch, körperlich und mental erreichten die Anforderungen bald eine völlig neue Dimension, was einmal zu der provokanten Äusserung geführt hat: «Solange es horizontal ist, funktioniert die Demokratie, aber wenn es vertikal wird, braucht es die Diktatur.» [Félix Ruiz de Arcaute, spanischstämmiger Erforscher der Pyrenäenhöhlen]

Hier folgt die Zusammenstellung einiger Befahrungen vertikaler Strecken in der Schweiz.

«Voller Respekt lauschten wir den Geschichten der tapferen Entdecker, Geschichten, die so nur in einem Biwak erzählt werden. Da war Michel Stocco, der Angst vor dem Skifahren und es deswegen einmal vorgezogen hatte, einen von Felsriegeln durchzogenen, bewaldeten 700-m-Hang auf seinem Höhlenforschersack hinunterzurutschen. Walter Hess hatte sich, als er irgendwann eine Ewigkeit warten musste, ein nasses Taschentuch auf die Brust gelegt, um nicht zu kalt zu haben. René Scherrer war 157 m in einem Schacht in 12 Minuten hinaufgeklettert – auf einer Leiter! Und dann war da Albin Vetterli, der unermüdliche Motivator bei all diesen Expeditionen. Für uns junge Kerle war das die Köbelishöhle.»

Ins **Häliloch** (BE) geht es 100 m gerade hinunter. An einem einzigen Seil über dem Schlund hängend fühlt man sich als Forscher winzig klein.

Dieses Zitat von Philippe Rouiller leitete einen Artikel in *Stalactite*, der Zeitschrift der Schweizerischen Gesellschaft für Höhlenforschung (SGH), von 1988 ein. Viele Jahre später werden immer noch unterirdische Abenteuer erzählt, die in groben Zügen die Entwicklung (und die Durchbrüche) der Höhlenforschung skizzieren. Immer noch werden die alten Hasen gewürdigt, die anderen den Weg ebnen und dann den Stab an die jungen Wilden übergeben, die sich ihrerseits mit der Vorstellung vom *Endpunkt* nicht abfinden wollen, sondern *die Fortsetzung* suchen ... und finden. Das ist typisch für die Höhlenforschung: Sie kennt das Wort «Ende» nicht. Wer einen Berggipfel erklommen hat, weiss nach einem Blick auf die Umgebung, dass hier niemand mehr höher klettern kann, sondern bestenfalls andere Aufstiegsrouten findet. Wer in der Höhlenforschung eine Expedition beendet, die Karte erstellt und die Ausrüstung abmontiert hat, weiss, dass der erreichte Grund in der Regel nur eine Etappe ist. Eines Tages wird ein anderes Team eine Möglichkeit finden, diesen Punkt zu überwinden, und die Erkundungen wieder aufnehmen. Hierfür ist die Köbelishöhle im Churfirsten-Massiv (siehe Abb. S. 202–203) ein hervorragendes Beispiel.

Ihr grosser, 154 m senkrecht abfallender Schacht, ein wahrer Eiger der Tiefe, wurde 1963 entdeckt, aber erst zwei Jahre später befahren – indem man sich mit Muskelkraft an flexiblen Metallleitern festhielt, die in der Luft schaukelten und sich drehten, und sich mit einer Seilwinde sicherte.

«Innerhalb der Gruppe der OHG (Ostschweizerische Gesellschaft für Höhlenforschung), die die *Donnerlöcher* erkundete, war es üblich, dass bei jeder neuen Expedition ein anderer Höhlenforscher als Erster in den Schacht stieg. Beim nächsten Mal war ich an der Reihe, doch ich wollte mehr Leitern mitnehmen, als für den auf 160 m sondierten Schacht notwendig waren. Nach einem regenreichen Sommer war die Schachthöhle am Wochenende des 30./31. Oktober 1965 endlich trocken, und

In den 160 m tiefen Schacht der **Köbelishöhle** (Churfirsten, SG) seilt man sich seit den 1960er-Jahren ab – damals eine grosse Leistung, heute ein Klassiker!

wir waren alle fünf entschlossen, den Schacht in Angriff zu nehmen. Die in ihre Einzelteile zerlegte Seilwinde wurde bis zur geräumigsten Stelle kurz vor der Kante des Eingangsschachts transportiert, dort zusammengebaut und mithilfe von Seilen am Felsen befestigt. 175 m Leitern wurden mit der Seilwinde über eine u-förmige Stange über dem Abgrund hinuntergelassen und dann an dieser Stange befestigt. Das Seil der Winde führte über drei Umlenkrollen zu den Leitern, sodass praktisch jegliche Reibung vermieden wurde. Der Abstieg erfolgte mit einem Telefonapparat im Rucksack. Wir kommentierten, was wir unterwegs sahen, z. B. die 6 bis 8 m dicken Bänke aus Schrattenkalk, die Leiter, die ständig weit von den Felswänden entfernt war, die wechselnden Strukturen des Schachts, ein Schachtfenster 5 m über dem Boden ... schliesslich erreichten wir, nach 20 Minuten, den flachen und vollkommen sauberen Boden auf 160 m Tiefe. Aufgrund der Gischt, den der Zutritt von Wasser unterwegs verursachte, kamen wir recht durchnässt unten an. [...] Bevor wir uns wieder an den Aufstieg machten, mussten wir das Durcheinander aus Telefonkabeln, Seilen und Leitern entwirren, was gut zwei Stunden in Anspruch nahm. Der Erste stieg gegen 10 Uhr auf die Leiter. Jeder von uns brauchte 40 Minuten für die mühsame Kletterpartie nach oben (bei nachfolgenden Expeditionen verringerte sich die Zeit dank besser trainierter Handgelenke auf eine Viertelstunde). Gegen 1 Uhr morgens waren wir alle wieder draussen.» [René Scherrer in Stalactite 2013-2]

Im Laufe der Jahre folgten weitere Schächte auf diesen: 58 m, 22 m, 21 m tief usw. Spezialleitern wurden angefertigt, um noch tiefere Zonen zu erreichen, und Unterstützung von anderen Clubs geholt. Doch auf −343 m versperrte ein unüberwindliches Hindernis in Form eines Siphons den Weg. Es gab zwar einen Seitenarm, den man hätte hinaufsteigen können, doch die Vermessung war anspruchsvoll, die Lasten waren schwer und Müdigkeit gab den Forschenden zu verstehen, dass es Zeit war, an die Oberfläche zurückzukehren.
Erst knapp zehn Jahre später gab es einen neuen Anlauf – nicht zuletzt, weil neue Abseiltechniken (von denen später noch die Rede sein wird) die Schachtbefahrung erleichterten. Nachdem zuvor die Ostschweizerische Gesellschaft für Höhlenforschung, der Spéléo Club des Montagnes neuchâteloises und der Spéléo-Club du Val-de-Travers zusammengearbeitet hatten, taten sich dieses Mal Basler und Lausanner zusammen und überwanden die Schachttiefe mit einem einfachen Seil. Deutlich weniger erschöpft als ihre Vorgänger finden sie einen Gang, der es ihnen ermöglicht, den weiteren Verlauf der Höhle zu erkunden.
Auf −367 m ging es nicht weiter; lediglich ein unerreichbares Schachtfenster schien die Forscher zu verhöhnen. Das Fenster geriet vier Jahre lang in Vergessenheit. Dann gelang es einem kleinen Team, das spasseshalber unterwegs war, über eine heikle Kletterpartie sowohl das Schachtfenster als auch dessen Fortsetzung zu erreichen: einen matschigen Gang, einen unterirdischen Bach und einen 35 m tiefen Schacht mit Stufen, der kein Seil erforderte, bis auf −380 m Schluss war. Zwei weitere Jahre später machte sich ein gemischtes Team aus verschiedenen Clubs hierhin auf und stiess auf einen langen, niedrigen Gang mit einem Halbsiphon, auf den ein unheimlicher, aber entscheidender grosser Riss folgte, der in weichem Gestein, in dem nichts

Bei der ersten Befahrung des 160 m tiefen Schachts der **Köbelishöhle** wurde der Mann auf der Leiter mit einer Seilwinde gesichert.

Kartieren auf Köbelis-Art: mit Pfeife im Mund!

Abstieg über eine Leiter in den **Gouffre du Petit-Pré** (VD), wiederum in den 1960er-Jahren.

An der Zwischenstation: telefonischer Kontakt zur Oberfläche.

hielt, 400 oder 500 m in die Tiefe führte. In einer Abzweigung endete die Exploration an einem Siphon auf –533 m, in einer anderen an einem Siphon auf –546 m, der jedoch erst im Jahr darauf entdeckt wurde. Das Wasser dieses letzten Siphons, der den gesamten Boden des Schachts einnahm, war so klar, dass der erste Forscher sich beim Abseilen den Hosenboden nass machte. Nach weiteren Kletteraktionen und Ergänzungen der Vermessungen hiess es dann 1987: Das war's, Köbelis! Und daran hat sich seitdem nichts geändert …

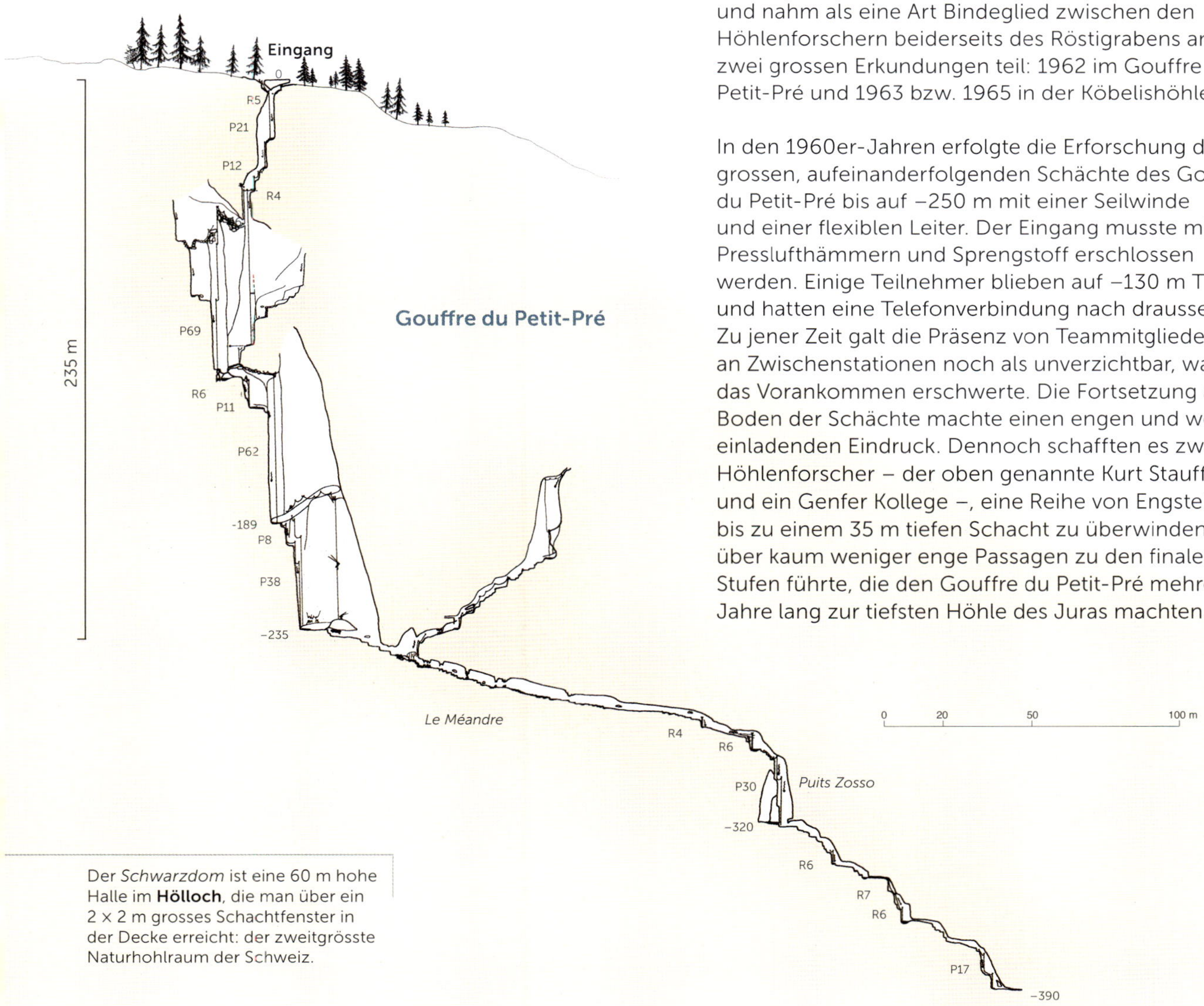

Eine Schachthöhle in der Westschweiz

Die Köbelishöhle wird später noch einmal in der nationalen Zeitschrift für Höhlenforschung erwähnt. Im Jahr 2013 kam der Wunsch auf, das 50-jährige Jubiläum des entscheidenden Vorstosses in den Gouffre du Petit-Pré zu feiern. In dieser Schachthöhle im Waadtländer Jura führen geräumige Schächte bis auf –250 m hinab; weitaus enger wird es dann bis zum tiefsten Punkt auf –426 m (15 Jahre nach der Erstbefahrung und mit anderen Messinstrumenten korrigiert zu –390 m). Die Veröffentlichung von Zeitzeugenberichten rückte eine bemerkenswerte Persönlichkeit ins Rampenlicht: Kurt Stauffer. Dieser Deutschschweizer liess sich bereits in jungen Jahren im Val de Travers nieder, kümmerte sich lange Zeit um die Höhlenrettung innerhalb der SGH und nahm als eine Art Bindeglied zwischen den Höhlenforschern beiderseits des Röstigrabens an zwei grossen Erkundungen teil: 1962 im Gouffre du Petit-Pré und 1963 bzw. 1965 in der Köbelishöhle.

In den 1960er-Jahren erfolgte die Erforschung der grossen, aufeinanderfolgenden Schächte des Gouffre du Petit-Pré bis auf –250 m mit einer Seilwinde und einer flexiblen Leiter. Der Eingang musste mit Presslufthämmern und Sprengstoff erschlossen werden. Einige Teilnehmer blieben auf –130 m Tiefe und hatten eine Telefonverbindung nach draussen. Zu jener Zeit galt die Präsenz von Teammitgliedern an Zwischenstationen noch als unverzichtbar, was das Vorankommen erschwerte. Die Fortsetzung am Boden der Schächte machte einen engen und wenig einladenden Eindruck. Dennoch schafften es zwei Höhlenforscher – der oben genannte Kurt Stauffer und ein Genfer Kollege –, eine Reihe von Engstellen bis zu einem 35 m tiefen Schacht zu überwinden, der über kaum weniger enge Passagen zu den finalen Stufen führte, die den Gouffre du Petit-Pré mehrere Jahre lang zur tiefsten Höhle des Juras machten.

Der *Schwarzdom* ist eine 60 m hohe Halle im **Hölloch**, die man über ein 2 x 2 m grosses Schachtfenster in der Decke erreicht: der zweitgrösste Naturhohlraum der Schweiz.

Wie eine Spinne am seidenen Faden

1970er-Jahre: Eine technische Revolution mit enormen Auswirkungen auf die Mentalität der Forschenden setzt sich durch. Sie kommt aus der Umgebung von Grenoble in Frankreich, wo sich mit dem Gouffre Berger die damals tiefste Schachthöhle überhaupt befindet: die erste –1000er-Höhle der Welt, deren Erkundung zeitgleich mit der ersten erfolgreichen Besteigung eines Achttausenders im Himalaya stattfand, der Annapurna.

In den aufeinanderfolgenden Schächten des **Gouffre du Narcoleptique** (VD) fand man 3000 bis 13000 Jahre alte Bärenknochen (vgl. S. 170).

Während man zuvor aus Sicherheitsgründen enorm viel Personal und Material für die Befahrung einer tiefen Schachthöhle brauchte, stellte die Technik aus Grenoble diese Praxis infrage. Die aneinandergehängten Leitern, das Sicherungsseil sowie eventuell die Seilwinde wurden durch ein einfaches Seil ersetzt, das über diverse Vorrichtungen so an den Felswänden befestigt wurde, dass es sich nicht durch Reibung abnutzen oder gar reissen konnte. Die Ab- oder Aufsteigenden sicherten sich mithilfe eines Abseilgerätes und eigens zu diesem Zweck entwickelten Steigklemmen selbst. Dadurch konnten sie sich in vertikalen Passagen bewegen, ohne dass jemand stundenlang am oberen Ende des Schachts oder einer Stufe stehen musste, um sie zu sichern. Das neue Material war viel leichter, man kam schneller und müheloser voran, weil die Arme weniger stark beansprucht wurden als auf der Leiter – und die Pausen dienten wirklich der Erholung! Mit nur einem Sack voll Material, der meist nicht mehr auf dem Rücken getragen wurde, sondern zwischen den Beinen hing, konnte sich eine Person allein in 60 bis 80 m Tiefe abseilen, bevor der Nächste an der Reihe war. Damit demokratisierte sich die vertikale Erkundung: Man musste nicht mehr auslosen oder, schlimmer noch, über die Hierarchie in der Gruppe bestimmen, wer sich auf den Grund der Höhle abseilen durfte und wer an einer Zwischenstation bleiben musste.

Viva la Revolución !

Der Fortschritt bei der vertikalen Höhlenerkundung stiess auch auf Widerstand. Tatsächlich dauerte es gut zehn Jahre, bis die «alten Knacker» der institutionellen Höhlenforschung ihre Lehrbücher anpassten! Stattdessen machte das heute berühmte Buch *Techniques de la Spéléologie Alpine* der Franzosen Georges Marbach und Jean-Louis Rocourt die neuen Befahrungsmethoden publik. Auf die erste Auflage aus dem Jahr 1973, die anschaulich illustriert war, folgten mehrere aktualisierte Ausgaben, die zwischenzeitlich gesammelte Erfahrungen berücksichtigten. Nach jedem Unfall, der sich auf die neue Methode schieben liess, auch wenn sie falsch angewendet wurde, mussten sich die Pioniere Vorwürfe seitens der alten Garde anhören. Der Wechsel von der *Leitern-Seile-Teamkameraden*-Technik hin zur *Einseiltechnik* mit *Selbstsicherung* erfolgte in zwei Schachthöhlen jedoch auf spektakuläre Weise: zum einen im legendären *Gouffre Berger* und zum anderen im

Einer der zahlreichen Schächte des **Bärenschachts** (BE).

Massiv von La Pierre Saint-Martin in den Zentral-Pyrenäen. Im *Gouffre Berger*, der damals tiefsten Höhle der Welt, waren 1968 zwei Teams gleichzeitig unterwegs, ein belgisches und ein französisches. Diese praktizierten die Höhlenforschung anfangs unterschiedlich, schafften es jedoch schnell, miteinander zu kooperieren, und kehrten trotz zweier ernsthafter Zwischenfälle in der Überzeugung zurück, dass ihre Lehrbücher eine Reform brauchten. 1971 trafen sich dann einige der belgischen und französischen Erforscher des *Gouffre Berger* in La Pierre Saint-Martin wieder und führten mittels Einseiltechnik hocheffiziente Blitzerkundungen im *Gouffre Lonné-Peyret* durch. Dieses Höhlensystem, parallel zu demjenigen von La Pierre-Saint-Martin gelegen, wurde bereits in den 1950er-Jahren über den berüchtigten, 300 m tiefen *Puits Lépineux* bis zur unergründlichen *Salle de la Verna* erforscht und offenbarte die enorme Ausdehnung unterirdischer Wasserläufe im Massiv. Leider wurden diese Expeditionen vom Tod des grossen Félix Ruiz de Arcaute überschattet, dessen langjährige Erfahrung mit den alten Techniken ihn zu einem letztlich fatalen Manöver verleitete. Der tödliche Unfall wurde von anwesenden Belgiern und Franzosen, die im Bereich der Höhlenforscherausbildung tonangebend waren, zum Anlass genommen, die neuen Methoden zu hinterfragen, denn damals fehlte es noch an Möglichkeiten, eine aus physischen oder technischen Gründen am Seil blockierte Person zu befreien – sei es allein oder mithilfe eines Teamkollegen. Heute sind solche Sicherheitsmassnahmen allgemein bekannt und Bestandteil jeder Ausbildung; zudem werden sie im Zuge der von Forschenden gesammelten Erfahrungen immer wieder revidiert und verbessert.

Und wie verlief der *«Krieg» zwischen Traditionalisten und Reformern* in der Schweiz? Hierzulande fand rasch ein Austausch auf internationaler Ebene statt, insbesondere im Bereich der Höhlenforscherausbildung. Die Schweiz hat mehrmals den Präsidenten der Lehrkommission der Internationalen Union für Speläologie gestellt. Darüber hinaus hat die Ausbildungskommission der SGH seit Beginn der 1970er-Jahre von der Zusammenarbeit mit französischen Kollegen von der *École Française de Spéléologie (EFS)* profitiert. Die Kommission wurde sogar mehrere Jahre lang von einem ehemaligen Ausbilder der EFS geleitet. Insgesamt kann man sagen, dass der Wechsel zu den neuen Techniken der Höhlenerkundung in der Schweiz schneller und reibungsloser vonstattenging als in anderen Ländern. Begleitet wurde der Wandel von Überlegungen, wie einem Teammitglied in Schwierigkeiten am besten geholfen werden kann, insbesondere beim Abseilen in Schächten. So haben die SGH und das SISKA im Jahr 2010 die Broschüre *Safe Spéléo* herausgebracht, in der alle Aspekte erklärt werden, die vor, während und nach einer Höhlenerkundung zu berücksichtigen sind. Die Publikation nennt die Sicherheitsvorschriften, die einzuhalten sind, und empfiehlt die Teilnahme an den jährlichen Lehrgängen der SGH.

Ein Weg ins Jenseits

Lassen Sie uns zum Abschluss noch von einem bewegten vertikalen Abenteuer erzählen, das sich vor Kurzem im Hohgant-Massiv abgespielt hat – dort, wo sich die obersten Eingänge des weitverzweigten Höhlensystems Siebenhengste-Hohgant befinden: Im östlichen Teil des Massivs hält der Höhlenforschungsclub Groupe Spéléo de Porrentruy (GSP) seit einigen Jahren sein jährliches Sommerlager ab und lädt dazu auch befreundete Vereine wie den Spéléo-Club Jura (SCJ) ein. Während des Lagers 2020 picknickten zwei Mitglieder des GSP, Vater und Sohn Voisard, gerade nach einer Wanderung, als sie eine gewisse Kälte im Rücken spürten. So ein deutlicher Luftzug ist ein klassischer Hinweis auf einen Höhleneingang. Sie hoben einige Steine hoch und entdeckten ein Loch, das mit den Buchstaben «BL» markiert war: Sie hatten ein *Blasloch* wiedergefunden, das in den 1980er-Jahren von Berner Höhlenforschern markiert worden war. Am nächsten Tag kehrten die Entdecker in Begleitung anderer Höhlenforscher zurück. Gemeinsam machten sie sich daran, zu graben und einen grossen Haufen Steine aus dem schmalen Eingang herauszuholen. Sich durch diesen unwirtlichen Schlauch hindurchzukämpfen erforderte Hartnäckigkeit, doch der Luftzug sorgte für die nötige Motivation. Das gleiche Lager und dieselben Protagonisten im folgenden Jahr: Die SCJ-Gruppe arbeitete sich weiter vor, während für den GSP andere Schachthöhlen auf dem Programm standen. Nach einem 70 bis 80 m langen, weiterhin engen Gang mit vertikalen Abschnitten erreichten zwei Brüder des SCJ, die nicht lockerliessen, das obere Ende einer engen, 5 m hohen Stufe, an deren unterem Ende sie auf den schmalen Sims eines tiefen, schwarzen Lochs gelangten. Ein Stein, den sie hineinfallen liessen, sauste 7 Sekunden lang durch die Luft, bis er aufschlug. Sie waren zweifellos auf etwas Grosses gestossen! Da ein solcher Fund selbst die Hartgesottensten nicht kaltlässt, befürchteten einige schon Rivalitäten. Schliesslich bringt allein der Gedanke an die Erstbefahrung einer Höhle und an ihren Verlauf Höhlenforscher zum Schwärmen … Der sogenannte *Puits de l'Au-delà* («Schacht des Jenseits») wurde während des Lagers 2022 erschlossen, bis auf den Grund befahren und weiter erkundet. Die Gruppen wechselten sich ab, um die Höhle zu vermessen. Der Schacht hat eine Tiefe von 170 m und wird von einem kleinen Wasserfall «besprüht», der jedoch umgangen werden kann, wenn man sich geschickt anstellt. Die Genfer mit ihrem 140 m hohen Jet d'eau können da glatt einpacken! Die Schachthöhle wurde auf den Namen *Petschingel* getauft – nach dem unterhalb gelegenen Wald und ohne Anspielung an das *petchi* (Durcheinander), das die Erkundung zum Teil angerichtet hatte. Die luftige, finstere Leere einer Vertikalen ist für Fans von Abgründen immer wieder faszinierend und der Anblick des winzigen Lichtpünktchens eines Kameraden am Boden eines Schachts erinnert diejenigen, die sich oben bereit für das Abseilen machen, daran, wie klein der Mensch gegenüber den Wundern der Natur doch ist. •JCL

Das **Senkloch** bei Habkern (BE) ist eine der 49 Höhlen, die Zugang zum Höhlensystem Siebenhengste-Hohgant gewähren.

Ad augusta per angusta

Bei der Erforschung des Untergrunds gibt es Spezialgebiete, bei denen die einzelnen Teammitglieder ihre jeweiligen Talente einbringen können. Der Muskelprotz trägt scheinbar mühelos Säcke, die Technikerin befestigt Verankerungen an der besten Stelle – Sicherheit und Komfort gehen schliesslich vor –, der Wendige gleitet mühelos und flink am Seil entlang, der Topograf erstellt verblüffend exakte Pläne und die Fotografin sorgt – unterstützt von Beleuchtungshelfern, die sich zwischendurch frierend die Beine in den Bauch stehen – dafür, dass man die schönsten Momente der Expedition abends noch einmal erleben kann. Höhlenforschende müssen sich beim «Nahkampf» mit dem Fels nicht nur mit wissenschaftlichen Fragen, sondern auch mit sich selbst auseinandersetzen. Schwierig wird es zweifellos in engen Gängen. Bezeichnungen wie *Schluf, Schublade, Briefkasten, Geburtshilfe, Stopfbuchse, ägyptischer Mäander* und andere teilweise schwer zu übersetzende Namen zieren die Höhlenpläne an Stellen, wo man nur mit grosser Anstrengung vorankommt. Menschen mit einschlägiger Erfahrung können es bestätigen: *An der Engstelle erkennt man den Höhlenforscher oder die Höhlenforscherin!* Nach Norbert Casteret, dem berühmten und umtriebigen Pyrenäenforscher, der schon viele für die Höhlenforschung begeistert hat, trägt dieses Kapitel daher die Überschrift «Auf engen Wegen zu grossen Zielen».

Bei der Überwindung einer Engstelle zahlt sich innere Ruhe ebenso aus wie die Entschlossenheit, sich bei der Erkundung von nichts aufhalten zu lassen. Hier im **Nidlenloch** (SO).

Höhlen sind selten perfekte Röhren mit gleichbleibendem Querschnitt: Der Übergang von einer Gesteinsschicht zur nächsten sieht vielmehr oft so aus, dass ein grosser Schacht über eine Engstelle in einen anderen grossen Schacht führt. Das Hindernis Engstelle ist gefürchtet, besonders wenn man sich auf dem Rückweg einer langen Expedition müde und im Kampf gegen die Schwerkraft daraus befreien muss. Auf dem Hinweg war alles einfach, man konnte einfach hinabrutschen ... Manche Engstellen lassen sich überhaupt nur bewingen, wenn man sich von einem sperrigen Ausrüstungsteil trennt. Und in einer Schachthöhle grenzt es manchmal an einen Drahtseilakt, Klettergurt und Ausrüstung ab- und nach ein paar Metern wieder anzulegen, weil man sie für den nächsten Schacht braucht. Im Folgenden soll dieses faszinierende Thema anhand einiger Beispiele und persönlicher Erfahrungen näher betrachtet werden.

Schlangen- und Fadenförmig

Die Mäanderhöhle im Hohgant-Massiv (BE) ist wegen ihrer Engstellen ebenso bekannt wie gefürchtet (siehe Plan S. 212). Sie befindet sich in der Nähe des riesigen Höhlensystems Siebenhengste-Hohgant, von dem bereits viel die Rede war, ist aber noch nicht mit diesem verbunden. Im *Reflektor*, der – vom Umfang, nicht vom Inhalt her – kleinen Zeitschrift der Basler Sektion der SGH, ist ein Beitrag über eine einwöchige Erkundung dieser Höhle erschienen, der unsere Aufmerksamkeit verdient. Vorbemerkung: In der Höhlenforschung ist ein *Mäander* ein gewundener, oft enger Gang, der durch ein fliessendes Gewässer im Gestein geformt wurde oder dem chaotischen Verlauf von Spalten folgt, die das Gestein durchziehen. Das Trio, dem wir in die Mäanderhöhle folgen werden, ist hochkarätig besetzt. Urs Widmer war der Muskelprotz im Team: unerschütterlich und trotz seiner Grösse in der Lage, sich durch schwer zugängliche Stellen hindurchzuzwängen. Als Verleger gab er Bildbände und Kalender heraus und stattete die Fachzeitschrift *Stalactite* mit seinen weltberühmten Höhlenfotos aus.

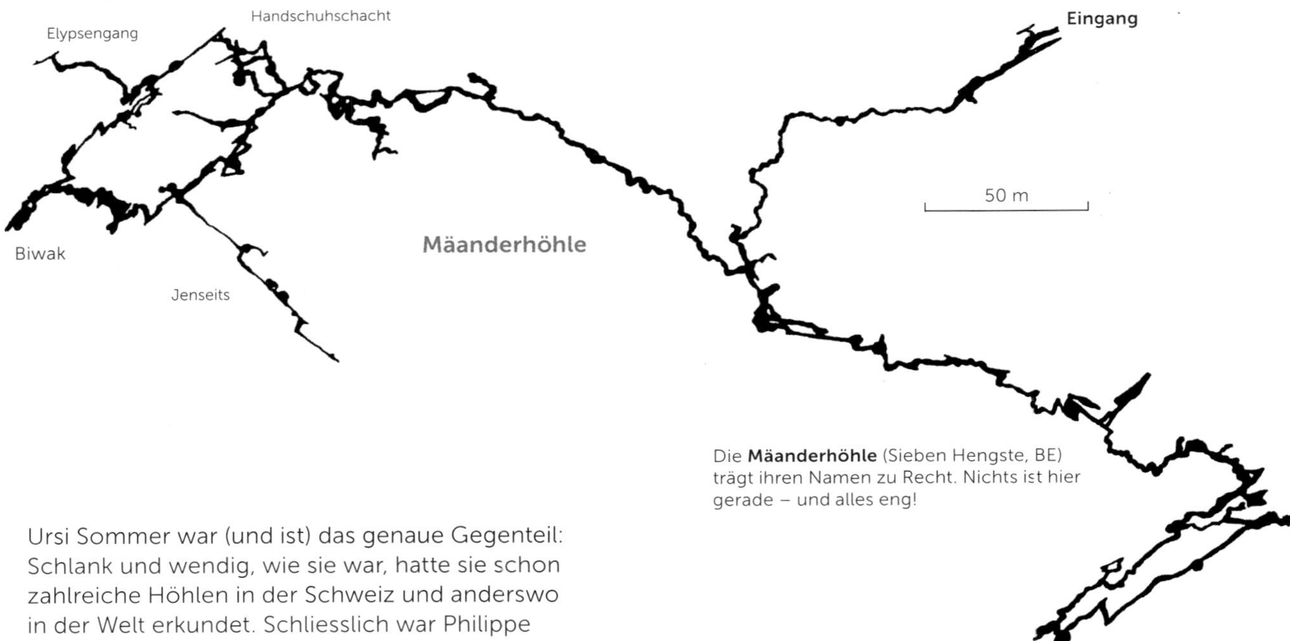

Die **Mäanderhöhle** (Sieben Hengste, BE) trägt ihren Namen zu Recht. Nichts ist hier gerade – und alles eng!

Ursi Sommer war (und ist) das genaue Gegenteil: Schlank und wendig, wie sie war, hatte sie schon zahlreiche Höhlen in der Schweiz und anderswo in der Welt erkundet. Schliesslich war Philippe Rouiller mit von der Partie, eine treibende Kraft der helvetischen Höhlenforschung: Allgegenwärtig in unzähligen Höhlen und Schächten, erschloss er viele neue Wege und war ein Vorbild für viele Forschende, bevor er in einem Canyon später tödlich verunglückte.

Vom 17. bis zum 25. August 1979 bedienten sich die drei erstmals einer Methode, die ihnen die Erforschung der Höhle an einem Stück ermöglichte. So konnten sie sich den Hin- und Rückweg zum jeweiligen Ort der Erkundung sparen. Die Methode besteht darin, «direkt ausreichend Vorräte für 1 bis 2 Wochen in die Höhle mitzunehmen» und den Ort des Biwaks je nach Fortschritt der Erkundungen zu verlegen. «Auf dem Weg an die Front machten wir vor der Karbidstelle die erste Entdeckung. Ein beachtlicher Seitengang zweigt an der Decke ab. Überraschend war, dass dieser Gang bisher übersehen wurde. Den ersten Teil des Ganges haben wir gleich befahren über eine Strecke von 40 Metern. Vermessen haben wir ihn erst am Ende unserer Expedition, auf dem Weg zum Ausgang. Der Gang wird von sehenswerten Sinterbildungen geschmückt. Er ist nicht ganz abgeschlossen; in einem kurzen Schlot gibt es noch ein kleines Loch zum Abklären.» Beim Weitergehen im Hauptmäander hat das Team Probleme mit den von ihrem Freund Werni hergestellten Stahlreflektoren: Der Kompass wird durch die Nähe des Metalls gestört und verliert die Nordausrichtung – sie müssen den Gang geduldig erneut vermessen. Später, nachdem sie mit blossen Händen und mithilfe von Seilen durch Schächte hinabgeklettert sind, erreichen sie den Ort, an dem das Biwak eingerichtet werden soll. Die neu entdeckten Gänge sind so eng, dass sie nur schleppend vorankommen. Da die Vermessung noch langsamer vorankommt, wird das Biwak schliesslich doch nicht mobil, denn der feste Ort ist sehr gut geeignet. «Auf dem Rückweg zum Biwak begingen Ursi und Philippe eine Kluft mit sehr starkem Luftzug. Der Einstieg in den Seitengang ist sehr eindrücklich. In der Kluft muss man die richtige Höhe wählen, um durchzukommen. Nach 25 Metern verzweigt sich der Gang. Wir fanden auch gleich einen Namen für die Entdeckung: Jenseits. Am anderen Tag stiegen wir mit technischer Ausrüstung ins Jenseits ein, um einen Schacht, im Abzweiger rechts, zu befahren. Doch auch hier hatten wir keinen Erfolg. Nach 20m erreichten wir eine mit unseren vorhandenen Mitteln unüberwindbare Engstelle. Der Vorstoss ins Jenseits war zeitlich so aufwendig, dass wir gleich ins Biwak zurückkehrten, um nicht aus dem Tagesrhythmus zu fallen. Der vierte Höhlentag war mit Fotografieren und Vermessungsarbeiten ausgefüllt. Der Handschuhschacht, der im Schachtgang abzweigt, war wohl bis ans Ende begangen, aber noch nicht vermessen worden. Viel Freude an dieser Pflichtarbeit hatten wir nicht. Praktisch ging ein ganzer Tag dadurch verloren. Hätten wir den Gang nicht während dieser Expedition vermessen, hätte ein andere Gruppe ein ganzes Wochenende nur für diese Arbeit opfern müssen. Dies Beispiel machte wieder einmal deutlich, dass Vorstossvermessung unbedingt notwendig ist. Am Ausstiegstag haben wir vor allem fotografiert und einige Kleinigkeiten erledigt. Der Wind wehte in der umgekehrten Richtung und liess auf eine Überraschung schliessen: Schnee! Die Trogenhütte bot uns für eine Nacht, bevor wir uns auf den Heimweg machten, Schutz vor dem Unwetter. Abschliessend ist zu sagen, dass die Arbeiten in der Mäanderhöhle noch lange nicht abgeschlossen sind. Der Einsatz ist nur mit noch mehr Aufwand verbunden. Man muss sprengen, graben und einen Klettermast hineinschleppen. Es gibt noch an allen Ecken und Enden Fortsetzungen!» Ein Blick auf den Höhlenplan, der damals erstellt wurde, spricht Bände über die vertrackte Struktur dieser Höhle.

Erinnerungen an die Enge

Weil man in einen Artikel für eine Höhlenforscherzeitschrift, die von Insidern gelesen wird, nichts hineinschreibt, was allen schon bekannt ist, erklären unsere Freunde nicht, dass die Kombination von «eng» und «krumm» in einer Höhle das Allerschwierigste ist. Der Mensch ist mit zwei Beinen ausgestattet und hat ein bewegliches Kniegelenk, aber Ober- und Unterschenkelknochen sind fest und haben eine feste Länge. Wenn man versucht, sich durch einen engen, gewundenen Gang zu schlängeln, gibt es gewisse anatomische Grenzen. Die Tatsache, dass sich das Knie nur in eine Richtung biegen lässt, kann einen in so einer Situation der Verzweiflung nah bringen. Ich überlasse es Ihnen, sich diese Tortur vorzustellen, und versichere dennoch, dass wir gern unter die Erde gehen.

Zu meinen persönlichen Erlebnissen mit Engstellen gehören zwei, die mit meiner Familie verbunden sind. Ich erinnere mich daran, wie mein etwa siebenjähriger Sohn in den 1980er-Jahren vor mir durch den engen Gang einer sehr kleinen Höhle im Waadtländer Jura kroch. Ich war überzeugt, dass er wegen seiner Statur mehr Erfolg haben würde als ich, und ermunterte ihn, sich in einer sehr engen Felsröhre weiter nach vorne zu schieben, aber er lehnte kategorisch ab: Hier war für ihn Schluss! Noch fehlten ihm ein paar Jahre Erfahrung, in denen seine Motivation und sein Selbstvertrauen stärker wurden als seine Angst, stecken zu bleiben. Später ist ein ausgezeichneter Höhlenforscher aus ihm geworden.

Die Erkundung der 30 km langen und 804 m tiefen **Bettenhöhle** in Melchsee-Frutt (OW) geht nicht ohne Anstrengung vonstatten.

Zehn oder fünfzehn Jahre später waren wir zusammen mit den Entdeckern neuer Schächte in einer Neuenburger Schachthöhle unterwegs, in der berüchtigte vertikale Engstellen die gerade entdeckten Schächte «bewachten». Wir beide, Vater und Sohn, kletterten in unserem eigenen Tempo vom Höhlenboden bis an die Oberfläche hinauf. Draussen legten wir unser Geschirr ab, tauschten unser Outfit gegen leichtere Bekleidung, nahmen uns Zeit für ein Picknick ... und warteten noch eine gute Stunde. Wir gingen zum Eingang zurück, weil wir befürchteten, dass unseren Gastgebern die uns beim Aufstieg folgten, etwas zugestossen sein könnte. Das Geräusch der Ausrüstung, die gegen die Wände schlug, und ihr keuchender Atem beruhigten uns jedoch schnell. Letztlich war der Grund für ihre Verspätung von gut zwei Stunden die Angst vor den enorm belastenden vertikalen Engstellen – die sie nur zu gut kannten, weil sie darin schon oft Blut und Wasser geschwitzt hatten. Mein Sohn und ich, die beiden Gelegenheitsbesucher, waren aus Unwissenheit bedenkenlos durchgekommen. *Das Überwinden von Engstellen ist in erster Linie Kopfsache!*

Gouffre des Creux bei Vouvry (VS): An vertikalen Engstellen *(Briefkästen)* ist der Aufstieg noch schwieriger als der Abstieg – wobei auch der alles andere als einfach ist.

Niemals aufgeben

Zum Abschluss dieses Überblicks über unterirdische Schikanen sei daran erinnert, wie wichtig es ist, sich von einem engen Gang nicht abschrecken zu lassen. Dahinter warten oft weitläufige Entdeckungen!
Ein Musterbeispiel hierfür ist das Faustloch dessen Name an die ursprüngliche Grösse seiner Öffnung erinnert. Die Entdeckung dieser grossen und herausfordernden Höhle und ihrer Verbindung mit dem Höhlensystem Siebenhengste-Hohgant beweist, dass man nicht zu früh aufgeben sollte.
Ein weiteres Beispiel kann dem Abenteuer aus dem vorigen Kapitel entnommen werden: Darin haben die abenteuerlustigen Jurassier sich durch die engsten Durchgänge fortbewegt, um am Ende eines gewaltigen, 170 m tiefen Schachts herauszukommen.
Manchmal reicht Geschicklichkeit jedoch nicht aus, um sich durch eine Engstelle zu zwängen, und der Durchgang muss vergrössert werden: eine mühsame, aber notwendige Tätigkeit, die *(Aus-)Grabung* genannt wird.

Enthüllte Feen

Wir schreiben das Jahr 2000: Pierre Beerli und Claude-Alain Diserens, langjährige Mitglieder der Groupe Spéléo Lausanne und besonders hartnäckige Höhlenforscher, besuchen die Grande Grotte aux Fées oberhalb der Source de l'Orbe. Bisher hat noch niemand eine interessante Fortsetzung dieser tausendfach begangenen Höhle entdeckt. Dieses Mal weist ein Luftzug den Forschern den Weg, der allerdings unpassierbar ist. Grosse Anstrengungen werden unternommen, um den Durchgang zu verbreitern, der nicht nur besonders eng, sondern auch lang ist: die *Faille des Lausannois* («Spalte der Lausanner»). Es entsteht eine regelrechte Baustelle mit Schienen und Loren für den Abtransport des Schutts, Ingenieurskunst und Hartnäckigkeit gehen Hand in Hand.

Eingang zum Höhlensystem **Réseau des Fées** (VD). Eine seit Langem bekannte Vorhalle führte zu einer bescheidenen Höhle ... bis zu dem Tag, an dem hartnäckige Forschende eine Engstelle bezwangen und den Zugang zu einem Höhlensystem eröffneten, das mehr als 36 km lang ist.

17. Januar 2004: Endlich – ein Durchkommen! Eine Erkundung beginnt, die das längste derzeit bekannte Höhlensystem des Jurabogens offenbaren wird, das parallel zu dem der benachbarten unterirdischen Orbe liegt, aber unabhängig davon ist. Höhlenforscher der Groupe d'Exploration aux Fées, die sich zu einer effizienten Forschungsgruppe zusammengeschlossen haben, dringen immer tiefer in das Gebiet unter den Wald von Risoux vor. Sie entdecken ein komplexes System, in dem sie an manchen Stellen Gefahr laufen zu ertrinken, das aber auch einen grossen Tropfsteinreichtum aufweist. Jedes Jahr geht es weiter: *Galerie des Princes Charmés, Souricière, Passage de l'Au-Delà, Galerie du Cadeau d'Anniversaire, Salle du Miroir des Fées, Passage de l'Écluse, Labyrinthe des Gnômes, Cataclysme, Lac des Fruits Défendus, Galerie des Petits Lutins, Galerie Amphibie* ... Die bildhaften Namen zeigen die Begeisterung der Entdecker: Die Feen sind wohlwollend und grosszügig!

17. Juni 2006: Auf dem Rückweg von einer langen Suche im Wald von Risoux rutscht ein Mitglied der Gruppe in ein von Baumstämmen verdecktes Loch. Dabei handelt es sich um die Baume des Follatons (siehe Abb. S. 216) – eine kleine, vergessene Schachthöhle, die in der Folge zu einem zweiten Eingang des Höhlensystems Réseau des Fées (S. 217) wird. Das in 9 m Tiefe verstopfte Loch wird mithilfe einer Seilwinde, mit Kanistern und viel harter Arbeit geräumt. Dann folgt eine eindrucksvolle Grabungsaktion mit mechanischem Gerät. Von 2007 bis 2008 wird eine Tiefe von 100 m unterschritten, doch es bedarf noch einiger

Die **Baume des Follatons**: ein zweiter Eingang zum Réseau des Fées, über den man die hinteren Bereiche des Systems besser erreicht. Es wurden umfangreiche Grabungsarbeiten durchgeführt, um den Zugang passierbar zu machen.

Anstrengungen, bis am 6. September 2008 in 154 m Tiefe das Höhlensystem erreicht wird. Die hinteren Bereiche des Systems können von den Forschenden nun schneller und sicherer erreicht werden. Um die Eisbildung im Winter zu verhindern und den Eingang der Schachthöhle zu sichern, wird dieser mit Baumstämmen abgedeckt. Von nun an betritt man die Baume von der Seite, indem man sich gleichsam durch ein Fass ohne Boden, aber mit Deckel schlängelt!

Heute umfasst das Réseau des Fées insgesamt 36 km bekannte Gänge und Schächte und flussaufwärts wird nach weiteren Eingängen gesucht. Im Zuge der Erkundungen hat man die Grande Baume du Risoux, einen 45 m langen Schacht, der 1950 als Kadaverdeponie diente, von Baumstämmen, Knochenresten und Geröll befreit und darüber noch einen zweiten, 35 m langen Schacht erreicht. Von dort aus wurde im Oktober 2017 ein Färbeversuch durchgeführt: Der grün fluoreszierende Tracer Uranin markierte 25 Stunden später die *Rivière Lancelot* im Réseau des Fées und 37 Stunden später die Sources des Gerlettes. Aus der Source de l'Orbe kam nichts heraus und auch nichts aus der Source du Doubs, die etwa 10 km nördlich auf der anderen Seite der Grenze liegt. Somit gibt es in der Region in direkter Nachbarschaft, aber unabhängig voneinander, gleich drei Einzugsgebiete bedeutender Quellen: Doubs, Orbe und Gerlettes. •JCL

Das Höhlensystem **Réseau des Fées** dehnt sich unter dem Wald von Risoux bis über die französische Grenze hinaus aus.
Das System verfügt über weitläufige, reichlich mit Stalaktiten und Stalagmiten geschmückte Gänge, was in Höhlen unter einer üppiger Vegetation häufiger vorkommt.

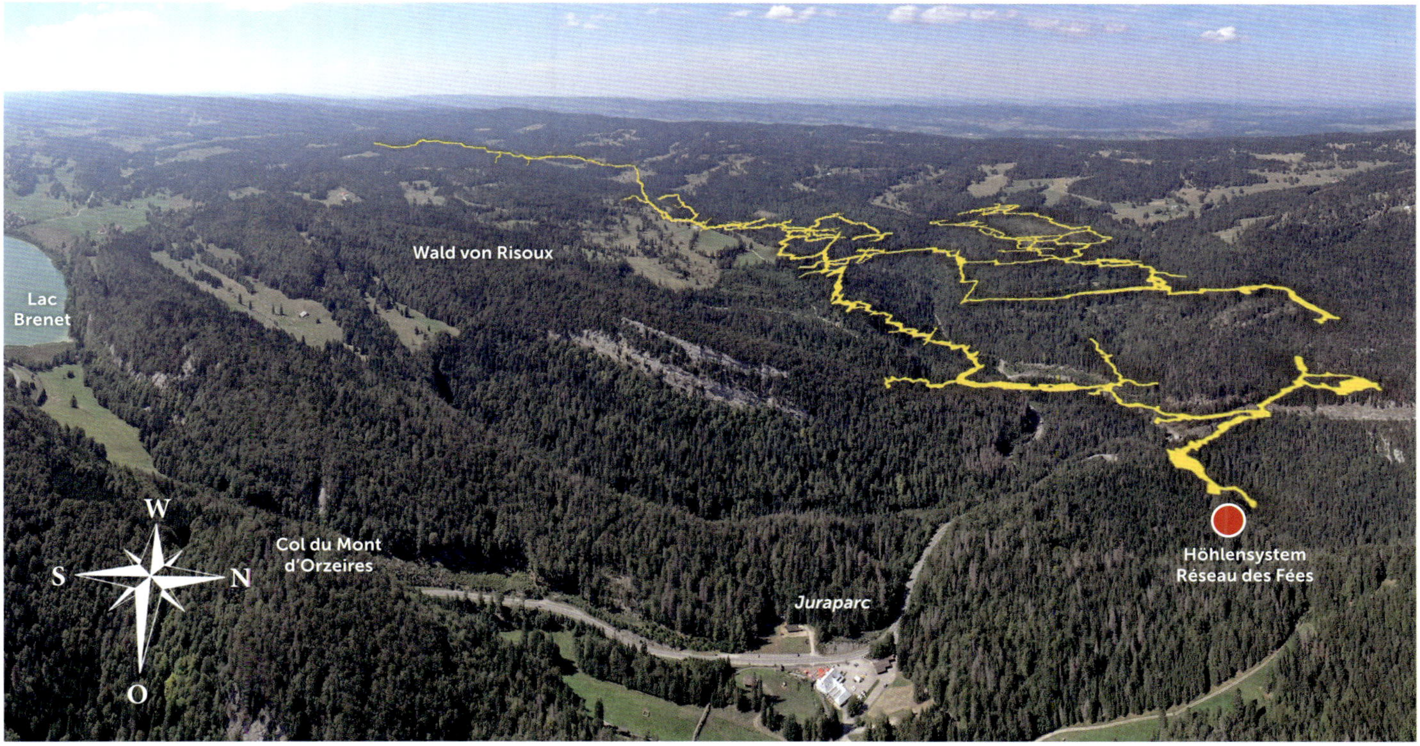

Wald von Risoux

Lac Brenet

W
S
N
O

Col du Mont d'Orzeires

Juraparc

Höhlensystem Réseau des Fées

2 Sekunden Fall, 54 Stunden Rettung

Sonntag, 8.00 Uhr

Die Stimmung im Auto, das die Höhlenforschergruppe an diesem Frühlingsmorgen in die Berge von Leysin bringt, ist ausgelassen. Der Innenraum ist bis in die letzte Ecke vollgestopft; auf der Rückbank kann man sich wegen zahlreicher Säcke, die unbedingt mitgenommen werden mussten und mehr schlecht als recht verstaut sind, kaum bewegen. Im Gepäck befinden sich Campingutensilien für fünf Personen und die notwendige Ausrüstung für einen Besuch im Höhlensystem Combe de Bryon, ihrem Reiseziel.

Als das Auto durch das zu dieser Jahreszeit fast menschenleere Leysin fährt, steigt die Aufregung, weil die Höhlenforscher die Nähe der Schachthöhle *spüren* können. Etienne macht seine Kameraden darauf aufmerksam, dass der unterirdische Fluss, den sie in einigen Stunden durchqueren werden, 300 m unter der Strasse verläuft, auf der sie gerade fahren.

Der Haupteingang des Höhlensystems ist seit Langem bekannt. Der Beharrlichkeit von zwei bis drei Generationen von Höhlenforschenden ist es zu verdanken, dass die Verbindung zwischen zwei Höhlen gefunden wurde und das Wissen über das System in der Tiefe erweitert werden konnte. Heute ist die Schachthöhle bis zu einer Tiefe von 646 m erforscht und das Netzwerk der erschlossenen Gänge erstreckt sich über eine Gesamtlänge von mehr als 4 km. Das Ziel der fünf Höhlenforscher aus dem Vallée de Joux ist jedoch nicht die Forschung, sondern einfach ein Besuch. Einfach? Eine Untertreibung ... Sie planen, durch die *Grotte Froide* in das Höhlensystem einzusteigen und es durch den *Gouffre du Chevrier*, einen Eingang weiter unten in der Schlucht, wieder zu verlassen. Sie wollen bis in eine Tiefe von 232 m hinunter. Dabei muss man Schächte hinauf- und hinabsteigen, die von mehreren sehr niedrigen Passagen und engen Mäandern unterbrochen werden, sodass man nur kriechend oder spreizend vorankommt, mit dem Einsatz von Ellbogen, Schultern und Knien. Kurzum: Ein sportliches Abenteuer steht bevor, in engem Kontakt mit Fels und Wasser, denn der Bach, der durch die Gänge und Schächte fliesst, wird die Höhlenfans zu einigen kalten Duschen zwingen ...

Sonntag, 9.30 Uhr

Die Gruppe hat es eilig, zur Tat zu schreiten, und lässt sich weder von der Schönheit der schneebedeckten Gipfel noch vom bereits intensiven Sonnenschein ablenken. Während einige schon zur Grotte Froide hinaufsteigen, machen sich andere (die geschicktesten) bereit, die Schächte auszurüsten, die es ihnen am Ende ermöglichen werden, durch den Gouffre du Chevrier zurück an die Oberfläche zu gelangen. Nach einem schnellen Imbiss begibt sich der Trupp unter die Erde. Und los geht's!

Körperlich geht es direkt zur Sache. Es gilt, einige Stufen hinabzuklettern und einen langen Gang zu durchqueren, der nicht für grosse Menschen gemacht ist. Man zieht die Säcke, reicht sie weiter, schwitzt und versucht, die Engstellen zu überwinden. Wenn eine bewältigt ist, folgt schon die nächste, durch die man sich erneut nur kriechend und mit viel Anstrengung bewegen kann. Mit einem Wort: Höhlenforschung, wie sie im Buche steht! Es dauert eine Stunde, bis sie den 50 m langen Gang durchquert haben, der eher für Schlangen als für Zweibeiner gemacht ist ...

Dann gibt es eine Überraschung. Das erste vertikale Hindernis, ein 19 m langer Schacht, ist ziemlich voll mit Wasser. Das Wetter zeigt sich zwar seit mehreren Tagen von seiner besten Seite, aber der unterirdische

Übung zur Evakuierung eines Verletzten aus dem **Gouffre du Creux d'Entier** (Berner Jura). Der Verletzte liegt auf einer *Schwarzer-Bahre* – benannt nach ihrem Erfinder, einem Berner Höhlenforscher –, die vor Stössen schützt.

Fluss wird noch vom Firn gespeist, der die Vertiefungen des Karrenfeldes von Truex zwischen den Felstürmen der Tour de Mayen und der Tour de Famelon füllt. Antoine, der sich auskennt, achtet sorgsam darauf, das in die Tiefe führende Seil so weit vom Wasserfall entfernt wie möglich zu platzieren. Alle fünf wagen sich nacheinander in den Schacht hinunter und kommen mehr oder weniger trocken unten an. Brr ...

Sonntag, 13.00 Uhr

Die Umgebungstemperatur (3 °C bei einer Luftfeuchtigkeit von 95 Prozent) spornt die Fünfergruppe zu Höchstleistungen an. Sie gehen weiter, ohne auf den Rest der Truppe zu warten. Erst überwinden sie eine 7 m, dann eine 9 m lange Felsstufe. Dann betreten sie im Gänsemarsch einen hohen und engen Mäander, der sowohl Kraft als auch volle Aufmerksamkeit erfordert, weil er sich allmählich verbreitert und zum oberen Ende eines 10 m langen, vertikalen Schachts führt.

Plötzlich ein Schrei, ein Geräusch. Dann Bestürzung: Béatrice ist in den Schacht gestürzt ...

Etienne, der sich bereits unten befindet, eilt zu ihr. Béatrice wimmert und liegt regungslos da. Von einem Moment auf den anderen ist aus dem Ausflug in die Schachthöhle ein Drama geworden. Die Freunde leisten schnell Erste Hilfe; Béatrice scheint schwer verletzt zu sein. Rettungsdecken, die alle immer bei sich haben, werden hervorgeholt und die Verunglückte wird ein wenig verlagert, um sie vor herabfallenden Steinen zu schützen. So gut es geht, entsteht ein *Hotspot*, an dem man vor der eisigen Luft, die durch den Gang strömt, geschützt ist und auf Rettungskräfte warten kann. In einer solchen Situation ist eines das Wichtigste: alles dafür zu tun, dass das Unfallopfer nicht zu schnell auskühlt – denn die Rettungsaktion kann lange dauern.

In einer kurzen Absprache wird entschieden, wer bei Béatrice bleibt und wer die Höhle verlässt, um Alarm zu schlagen. Armand und Antoine, die beide sehr fit sind, gehen zurück nach draussen. Sie brechen in Richtung Gouffre du Chevrier auf, d. h. über die geplante Route.

Sonntag, 17.30 Uhr

Armand und Antoine kommen erschöpft an der Oberfläche an und müssen noch eine halbe Stunde laufen, bis ihr Natel wieder Empfang hat. Endlich können sie die Rega anrufen und einen Notruf absetzen.

In der Alarmzentrale in Zürich gehen nur selten Anrufe wegen Höhlenunfällen ein – zum Glück, denn ein Unfall unter der Erde bedeutet zwangsläufig, dass es ein komplizierter Einsatz wird. In diesem Fall wird der Notruf an den Einsatzleiter des Speleo-Secours Schweiz in der betroffenen Region (östliches Waadtland) weitergeleitet, der sofort zurückruft. Antoine beschreibt die Situation und den beunruhigenden Zustand von Béatrice. Der Einsatzleiter kennt die Höhle und entscheidet nach einer Visualisierung der Strecke zum Unfallort schnell, dass die Verunglückte über den *unteren Teil der Höhle* geborgen werden muss, d. h. über den Gouffre du Chevrier. Diese Route beinhaltet Flussabschnitte und einen etwa 10 m langen Durchgang, der zu schmal für eine Trage ist. Der Weg über den *oberen Eingang* (durch die Grotte Froide) ist aber noch heikler, da die 50 m lange Engstelle, die dem Höhlenteam so viel Mühe bereitet hat, erst durch Sprengungen verbreitert werden müsste.

Unter der Erde kämpfen die beiden Kameraden, die bei Béatrice geblieben sind, mit all ihrem Erfindungsreichtum gegen die Unterkühlung an. Béatrice ist zwar bei Bewusstsein, scheint aber schwer verletzt zu sein. Sie atmet schwer und pfeifend, hat Schmerzen in der Brust und in einem Bein, das wahrscheinlich gebrochen ist. Am Hinterkopf ist ein Bluterguss zu erkennen. Sie hat grosse Angst, und obwohl ihre Freunde sie moralisch nach Kräften unterstützen, wissen auch sie, dass es sehr lange dauern wird, bis sie wieder ins Freie und in ein Spital kommt.

Sonntag, 18.00 Uhr

Für den Einsatzleiter des Speleo-Secours Schweiz gibt es keinen Zweifel: Dieser Einsatz wird mit einem erheblichen Aufwand verbunden sein. Nach dem Alarm hängt der Erfolg der Rettungsoperation jetzt massgeblich von seinen Entscheidungen ab. Zunächst kontaktiert er drei Mitglieder der regionalen Rettungskolonne und weist sie an, so schnell wie möglich zur Rega-Basis in Lausanne zu fahren. Diese drei bilden das Erste-Hilfe-Team (EHT), dessen Aufgabe es ist, Verunfallte mit Biwakmaterial, Nahrung und Medikamenten zu versorgen und eine Funkverbindung zur Oberfläche herzustellen. Das EHT soll Béatrice stabilisieren, bis sie zum Ausgang gebracht werden kann, und ihren Teamkollegen die Rückkehr an die Oberfläche ermöglichen.

Der Helikopter hat die Bergrettung revolutioniert. Bei Höhlenrettungen hilft er, Zeit zu sparen, wenn es darum geht, Rettungskräfte an den Unfallort zu bringen und Verletzte zu evakuieren.

Sonntag, 18.45 Uhr

Start eines Helikopters mit den drei EHT-Rettungskräften an Bord. 20 Minuten später landet die Maschine vor dem Chalet Les Fers, wo Etienne und Antoine warten.

Währenddessen organisiert der Einsatzleiter den weiteren Verlauf der Rettungsaktion nach folgenden Prioritäten: zuerst ein Höhlenarzt, dann Kommunikationsexperten und zuletzt Sprengspezialisten, um die Engstelle zu verbreitern.

Nur wenige medizinische Fachkräfte sind in der Lage, in Höhlen zu arbeiten. Nach zwei vergeblichen Versuchen gelingt es, einen verfügbaren Spezialisten in Bern zu erreichen. Ohne zu zögern, ordnet der Einsatzleiter einen Lufttransport vom Flughafen Bern-Belp an. Ausserdem organisiert er drei Rettungskräfte, die den Arzt unter die Erde begleiten werden. Sie kommen aus dem Chablais und fahren mit dem Auto direkt zum Einsatzort. Der Arzt bringt medizinisches Material wie Medikamente, Verbandszeug, Schienen und Infusionen mit, das auf den Einsatz abgestimmt und speziell für den Transport in Schächten verpackt ist. Diese «Höhlenapotheke» ist im Vergleich zu der medizinischen Versorgung, die Béatrice braucht, sehr bescheiden. Doch aufgrund der schwierigen Bedingungen ist eine kleine Auswahl die einzige Option …

Mitten in der Nacht ist der Einsatzleiter immer noch am Telefon. Er kontaktiert Spezialisten für unterirdische Sprengungen, während sein Assistent mit rund 15 Rettungskräften spricht, die alle Mitglieder der Regionalkolonne des Speleo-Secours Schweiz sind. Sie kommen aus Genf, Freiburg und Lausanne und werden am frühen Morgen vor Ort sein. Zwei dieser Leute werden speziell für den Aufbau eines Kommunikationsnetzes zwischen dem Höhleneingang, dem Kommandoposten und dem Unfallort in 160 m Tiefe abgestellt. Mehr als 20 helfende Kräfte sind damit bereits mobilisiert, aber es ist nicht klar, ob dies ausreicht …

Montag, 0.30 Uhr

Fast 10 Stunden nach dem Unfall erreicht das Erste-Hilfe-Team den Unfallort. Der Zustand der Verletzten ist stabil. Die Ersthelfer bauen ein Zelt auf, um etwas Wärme zusammenzuhalten. Von einem Fünfsternehotel ist das Lager weit entfernt, doch das herbeigeschaffte Material sorgt für bessere Wartebedingungen in dem zugigen Gang. Bei einem Höhlenunfall bleibt einem nichts anderes übrig, als die Zähne zusammenzubeissen und mit dem Wenigen zu arbeiten, was an einen so schwer zugänglichen Ort transportiert werden kann.

Nachdem die Rettungskräfte Erste Hilfe geleistet haben, richten sie ein Funkgerät ein, das die drahtlose Kommunikation mit der Oberfläche ermöglicht*. Dies ist von grösster Wichtigkeit, um das Geschehen unter der Erde und die Entscheidungen, die draussen getroffen werden müssen, effektiv koordinieren zu können. Das Gerät ist wie eine Nabelschnur, ohne die eine Höhlenrettung noch viel komplizierter und langwieriger wird.

* *Funkwellen durchdringen Luft, Felsen aber nicht ohne Weiteres. Für die Höhlenforschung gibt es spezielle Geräte. Sie erlauben es, durch mehr als 100 m dicke Gesteinsschichten hindurch zu kommunizieren. Der Speleo-Secours Schweiz nutzt ein Funksystem namens* Nicola, *das in Zusammenarbeit mit französischen Höhlenforschern entwickelt wurde.*

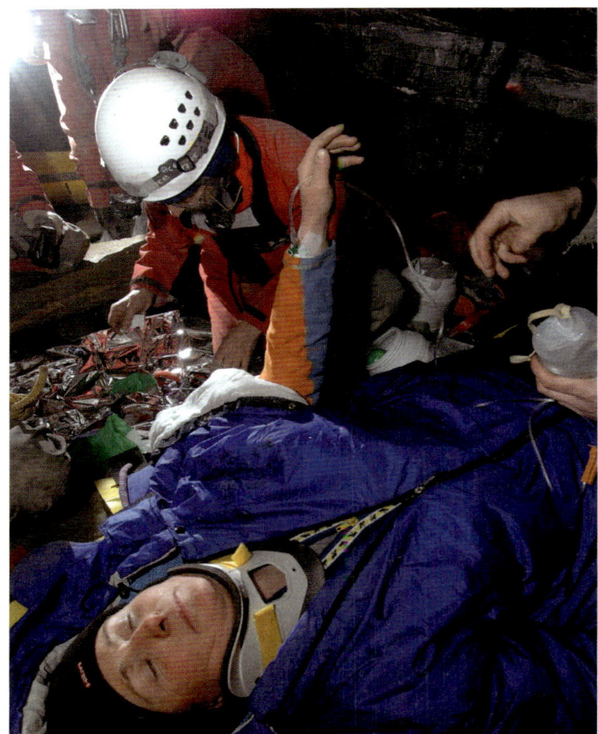

Eine unterirdische Rettungsaktion ist oft langwierig. Bevor die Opfer aus der Höhle geborgen werden können, müssen sie zunächst stabilisiert werden. Die Anwesenheit von ärztlichem Personal zur Behandlung der Betroffenen ist extrem wichtig.

Der Höhlenarzt und seine Begleitung arbeiten sich durch die engen Schächte des Systems zu Béatrice vor. An der Oberfläche sind zwei Rettungsleute mit der Sicherung der Kommunikation beschäftigt. Bald schon wird die Nacht vorbei sein und einem langen Tag weichen, an dem wieder die Kompetenz, der Mut und die Ausdauer aller Beteiligten gefragt sind. Am Himmel ziehen die ersten Wolken auf – kein gutes Zeichen, denn sie kündigen einen Wetterumschwung an …

Montag, 2.30 Uhr

In Lausanne wartet der Einsatzleiter des Speleo-Secours Schweiz unruhig auf Nachrichten aus der Höhle. Der Arzt sollte jetzt bald bei Béatrice eintreffen, und was ist mit der Funkverbindung zwischen Unfallstelle und Oberfläche? Zwischen zwei Kaffees schaut er sich die Wettervorhersage an. In Lausanne regnet es schon – falls sich das Wetter in Leysin ernsthaft verschlechtert, ist ein Wasseranstieg in der Schachthöhle nicht auszuschliessen …

Schliesslich erreicht ihn ein Anruf aus der Combe de Bryon. Das Nicola-Funksystem funktioniert; um 1.15 Uhr konnte eine Verbindung zwischen der Oberfläche und dem Unfallort hergestellt werden. Die Qualität der Verbindung ist nicht optimal, aber die Rettungsleute draussen haben verstanden, dass der Arzt am Unfallort ist und Béatrice behandelt. Einige Minuten später kann der Arzt über den Nicola-Funk, der von einem Satellitentelefon weitergeleitet wurde, eine erste Diagnose an den Einsatzleiter übermitteln. Die Patientin hat einen offenen Beinbruch, eine Kopfverletzung und wahrscheinlich eine perforierte Lunge. Sie darf nur mit äusserster Vorsicht transportiert werden und muss ständig ärztlich begleitet werden.

Die Vermutung des Einsatzleiters bestätigt sich: Dies wird ein grosser, extrem schwieriger Einsatz mit ungewissem Ausgang. Es werden noch viel mehr Rettungsleute gebraucht, denn die Teams müssen sich zwischendurch ablösen können. Verpflegung und Unterkünfte müssen organisiert werden. Starke Nerven sind gefragt!

Montag, 8.00 Uhr

Nach einer schlaflosen Nacht fährt der Einsatzleiter zum Chalet Les Fers. Das Restaurant wird in Beschlag genommen und in ein Einsatzzentrum umfunktioniert. Zuvor gab es überraschenderweise die Meldung im Westschweizer Radio, dass sich oberhalb von Leysin ein Unfall bei einer Höhlenerkundung ereignet hat. Zu den ohnehin schon herausfordernden Aufgaben – geeignete Rettungskräfte finden, sie instruieren, das geeignete Rettungsmaterial heranschaffen lassen, mit dem Unfallort in der Höhle, den Helfern am Eingang und der Rega-Zentrale kommunizieren, tausend Fragen der Beteiligten beantworten usw. – werden nun auch noch die unvermeidlichen Presseanfragen hinzukommen.

Unter Tage ist eine Truppe von Sprengexperten aus Basel dabei, den engen Gang in der Nähe der Unfallstelle so zu vergrössern, dass die Trage hindurchpasst. Die Prozedur ist unglaublich anstrengend, denn die Spezialkräfte arbeiten im Liegen, nur eine Armeslänge von der Bohrmaschine entfernt, während um sie herum ein eisiger Luftzug weht. Der Sprengstoff wird in Mikroladungen von wenigen Gramm abgefüllt, um den Gang nur so weit wie unbedingt nötig zu erweitern. Sonst besteht das Risiko, dass er einstürzt … Die Ladungen müssen effizient und sicher platziert werden, wobei die Gefahr der durch die Explosionen entstehenden Gase mithilfe von Detektoren minimiert werden muss. Glücklicherweise begünstigt der Luftzug den Abzug der Gase.

Montag, 15.00 Uhr

Höchste Zeit, die Rettungsteams auszutauschen: Der Einsatzleiter, der Arzt, die Rettungskräfte und die Sprengspezialisten unter Tage sind schon über 15 Stunden im Einsatz. Wenn man die Zeit für den Wiederauftieg hinzurechnet, arbeiten die Retter unter Tage sogar schon mehr als 20 Stunden. Bei einer Höhlenrettung lässt sich das kaum vermeiden. Und eine Höhlenretter-Gewerkschaft, die den Achtstundentag fordert, gibt es nicht ...

Die Befürchtungen werden wahr: Nun regnet es vor Ort. Bei anhaltenden Niederschlägen wird der unterirdische Fluss unweigerlich anschwellen und den Einsatz erschweren. Die Einsatzleiter sind vor allem besorgt, dass ein bestimmter Abschnitt des Flusses, der normalerweise ein flacher See ist, überflutet werden könnte. Dann würde man auch noch Höhlentaucher brauchen, die das Material von einer Seite des Halbsiphons auf die andere bringen, bis der Pegel wieder sinkt ...

Montag, 22.15 Uhr

Die Rettungsaktion ist in vollem Gange. Am *Hotspot* überwacht ein zweiter Arzt ständig den Zustand der Verletzten. Sie steht unter Beruhigungsmitteln und ist halb bewusstlos, die immer noch pfeifende Atmung ist gleichmässig. Ihre Körpertemperatur ist auf 34 °C gesunken. Die Zeit vergeht, aber man will die Hoffnung nicht aufgeben. Regelmässig wird die Stille in der Umgebung von Explosionen durchbrochen, die von Sprengungen an der Engstelle herrühren. Solange die Sprengexperten mit ihrer Arbeit nicht fertig sind, ist nicht daran zu denken, mit dem Transport nach draussen zu beginnen.

Während um die Verletzte herum Ruhe bewahrt und so viel Wärme wie möglich erzeugt wird, sind mehrere Teams in den Schächten damit beschäftigt, Verankerungen und Seile für den Transport der Trage anzubringen. Kompetente Techniker haben das Kommando. An ihnen vorbei transportieren andere Helfer Essensvorräte oder lösen erschöpfte Sprengspezialisten ab.

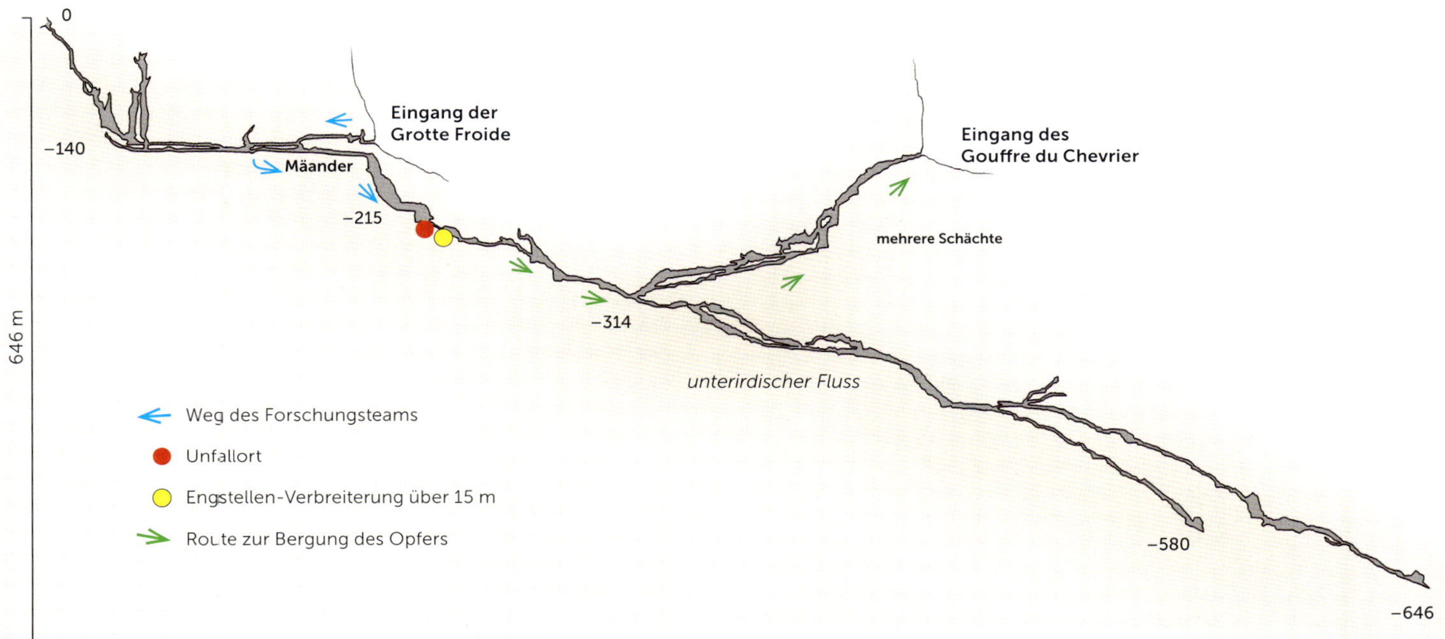

Dienstag 3.30 Uhr

Während sich die einen ausruhen, bereiten andere sich auf ihren Einsatz vor. Ob im Chalet Les Fers, am Höhleneingang oder unter der Erde – die Arbeiten gehen auch nachts weiter. Bei einer unterirdischen Rettung gibt es keine Pause. Trotz der der weiten Strecken, der Kälte und der Anstrengung treibt die Sorge um das Opfer die Retter um und lässt sie ihre Erschöpfung vergessen. Bei dieser Aufgabe wachsen alle über sich hinaus. Allerdings ist Vorsicht geboten, denn zu viel guter Wille kann schnell gefährlich werden. Die Verantwortlichen müssen das Risiko eines Folgeunfalls im Auge behalten, das nach 15 oder 20 Stunden im Einsatz signifikant steigt. Man muss wissen, wann man seinen Platz räumen und einer ausgeruhten Person das Feld überlassen muss.

Dienstag 10.00 Uhr

Neuigkeiten aus der Höhle: Die Sprengexperten schätzen, dass es noch etwa 10 Stunden dauern wird, bis der Durchgang für die Trage passierbar ist. Bei Béatrice sind jetzt zwei Ärzte, von denen einer auf Traumata spezialisiert ist. Der Zustand der jungen Höhlenforscherin ist stabil; sie sollte den Rücktransport gut überstehen.

Die Beschaffenheit der unterirdischen Gänge erfordert sowohl Einfallsreichtum als auch Beherrschung spezieller Techniken, damit Verunglückte möglichst schadlos transportiert werden können.

Im Chalet Les Fers herrscht grosse Aufregung. Eine Strassensperre musste errichtet werden, um die Journalisten aufzuhalten, die angereist sind – die Rettungsaktion hält inzwischen das ganze Land in Atem. Die Einsatzleiter können es sich aber nicht leisten, ihre Energie für die Medien zu verschwenden. Daher ist ein weiteres Mitglied des Speleo-Secours damit beauftragt worden, regelmässig Pressekonferenzen zu organisieren.

Zum Glück ist das Wetter besser geworden. Es regnet nicht mehr, und obwohl der unterirdische Fluss mehr Wasser führt, scheint eine Tauchaktion nicht nötig zu sein. Die Höhlentaucher bleiben jedoch sicherheitshalber auf Stand-by.

Nach der langen Phase des Wartens und der Stabilisierung der Verletzten steht endlich der Transport an die Oberfläche bevor. Die letzte Rettungsphase kann beginnen. Nach fast zwei Tagen im Dauereinsatz sind viele Gesichter angespannt. Für den Transport der Verletzten stehen rund zwanzig Helfer und Helferinnen bereit, von denen einige bereits am Sonntagabend unter Tage waren. Andere sind aus dem Jura und der Deutschschweiz gekommen, um das Team zu unterstützen.

Dienstag, 18.30 Uhr

«Von uns aus kann es losgehen!» Die Nachricht kam per Nicola-Funk von den drei Sprengspezialisten, die in der Schachthöhle aktiv waren. Am *Hotspot* ist dies ein heikler Moment: Béatrice muss auf die Trage gelegt und vor Stössen geschützt werden; gleichzeitig muss sichergestellt werden, dass die 42 Stunden zuvor gelegte Infusion weiter funktioniert. So sanft wie möglich wird die Rettungsbahre angehoben. Der von den Sprengmeistern verbreiterte Abschnitt ist die erste kritische Stelle. Auf einer Länge von etwa 10 m schrammt die Bahre an den Wänden entlang. Es wird gezogen, gedrückt, sie klemmt, wird befreit, und schliesslich geht es weiter. Béatrice, deren Nase an der Decke scheuert und die in einer Plyesterschale verschnürt ist, ist völlig von den anderen abhängig.

Entlang des unterirdischen Flusses nutzt das Team eine Reihe von Handläufen und Tyroliennen, die den Kontakt mit dem Wasser verhindern. Der Arzt wacht ständig über die Patientin, während die übrigen Rettungskräfte damit beschäftigt sind, Seile zu spannen oder zu lösen und die Trage abzulenken, wenn ein bedrohlicher Felsvorsprung umgangen werden muss. Sie kommen in einem guten Tempo voran; die Energie der Einzelnen

Bei einer Höhlenrettung sind manchmal mehrere Dutzend Mitglieder des Speleo-Secours Schweiz im Einsatz, darunter gute Techniker, Sprengmeister, Taucher und Ärzte, die einen oder eventuell sogar mehrere Tage lang harte Arbeit leisten müssen.

überträgt sich auf auf die ganze Gruppe. Die Verletzte sagt nichts. Der Arzt spricht regelmässig mit ihr, auch wenn sie nicht in der Lage ist zu antworten, und ordnet manchmal kurze Pausen an, um die Vitalzeichen zu kontrollieren und die Infusion zu überprüfen, die in ihrer Achselhöhle hängt.

Gegen 11 Uhr abends erreicht der Transport in 232 m Tiefe den Boden einer Reihe von Schächten, die an die Oberfläche führen. Ein 7-m-Schacht wird überwunden, danach folgen weitere Schächte von 25 m, 22 m und 7 m. Die Trage wird mittels Gegengewichtstechnik hochgezogen. Dabei hängen zwei Personen an einem Seil, das durch eine Rolle am oberen Ende der Schächte läuft, und steigen wieder ab, während die Trage nach oben gezogen wird. Das mag einfach aussehen, erfordert jedoch eine präzise Beherrschung dieser Zugtechnik.

Im Chalet Les Fers kochen die Emotionen hoch: Die lang ersehnte Rettung steht unmittelbar bevor. Nach all den Anstrengungen, dem Hoffen und Bangen wird die junge Frau endlich in Sicherheit sein!

Mittwoch, 00.30 Uhr

Der Sternenhimmel wölbt sich über Béatrices geschundenem Gesicht. Gerührte Gesichter beugen sich über sie. In weniger als einer Stunde wird sie im Spital sein. Peanuts im Vergleich zu den 54 Stunden, die hinter ihr liegen …

Bei der Aktion waren insgesamt 72 Helfer im Einsatz, darunter 4 Ärzte und 7 Sprengexperten. Erschöpft, aber glücklich, haben sie getan, was sie tun mussten – mit dem Mut, der Grosszügigkeit und der Hilfsbereitschaft, die so typisch für die Höhlenforschung sind. • RW

Die Höhlenrettungen

Ebenso wie beim Bergsteigen sind die kompetentesten Retter unter der Erde diejenigen, die das Umfeld gut kennen, d. h. die Höhlenforscher und Höhlenforscherinnen.

Seit ihrer Gründung hat die Schweizerische Gesellschaft für Höhlenforschung (SGH) nach und nach Gruppen gebildet, die in der Lage sind, bei Unfällen in Höhlen einzugreifen. 1974 richtete die SGH dann eine Organisation auf Landesebene ein: den Speleo-Secours Schweiz. Die Rettungsorganisation war von Anfang an in Regionalkolonnen eingeteilt und wurde 1981 Partner der Schweizerischen Rettungsflugwacht (Rega). Die beiden Organisationen unterzeichneten eine Vereinbarung, die bis 2016 in Kraft blieb. Im selben Jahr startete der Speleo-Secours Schweiz eine Zusammenarbeit mit der Alpinen Rettung Schweiz (ARS), blieb der Rega jedoch eng verbunden.

Dem Speleo-Secours Schweiz gehören 220 Retter an, die alle Mitglieder der Schweizerischen Gesellschaft für Höhlenforschung sind.

Eine besondere Rettungsstruktur für eine besondere Umgebung

Ein Unfall, der sich unter der Erdoberfläche ereignet, bringt oft beträchtliche Bergungsschwierigkeiten mit sich. Schon ein verstauchter Knöchel kann zu einer langwierigen und schwierigen Rettungsaktion führen. Die Hauptursachen dafür sind eine Reihe von Hindernissen (grosse vertikale Schächte, versperrte Gänge, Flüsse, Wasserfälle, Engstellen, Siphons usw.) und die besonderen Bedingungen in Höhlen (Abgelegenheit, Kälte, Nässe, Dunkelheit, plötzliches Hochwasser usw.). Höhlenforscherinnen und Höhlenforscher, die sowohl technisch als auch körperlich voll auf der Höhe sind, sind für die anspruchsvolle Aufgabe am besten geeignet. Daher bestehen die Kolonnen des Speleo-Secours Schweiz aus besonders erfahrenen Mitgliedern.

Vergleicht man die Gebirgs- und die Höhlenrettung, fällt ein Unterschied sofort ins Auge: In den Bergen hat der Helikopter die Einsätze revolutioniert, während sich unter Tage wenig geändert hat. Allerdings haben sich die Kommunikationsmittel deutlich verbessert.

Struktur

Organisatorisch ist der Speleo-Secours Schweiz eine Kommission der Schweizerischen Gesellschaft für Höhlenforschung. Für die Einsätze ist der Speleo-Secours Schweiz in acht Regionalkolonnen sowie in spezialisierte nationale Kolonnen (medizinische Kolonne, Tauchkolonne, Sprengkolonne usw.) gegliedert.

Rettungsphasen

Ein Rettungseinsatz unter Tage kann nicht auf die Evakuierung einer verunglückten Person ins Freie reduziert werden. Diese ist lediglich die letzte Phase einer Operation. Zunächst muss der oder die Verunglückte stabilisiert werden, bis die Hindernisse zwischen dem Unfallort und dem Höhlenausgang so präpariert sind, dass eine Trage hindurchtransportiert werden kann. Je nach Entfernung und Beschaffenheit des Unfallortes können die Vorbereitungsarbeiten sehr zeitaufwendig sein (in dem ab S. 219 beschriebenen Fall brauchten die Sprengmeister 40 Stunden, um einen 15 m langen schmalen Durchgang zu verbreitern).

Aufgrund der niedrigen Temperaturen (1–3 °C in den Alpen, 6–9 °C im Jura) und der hohen Luftfeuchtigkeit in Höhlen sind die Wartebedingungen alles andere als ideal und die Retter müssen vor allem dafür sorgen, dass die Verletzten nicht unterkühlen.

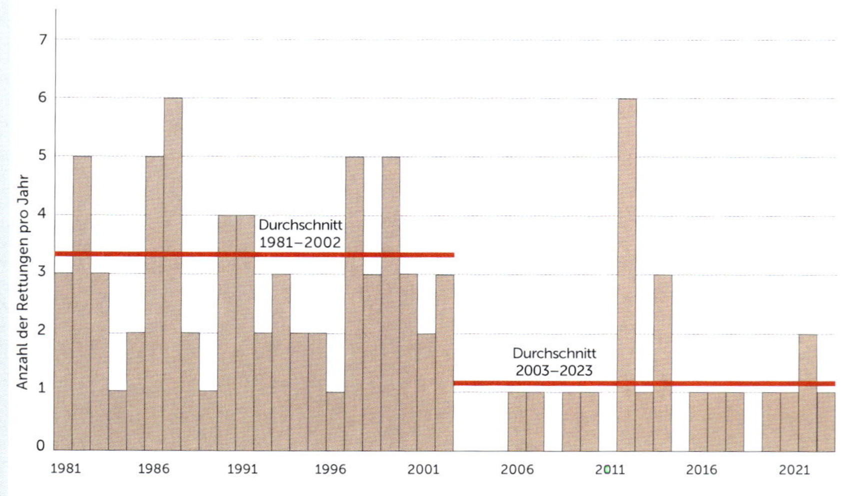

Seit dem Jahr 2000 ist die Zahl der Höhlenrettungen stark gesunken. Dies ist wahrscheinlich auf die bessere Ausbildung der Höhlenforscher zurückzuführen. Ein ähnlicher Trend ist auch bei Bergrettungen zu beobachten. Setzt man die Zahl der Rettungen ins Verhältnis zur Zahl der Forschenden, scheint die Höhlenforschung etwas weniger riskant zu sein als Bergsteigen.

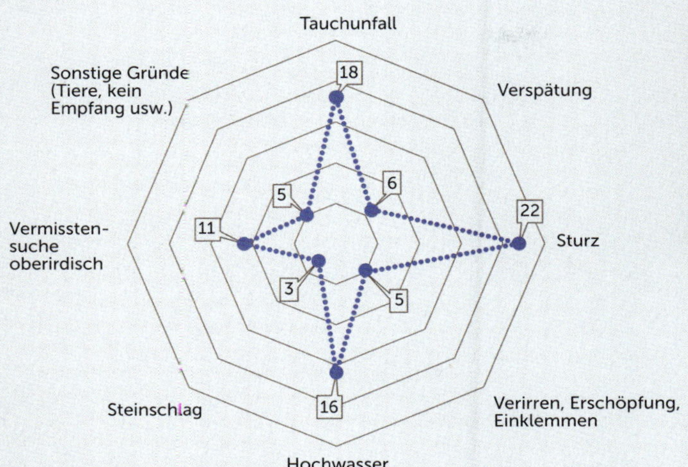

Um Engstellen mit einer Bahre passieren zu können, muss manchmal erst der Gang erweitert werden. Die Bergung kann dann mehrere Tage in Anspruch nehmen, gerade wenn der Unfall sich weit vom Eingang entfernt ereignet hat.

Seltene, aber heikle Rettungseinsätze

Der Speleo-Secours Schweiz kommt jährlich nur wenige Male zum Einsatz. Für die Einsätze braucht man in der Regel aber mehrere Tage und Dutzende von Fachkräften (für Technik, Medizin, Sprengungen, Höhlentauchen usw.).
Von 1981 bis 2022 wurden 179 Personen geborgen, davon 23 Verletzte und 25 Tote. Fast 60 Prozent der Unfallopfer waren keine Mitglieder der Schweizerischen Gesellschaft für Höhlenforschung.
Etwa zehn Einsätze fanden im Ausland statt, in enger Zusammenarbeit mit der Rettungsorganisation des jeweiligen Landes (Frankreich, Belgien, Italien, Deutschland, Slowenien).

Rettungsmaterial und -techniken

Für Rettungseinsätze in Höhlen wird umfangreiches Material gebraucht, das speziell an die schwierigen Bedingungen unter Tage angepasst ist. Diese Ausrüstung ist immer ein Kompromiss zwischen den Bedürfnissen am Unfallort und den umgebungsbedingten Einschränkungen (Enge, Entfernung, Feuchtigkeit ...).
In der Schweiz wurde eigens eine Bahre aus Glasfiber entwickelt, die zerlegbar ist und optimalen Schutz gegen Stösse bietet. Da die Kommunikation zwischen den verschiedenen Einsatzkräften von grösster Bedeutung ist, wurden (in Zusammenarbeit mit dem Spéléo Secours Français) leichte und sehr zuverlässige Funkgeräte entwickelt. Sie ermöglichen eine Verbindung durch mehrere Hundert Meter Fels hindurch. Das Material für die medizinische Versorgung und die Stabilisierung der Verletzten wurde speziell zusammengestellt und in wasserdichten Behältern verpackt. Die Ärzte müssen unter widrigen Bedingungen Infusionen legen oder Knochenbrüche stabilisieren können.
Um Verletzte hinausschaffen zu können, müssen mitunter erst Durchgänge verbreitert werden. Der Einsatz von Sprengstoff ist nicht ungewöhnlich, was Sicherheitsprobleme und ein Risiko durch die Sprenggase nach sich zieht. Manchmal müssen auch Pumpen eingesetzt werden. Einsätze in Siphons sind besonders heikel und fordern von Rettungskräften wie Tauchenden perfekte Körperbeherrschung und eine Spezialausbildung. • RW

Ablauf einer Höhlenrettung

Unfall
↓
Erste Hilfe durch die Teammitglieder
↓
Ausstieg und Alarmierung
↓
Entsendung der Erste-Hilfe-Gruppe (Arzt)
↓
Aufbau einer Funkverbindung
↓
Stabilisieren des Opfers und Warten
↓
Einrichten der Hindernisse (Schächte, Engstellen usw.)
↓
Beginn der Evakuierung und Rücktransport
↓
Bergung aus der Höhle und Transport ins Spital